평면기하학의 탐구문제들
제 2권

머릿글

러시아의 유명한 수학자인 꼴모고로프 Kolmogorov는 "일반적인 수준의 보통 사람들은 좋은 책과 훌륭한 교사의 지도를 통해, 중등학교 수학 교과 내용 뿐만 아니라, 미적분학의 기초까지 완전하게 터득할 수 있는 충분한 재능을 가지고 있다"고 하였다. 즉, 대부분의 사람들은 초등수학(고등학교에서 다루는 수학, 대학교에서 다루는 교양수학, 초보적인 전공수학)을 즐기면서 공부하고, 중등학교 및 대학교 수학교육에서 성공적인 결과를 얻을 수 있는 충분한 가능성을 가지고 있다.

많은 사람들은 수학을 잘하고 싶어 하지만, 그렇지 못한 것이 현실이다. 특히 학교를 졸업하는 사람들 중의 많은 수가 수학을 잘하지 못할 뿐만 아니라, 수학을 싫어하고, 수학교육의 필요성 자체를 부정하는 경우도 간혹 있다. 그러나 우리는 이러한 어려움을 극복하고, 우리 문화에서 수학의 지평을 넓히고, 많은 사람들이 수학을 접하며, 수학에서 성공의 경험, 긍정적인 정서를 가질 수 있도록 부단히 노력해야 할 것이다.

좋은 책 한 권이 한 사람의 인생을 바꾼다. 좋은 수학책 한 권은, 좋은 문제 하나는 수학에 대한 사람들의 생각과 신념을 바꿀 수 있다. 역자는 이 책이 여러분 독자 개개인의 수학적 생각과 신념을 긍정적으로 바꾸어 주고, 수학적 식견을 넓힐 수 있는 좋은 책이라고 생각한다. 특히 이 책에는 평면기하학의 좋은 문제들이 제시되어 있고, 이들 문제를 인내심을 가지고 꾸준히 풀면, 독자 개개인의 인생이 수학적 인생으로 환하게 빛날 것으로 확신한다.

이 책은 수학을 심화하여 배우고자 하는 고등학생들, 초등수학에 대한 깊은 식견과 문제해결 능력을 갖추고자 하는 수학 전공 대학생들, 예비 수학교사들, 중등학교 수학과 전공수학의 연결고리를 찾는 수학교사들에게 적합하다. 이 책의 저자인 프라소로프 Prasolov교수는 초등수학과 고등수학의 연결에 관련된 많은 저술과 논문으로 유명한 러시아의 수학자로, 지금도 왕성한 저술활동을 하고 있다.

이 책은 모두 30개의 장(chapter)으로 구성되어 있다. 이들 중에서 처음 9개의 장을 번역하여 「평면기하학의 탐구문제들 1권」으로 이미 출판하였다. 1권에서는 닮음인 삼각형, 원주각, 원, 넓이, 다각형, 점의 자취, 작도, 기하 부등식에 관련된 탐구 문제들을 소개하였다. 이번에 출판하는 「평면기하학의 탐구문제들 2권」은 1권의 9장 다음에 오는 10장부터 19장까지 모두 10개의 장을 포함하고 있다. 여기에는 삼각형 요소들의 부등식, 최대 및 최소 문제, 계산과 계량적 관계들, 벡터, 무게중심, 평행이동, 중심대칭, 축대칭, 회전, 중심닮음변환과 회전중심닮음변환에 관련된 다양한 탐구 문제들이 제시되어 있다.

이 책에 제시된 문제들에 대해서는 각 장의 끝부분에 ⟨힌트 및 증명⟩을 두어, 상세한 풀이 또는 문제해결을 위한 개괄적인 방향을 제시하였다. 수학의 학습에 있어 가장 중요한 것은 독자 개개인의 힘을 기르는 것이다. 제시된 풀이를 많이 볼수록, 제시된 풀이가 상세할수록, 독자 개개인에게는 수학적인 힘이 길러지지 않을 것이다. 독자 개개인이 수학문제의 정글에서 정답의 도움없이 살아남는다면, 진정으로 수학을 즐기면서, 수학을 잘하면서 행복해하는 순간이 올 것이다.

마지막으로, 「평면기하학의 탐구문제들」의 번역, 출판을 허락해 준 프라소로프 교수와 물심양면으로 도와주신 승산의 황승기 사장님께 감사의 말씀을 드린다.

2011년 3월

한 인기

차례

제 10 장

삼각형 요소들의 부등식

10장은 9장의 내용과 연결되므로, 필요한 기본 지식들은 9장을 참고하기 바란다.

제 1 절 중선

10.1. $a > b$라 할 때 부등식 $m_a < m_b$를 증명하여라.

10.2. 삼각형 ABC의 중선 AA_1, BB_1이 점 M에서 만난다. 사각형 A_1MB_1C가 외접도형이면 $AC = BC$라는 것을 증명하여라.

10.3. M은 삼각형 ABC의 중선들의 교점이고, 삼각형 ABM, BCM, ACM의 둘레는 같다. 이때 삼각형 ABC가 정삼각형이라는 것을 증명하여라.

10.4. (a) 삼각형의 변의 길이를 a, b, c라 하면, $a^2 + b^2 \geq c^2/2$을 증명하여라.
(b) $m_a^2 + m_b^2 \geq 9c^2/8$을 증명하여라.

10.5. (a) $m_a^2 + m_b^2 + m_c^2 \leq 27R^2/4$을 증명하여라.
(b) $m_a + m_b + m_c \leq 9R/2$을 증명하여라.

10.6. 부등식 $|a^2 - b^2|/(2c) < m_c \leq (a^2 + b^2)/(2c)$을 증명하여라.

10.7. $x = ab + bc + ca, x_1 = m_a m_b + m_b m_c + m_c m_a$라 하자. 이때 부등식 $9/20 < x_1/x < 5/4$를 증명하여라.

참고. 문제 9.1, 10.74, 10.76, 17.17을 보시오.

제 2 절 높이

10.8. 임의의 삼각형에서 높이의 합은 둘레보다 작다는 것을 증명하여라.

10.9. 삼각형의 두 높이가 1보다 크다. 이때 삼각형의 넓이는 1/2보다 크다는 것을 증명하여라.

10.10. 삼각형 ABC에서 높이 AM은 BC보다 작지 않고, 높이 BH는 AC보다 작지 않다. 이때 삼각형 ABC의 각들을 구하여라.

10.11. 부등식 $\frac{1}{2r} < \frac{1}{h_a} + \frac{1}{h_b} < \frac{1}{r}$을 증명하여라.

10.12. 부등식 $h_a + h_b + h_c \geq 9r$을 증명하여라.

10.13. 부등식 $a < b$이 성립할 때, $a + h_a \leq b + h_b$를 증명하여라.

10.14. 부등식 $h_a \leq \sqrt{r_b r_c}$을 증명하여라.

10.15. 부등식 $h_a \leq (a/2)\cot(\alpha/2)$을 증명하여라.

10.16. 부등식 $a \leq b \leq c$가 성립할 때, $h_a + h_b + h_c \leq 3b(a^2 + ac + c^2)/(4pR)$을 증명하여라.

참고. 문제 10.28, 10.55, 10.74, 10.80을 보시오.

제 3 절 각의 이등분선

10.17. 부등식 $l_a \leq \sqrt{p(p-a)}$를 증명하여라.

10.18. 부등식 $h_a/l_a \geq \sqrt{2r/R}$을 증명하여라.

10.19. 부등식 (a) $l_a^2 + l_b^2 + l_c^2 \leq p^2$; (b) $l_a + l_b + l_c \leq \sqrt{3}p$를 증명하여라.

10.20. 부등식 $l_a + l_b + m_c \leq \sqrt{3}p$를 증명하여라.

참고. 문제 6.41, 10.74, 10.75, 10.95를 보시오.

제 4 절 변의 길이

10.21. 부등식 $\frac{9r}{2S} \leq \frac{1}{a} + \frac{1}{b} + \frac{1}{c} \leq \frac{9R}{4S}$을 증명하여라.

10.22. 부등식 $2bc\cos\alpha/(b+c) < b+c-a < 2bc/a$를 증명하여라.

10.23. 둘레가 2인 삼각형의 변의 길이가 a, b, c이다. 부등식 $a^2 + b^2 + c^2 < 2(1-abc)$를 증명하여라.

10.24. 부등식 $20Rr - 4r^2 \leq ab + bc + ca \leq 4(R+r)^2$을 증명하여라.

제 5 절 외접원, 내접원, 방접원의 반지름

10.25. 부등식 $rr_c \leq c^2/4$을 증명하여라.

10.26. 부등식 $r/R \leq 2\sin(\alpha/2)(1-\sin(\alpha/2))$을 증명하여라.

10.27. 부등식 $6r \leq a+b$를 증명하여라.

10.28. 부등식 $\frac{r_a}{h_a} + \frac{r_b}{h_b} + \frac{r_c}{h_c} \geq 3$을 증명하여라.

10.29. 부등식 $27Rr \leq 2p^2 \leq 27R^2/2$을 증명하여라.

10.30. 삼각형 ABC의 내접원의 중심을 O라 하고, $OA \geq OB \geq OC$라 하자. 이때 부등식 $OA \geq 2r$, $OB \geq r\sqrt{2}$를 증명하여라.

10.31. 삼각형의 임의의 내부점으로부터 꼭짓점까지 거리의 합이 $6r$보다 작지 않다는 것을 증명하여라.

10.32. 부등식 $3\left(\frac{a}{r_a}+\frac{b}{r_b}+\frac{c}{r_c}\right) \geq 4\left(\frac{r_a}{a}+\frac{r_b}{b}+\frac{r_c}{c}\right)$를 증명하여라.

10.33. 다음 부등식을 증명하여라.
(a) $5R-r \geq \sqrt{3}p$;
(b) $4R-r_a \geq (p-a)[\sqrt{3}+(a^2+(b-c)^2)/(2S)]$.

10.34. 부등식 $16Rr-5r^2 \leq p^2 \leq 4R^2+4Rr+3r^2$을 증명하여라.

10.35. 부등식 $r_a^2+r_b^2+r_c^2 \geq 27R^2/4$을 증명하여라.

참고. 문제 10.11, 10.12, 10.14, 10.18, 10.24, 10.55, 10.80, 10.83, 19.7을 보시오.

제 6 절 삼각형의 각들에 대한 대칭부등식

삼각형 ABC의 각들을 α, β, γ라 하자. 이때 몇몇 부등식들을 증명하자. **참고**. 만약 α, β, γ가 어떤 삼각형의 세 각이면, $(\pi-\alpha)/2, (\pi-\beta)/2$, $(\pi-\gamma)/2$를 각으로 가지는 삼각형이 존재한다.
실제로, 이 수들은 양수이고, 이들의 합은 π이다. 만약 어떤 대칭부등식이 삼각형의 각의 사인, 코사인, 탄젠트, 코탄젠트에 대해 성립하면, $\sin x$를 $\cos(x/2)$로, $\cos x$를 $\sin(x/2)$로, $\tan x$를 $\cot(x/2)$로, $\cot x$를 $\tan(x/2)$로 바꾸어도 유사한 부등식이 성립한다. 반각을 가지는 부등식으로부터 원래의 각(반각을 두 배하여 얻어지는)으로의 역전환은 예각삼각형인 경우에만 가능하다. 가령 $\alpha' = (\pi-\alpha)/2$이면, $\alpha = \pi - 2\alpha'$이다. 그러면 각이 α', β', γ'인 예각삼각형에 대해, 각이 $\pi-2\alpha', \pi-2\beta', \pi-2\gamma'$인 삼각형이 존재한다. 이때 $\sin(x/2)$는 $\cos x$가 되며, 다른 식들도 마찬가지로 바뀌는데, 얻어진 부등식은 예각삼각형에 대해서만 성립한다.

10.36. (a) $1 < \cos\alpha + \cos\beta + \cos\gamma \leq 3/2$;
(b) $1 < \sin(\alpha/2) + \sin(\beta/2) + \sin(\gamma/2) \leq 3/2$.

10.37. (a) $\sin\alpha + \sin\beta + \sin\gamma \le 3\sqrt{3}/2$;
(b) $\cos(\alpha/2) + \cos(\beta/2) + \cos(\gamma/2) \le 3\sqrt{3}/2$.

10.38. (a) $\cot\alpha + \cot\beta + \cot\gamma \ge \sqrt{3}$;
(b) $\tan(\alpha/2) + \tan(\beta/2) + \tan(\gamma/2) \ge \sqrt{3}$.

10.39. (a) $\cot(\alpha/2) + \cot(\beta/2) + \cot(\gamma/2) \ge 3\sqrt{3}$;
(b) 예각삼각형에서 $\tan\alpha + \tan\beta + \tan\gamma \ge 3\sqrt{3}$.

10.40. (a) $\sin(\alpha/2)\sin(\beta/2)\sin(\gamma/2) \le 1/8$;
(b) $\cos\alpha\cos\beta\cos\gamma \le 1/8$.

10.41. (a) $\sin\alpha\sin\beta\sin\gamma \le 3\sqrt{3}/8$;
(b) $\cos(\alpha/2)\cos(\beta/2)\cos(\gamma/2) \le 3\sqrt{3}/8$.

10.42. (a) $\cos^2\alpha + \cos^2\beta + \cos^2\gamma \ge 3/4$;
(b) 둔각삼각형에서 $\cos^2\alpha + \cos^2\beta + \cos^2\gamma > 1$.

10.43. $\cos\alpha\cos\beta + \cos\beta\cos\gamma + \cos\gamma\cos\alpha \le 3/4$.

10.44. 예각삼각형에서 $\sin 2\alpha + \sin 2\beta + \sin 2\gamma \le \sin(\alpha+\beta) + \sin(\beta+\gamma) + \sin(\gamma+\alpha)$.

제 7 절 삼각형의 각들의 부등식

10.45. 부등식 $1 - \sin(\alpha/2) \ge 2\sin(\beta/2)\sin(\gamma/2)$를 증명하여라.

10.46. 부등식 $\sin(\gamma/2) \le c/(a+b)$를 증명하여라.

10.47. 부등식 $a+b < 3c$가 성립할 때, 부등식 $\tan(\alpha/2)\tan(\beta/2) < 1/2$을 증명하여라.

10.48. α, β, γ는 예각삼각형의 각들이라 하자. $\alpha < \beta < \gamma$이면, $\sin 2\alpha > \sin 2\beta > \sin 2\gamma$를 증명하여라.

10.49. 부등식 $\cos 2\alpha + \cos 2\beta - \cos 2\gamma \leq 3/2$을 증명하여라.

10.50. 삼각형 ABC의 중선 BM에 점 X를 잡았다. $AB < BC$이면, $\angle XAB > \angle XCB$를 증명하여라.

10.51. 삼각형 ABC의 내접원이 삼각형변들과 점 A_1, B_1, C_1에서 접한다. 이때 삼각형 $A_1B_1C_1$은 예각삼각형이라는 것을 증명하여라.

10.52. 각이 α, β, γ인 삼각형의 중선들로 각이 $\alpha_m, \beta_m, \gamma_m$인 삼각형을 만들었다(각 α_m은 중선 AA_1의 맞은 편에 놓여있고, 다른 각들도 같은 방법으로 위치를 결정하자). 이때 $\alpha > \beta > \gamma$이면, $\alpha > \alpha_m, \alpha > \beta_m, \gamma_m > \beta > \alpha_m, \beta_m > \gamma, \gamma_m > \gamma$라는 것을 증명하여라.

참고. 문제 10.91, 10.92, 10.94를 보시오.

제 8 절 삼각형의 넓이에 대한 부등식

10.53. 다음 부등식을 증명하여라.
(a) $3\sqrt{3}r^2 \leq S \leq p^2/3\sqrt{3}$;
(b) $S \leq (a^2 + b^2 + c^2)/4\sqrt{3}$.

10.54. 부등식 $a^2 + b^2 + c^2 - (a-b)^2 - (b-c)^2 - (c-a)^2 \geq 4\sqrt{3}S$를 증명하여라.

10.55. 다음 부등식을 증명하여라.
(a) $S^3 \leq (\sqrt{3}/4)^3(abc)^2$;
(b) $\sqrt[3]{h_ah_bh_c} \leq \sqrt[4]{3}\sqrt{S} \leq \sqrt[3]{r_ar_br_c}$.

10.56. 삼각형 ABC의 변 BC, CA, AB에 점 A_1, B_1, C_1을 잡아, AA_1, BB_1, CC_1이 한 점에서 만나도록 하였다. 이때 부등식 $S_{A_1B_1C_1}/S_{ABC} \leq 1/4$을 증명하여라.

10.57. 삼각형 ABC의 변 BC, CA, AB에 임의의 점 A_1, B_1, C_1을 잡아, $a =$

$S_{AB_1C_1}, b = S_{A_1BC_1}, c = S_{A_1B_1C}$, $u = S_{A_1B_1C_1}$이라 하자. 이때 부등식 $u^3 + (a+b+c)u^2 \geq 4abc$를 증명하여라.

10.58. 삼각형 ABC의 변 BC, CA, AB에 점 A_1, B_1, C_1을 잡았다. 이때 삼각형 $AB_1C_1, A_1BC_1, A_1B_1C$ 중 하나의 넓이는 다음을 넘지 않는다는 것을 증명하여라.
(a) $S_{ABC}/4$;
(b) $S_{A_1B_1C_1}$.

참고. 문제 9.33, 9.37, 9.40, 10.9, 20.1, 20.7을 보시오.

제 9 절 긴 변 맞은 편에 큰 각이 있다

10.59. 부등식 $\angle ABC < \angle BAC$가 성립할 필요충분조건은 $AC < BC$라는 것, 즉 삼각형에서 큰 각의 맞은 편에 긴 변이 놓여있고, 긴 변의 맞은 편에 큰 각이 놓여있다는 것을 증명하여라.

10.60. 삼각형에서 각 A가 예각일 필요충분조건은 $m_a > a/2$라는 것을 증명하여라.

10.61. 사각형 $ABCD$, $A_1B_1C_1D_1$은 대응하는 변들이 같은 볼록사각형이라 하자. 이때 $\angle A > \angle A_1$이면, $\angle B < \angle B_1, \angle C > \angle C_1, \angle D < \angle D_1$이라는 것을 증명하여라.

10.62. 예각삼각형 ABC에서 가장 긴 높이 AH가 중선 BM과 같다. 이때 부등식 $\angle B \leq 60°$를 증명하여라.

10.63. 볼록오각형의 변들이 모두 같으며 각들은 부등식 $\angle A \geq \angle B \geq \angle C \geq \angle D \geq \angle E$를 만족시킨다. 이때 볼록오각형은 정다각형이라는 것을 증명하여라.

제 10 절　삼각형의 내부선분은 긴 변보다 작다

10.64. (a) 삼각형 ABC의 내부에 선분 MN이 놓여있다. 이때 선분 MN은 삼각형의 가장 긴 변보다 크지 않다는 것을 증명하여라.
(b) 볼록다각형의 내부에 선분 MN이 놓여있다. 이때 MN의 길이는 이 다각형의 가장 긴 변 또는 가장 긴 대각선보다 크지 않다는 것을 증명하여라.

10.65. 반지름이 $R = AO = BO$인 원의 부채꼴 AOB의 내부에 선분 MN이 놓여있다. 이때 $MN \leq R$ 또는 $MN \leq AB$를 증명하여라($\angle AOB < 180°$라고 가정한다).

10.66. 꼭짓점이 A인 각에 어떤 원이 내접하며, 그 접점을 B, C라 하자. 그리고 선분 AB, AC와 작은 호 BC에 의해 만들어진 영역에 한 선분이 놓여있다. 이때 이 선분의 길이는 AB보다 크지 않다는 것을 증명하여라.

10.67. 원의 내부에 볼록오각형이 놓여있다. 볼록오각형의 변들 중 적어도 하나는 이 원에 내접하는 정오각형의 변보다 크지 않다는 것을 증명하여라.

10.68. 변이 $a > b > c$인 삼각형 ABC에 내부점 O가 주어졌다. 직선 AO, BO, CO가 삼각형의 변들과 점 P, Q, R에서 만난다. 이때 부등식 $OP+OQ+OR < a$를 증명하여라.

제 11 절　직각삼각형에 대한 부등식

이 절의 모든 문제에서 ABC는 C가 직각인 직각삼각형이다.

10.69. $n > 2$에 대해 부등식 $c^n > a^n + b^n$을 증명하여라.

10.70. 부등식 $a + b < c + h_c$를 증명하여라.

10.71. 직각인 꼭짓점에서 그은 높이를 h라 하자. 이때 직각삼각형에서 부등식 $0.4 < r/h < 0.5$를 증명하여라.

10.72. 부등식 $c/r \geq 2(1+\sqrt{2})$를 증명하여라.

10.73. 부등식 $m_a^2 + m_b^2 > 29r^2$을 증명하여라.

제 12 절 예각삼각형에 대한 부등식

10.74. 예각삼각형에서 다음 부등식을 증명하여라.

$$\frac{m_a}{h_a} + \frac{m_b}{h_b} + \frac{m_c}{h_c} \leq 1 + \frac{R}{r}.$$

10.75. 예각삼각형에서 다음 부등식을 증명하여라.

$$\frac{1}{l_a} + \frac{1}{l_b} + \frac{1}{l_c} \leq \sqrt{2}\left(\frac{1}{a} + \frac{1}{b} + \frac{1}{c}\right).$$

10.76. 둔각삼각형이 아닌 삼각형에 대해, 부등식 $m_a + m_b + m_c \geq 4R$을 증명하여라.

10.77. 예각삼각형에서 $h_a = l_b = m_c$이 성립하면, 그 삼각형은 정삼각형이라는 것을 증명하여라.

10.78. 예각삼각형 ABC에 높이 AA_1, BB_1, CC_1을 그었다. 삼각형 $A_1B_1C_1$의 둘레는 삼각형 ABC 둘레의 절반을 넘지 않는다는 것을 증명하여라.

10.79. 부등식 $\angle A < \angle B < \angle C < 90^\circ$가 성립한다고 하자. O는 삼각형 ABC의 외접원의 중심, H는 높이의 교점이라 할 때, 삼각형 ABC의 내접원의 중심은 삼각형 BOH의 내부에 속한다는 것을 증명하여라.

10.80. 둔각삼각형이 아닌 삼각형의 가장 긴 높이를 h라 하자. 이때 부등식 $r + R \leq h$를 증명하여라.

10.81. 예각삼각형 ABC의 변 BC, CA, AB에 점 A_1, B_1, C_1을 잡았다. 이때 다음 부등식을 증명하여라.

$$2(B_1C_1 \cos\alpha + C_1A_1 \cos\beta + A_1B_1 \cos\gamma) \geq a\cos\alpha + b\cos\beta + c\cos\gamma.$$

10.82. 변이 a, b, c인 삼각형이 예각삼각형일 필요충분조건은 $a^2 + b^2 + c^2 > 8R^2$이라는 것을 증명하여라.

10.83. 삼각형이 예각삼각형일 필요충분조건은 $p > 2R + r$이라는 것을 증명하여라.

10.84. 삼각형 ABC가 예각삼각형일 필요충분조건은 삼각형의 변 BC, CA, AB에 $AA_1 = BB_1 = CC_1$인 내부점 A_1, B_1, C_1을 잡을 수 있다는 것임을 증명하여라.

10.85. 삼각형 ABC가 예각삼각형일 필요충분조건은 삼각형을 서로 다른 세 방향으로 사영시켜 얻어진 길이가 같은 것임을 증명하여라.

참고. 문제 9.93, 10.39, 10.44, 10.48, 10.62를 보시오.

제 13 절　삼각형에서 부등식

10.86. 삼각형 ABC의 중선들의 교점 O를 지나며, 삼각형의 변들과 점 M, N에서 만나는 직선을 작도하였다. 이때 부등식 $NO \leq 2MO$를 증명하여라.

10.87. 삼각형 ABC가 삼각형 $A'B'C'$의 내부에 속하면, $r_{ABC} < r_{A'B'C'}$이 성립한다는 것을 증명하여라.

10.88. 삼각형 ABC에서 c가 가장 긴 변이고 a가 가장 짧은 변이다. 이때 부등식 $l_c \leq h_a$를 증명하여라.

10.89. 삼각형 ABC의 중선 AA_1, BB_1이 직교한다. 이때 부등식 $\cot A + \cot B \geq 2/3$를 증명하여라.

10.90. 밑변이 AC인 이등변삼각형 ABC의 꼭짓점 A를 지나 변 BC와 점 M에서 접하고 변 AB와 점 N에서 만나는 원을 작도하였다. 이때 부등식 $AN > CM$을 증명하여라.

10.91. 예각삼각형 ABC에서 각의 이등분선 AD, 중선 BM, 높이 CH가 한 점에서 만난다. 이때 각 A는 어떤 범위의 값을 가지는가?

10.92. 삼각형 ABC의 변들은 각각 a, b, c이고, 이들에 대응하는 각들은(라디안으로) α, β, γ이다. 이때 다음 부등식을 증명하여라.

$$\frac{\pi}{3} \leq \frac{a\alpha + b\beta + c\gamma}{a+b+c} < \frac{\pi}{2}$$

10.93. 삼각형 ABC에 내부점 O를 잡았다. 부등식 $AO \sin BOC + BO \sin AOC + CO \sin AOB \leq p$를 증명하여라.

10.94. 삼각형 ABC의 가장 긴 변 AC의 연장선에 점 C쪽으로 $CD = CB$인 점 D를 잡았다. 이때 각 ABD는 예각이 아니라는 것을 증명하여라.

10.95. 삼각형 ABC에 각의 이등분선 AK, CM을 작도하였다. 이때 $AB > BC$이면, $AM > MK > KC$임을 증명하여라.

10.96. 삼각형 ABC의 변 BC, CA, AB에 점 X, Y, Z를 잡아 직선 AX, BY, CZ가 한 점 O에서 만나도록 하였다. 이때 비 $OA : OX$, $OB : OY$, $OC : OZ$ 중 적어도 하나는 2보다 크지 않으며, 하나는 2보다 작지 않다는 것을 증명하여라.

10.97. 원 S_1은 삼각형 ABC의 변 AC, AB와 접하며, 원 S_2는 변 BC, AB와 접하며, S_1과 S_2는 서로 외접한다. 이때 이들 원의 반지름의 합은 내접원 S의 반지름보다 크다는 것을 증명하여라.

참고. 문제 14.26, 17.16, 17.18을 보시오.

힌트 및 증명

10.1. 중선 AA_1, BB_1이 점 M에서 만난다고 하자. $BC > AC$이므로, 점 A, C는 선분 AB의 수직이등분선에 대해 같은쪽에 놓인다. 중선 CC_1과 중선의 점 M도 이 점들과 같은쪽에 놓인다. 결국 $AM < BM$, 즉 $m_a < m_b$가 성립한다.

10.2. 예를 들어, $a > b$라고 가정하자. 그러면 $m_a < m_b$가 성립한다(문제 10.1). 사각형 A_1MB_1C는 외접도형이므로, $\frac{a}{2} + \frac{m_b}{3} = \frac{b}{2} + \frac{m_a}{3}$이다. 즉 $(a-b)/2 = (m_a - m_b)/3$가 성립한다. 이로부터, 모순이 유도된다.

10.3. 예를 들어, $BC > AC$라 가정하자. 그러면 $MA < MB$이므로(문제 10.1), 부등식 $BC + MB + MC > AC + MA + MC$가 성립한다.

10.4. (a) $c \le a + b$이므로, $c^2 \le (a+b)^2 = a^2 + b^2 + 2ab \le 2(a^2 + b^2)$이 성립한다.
(b) M을 삼각형 ABC의 중선들의 교점이라 하자. 문제 (a)에 의해, $MA^2 + MB^2 \ge AB^2/2$, 즉 $\frac{4m_a^2}{9} + \frac{4m_b^2}{9} \ge c^2/2$이 성립한다.

10.5. (a) M을 중선들의 교점, O를 삼각형 ABC의 외접원의 중심이라 하자. 그러면 $AO^2 + BO^2 + CO^2 = (\overrightarrow{AM} + \overrightarrow{MO})^2 + (\overrightarrow{BM} + \overrightarrow{MO})^2 + (\overrightarrow{CM} + \overrightarrow{MO})^2 = AM^2 + BM^2 + CM^2 + 2(\overrightarrow{AM} + \overrightarrow{BM} + \overrightarrow{CM}, \overrightarrow{MO}) + 3MO^2$이 성립한다. $\overrightarrow{AM} + \overrightarrow{BM} + \overrightarrow{CM} = \overrightarrow{0}$이므로, $AO^2 + BO^2 + CO^2 = AM^2 + BM^2 + CM^2 + 3MO^2 \ge AM^2 + BM^2 + CM^2$, 즉 $3R^2 \ge 4(m_a^2 + m_b^2 + m_c^2)/9$이다.
(b) $(m_a + m_b + m_c)^2 \le 3(m_a^2 + m_b^2 + m_c^2)$을 생각하면 된다(9장의 부록을 참고).

10.6. 헤론의 공식을 $16S^2 = 2a^2b^2 + 2a^2c^2 + 2b^2c^2 - a^4 - b^4 - c^4$와 같이 쓸 수 있다. $m_c^2 = (2a^2 + 2b^2 - c^2)/4$이므로(문제 12.11(a)), 부등식 $m_c^2 \le ((a^2+b^2)/2c)^2$과 $m_c^2 > ((a^2 - b^2)/2c)^2$은 각각 부등식 $16S^2 \le 4a^2b^2$, $16S^2 > 0$과 동치이다.

10.7. $y = a^2 + b^2 + c^2$, $y_1 = m_a^2 + m_b^2 + m_c^2$이라 하자. 그러면 $3y = 4y_1$(문제 12.11(b)), $y < 2x$(문제 9.7), $2x_1 + y_1 < 2x + y$이다. 왜냐하면, $(m_a + m_b + m_c)^2 < (a + b + c)^2$이기 때문이다(문제 9.2 참고). 부등식 $8x_1 + 4y_1 < 8x + 4y$와 등식 $3y = 4y_1$을 더하면, $8x_1 < y + 8x < 10x$를 얻는다. 즉, $x_1/x < 5/4$가 성립한다. M을 삼각형 ABC의 중선들의 교점이라 하자. 삼각형 AMB에 보조선을 그어 평행사변형 $AMBN$을 만들자. 삼각형 AMN에 증명된 명제를 사용하면, $(x/4)/(4x_1/9) < 5/4$, 즉 $x/x_1 < 20/9$을 얻는다.

10.8. $h_a \le b, h_b \le c, h_c \le a$이고, 이들 부등식들 중 적어도 하나는 등호없이 부등호만 성립한다. 그러므로 $h_a + h_b + h_c < a + b + c$가 성립한다.

10.9. $h_a > 1, h_b > 1$이라 하자. 그러면 $a \ge h_b > 1$이다. 그러므로 $S = ah_a/2 > 1/2$이 성립한다.

10.10. 조건에 의해 $BH \ge AC$이고 수선은 경사선보다 짧으므로, $BH \ge AC \ge AM$이다. 같은 이유로, $AM \ge BC \ge BH$가 성립한다. 그러므로 $BH = AM = AC = BC$이다. $AC = AM$이므로, 선분 AC와 AM은 일치한다. 즉 $\angle C = 90°$이다. $AC = BC$이므로 삼각형 ABC의 각들은 $45°, 45°, 90°$이다.

10.11. $\frac{1}{h_a} + \frac{1}{h_b} = \frac{a+b}{2S} = \frac{a+b}{(a+b+c)r}$, $a + b + c < 2(a + b) < 2(a + b + c)$가 성립한다.

10.12. $ah_a = 2S = r(a + b + c)$이므로, $h_a = r\left(1 + \frac{b}{a} + \frac{c}{a}\right)$이다. h_a, h_b, h_c에 대한 그러한 등식들을 더하여, 부등식 $\frac{x}{y} + \frac{y}{x} \ge 2$를 사용하면, 구하는 것이 얻어진다.

10.13. $h_a - h_b = 2S(1/a - 1/b) = 2S(b - a)/ab$, $2S \le ab$이므로, $h_a - h_b \le b - a$이다.

10.14. 문제 12.21에 의해, $\frac{2}{h_a} = \frac{1}{r_b} + \frac{1}{r_c}$이다. 게다가 $\frac{1}{r_b} + \frac{1}{r_c} \ge 2/\sqrt{r_b r_c}$가 성립한다.

10.15. $2\sin\beta\sin\gamma = \cos(\beta - \gamma) - \cos(\beta + \gamma) \le 1 + \cos\alpha$이므로, 다음이 성립한다.

$$\frac{h_a}{a} = \frac{\sin\beta\sin\gamma}{\sin\alpha} \le \frac{1 + \cos\alpha}{2\sin\alpha} = \frac{1}{2}\cot\frac{\alpha}{2}.$$

10.16. $b/2R = \sin\beta$이므로, $2p$를 곱하면 부등식 $(a+b+c)(h_a+h_b+h_c) \le 3\sin\beta(a^2 + ac + c^2)$을 얻는다. 양변에서 $6S$를 빼면, $a(h_b + h_c) + b(h_a + h_c) + c(h_a + h_b) \le 3\sin\beta(a^2 + c^2)$이 얻어진다. 예를 들어, $ah_b = a^2\sin\gamma = a^2c/2R$이므로, 부등식 $a(b^2 + c^2) - 2b(a^2 + c^2) + c(a^2 + b^2) \le 0$을 얻을 수 있다. 마지막 부등식을 증명하기 위해, 이차식 $f(x) = x^2(a + c) - 2x(a^2 + c^2) + ac(a + c)$를 생각하자. 쉽게 $f(a) = -a(a - c)^2 \le 0$, $f(c) = -c(a - c)^2 \le 0$을 확인할 수 있다. x에서의 계수가 양수이고 $a \le b \le c$이므로, $f(b) \le 0$이다.

10.17. 문제 12.35(a)에 의해, $l_a^2 = 4bcp(p - a)/(b + c)^2$이다. 게다가 $4bc \le (b + c)^2$이다.

10.18. $h_a/l_a = \cos((\beta - \gamma)/2)$이다. 문제 12.36(a)에 의해, 다음이 성립한다.

$$2r/R = 8\sin(\alpha/2)\sin(\beta/2)\sin(\gamma/2) = 4\sin(\alpha/2)[\cos((\beta - \gamma)/2) -$$
$$- \cos((\beta + \gamma)/2)] = 4x(q - x), \quad \text{단 } x = \sin(\alpha/2), q = \cos((\beta - \gamma)/2).$$

이제, $4x(q-x) \le q^2$을 생각하면 된다.

10.19. (a) 문제 10.17에 의해, $l_a^2 \le p(p-a)$이다. 유사한 세 부등식을 더하면, 구하는 것을 얻을 수 있다.
(b) 임의의 수 l_a, l_b, l_c에 대해, 부등식 $(l_a+l_b+l_c)^2 \le 3(l_a^2+l_b^2+l_c^2)$이 성립한다.

10.20. $\sqrt{p(p-a)}+\sqrt{p(p-b)}+m_c \le \sqrt{3}p$를 증명하면 된다. $p=1$이라 할 수 있으며, $x=1-a$, $y=1-b$라 하자. 그러면, $m_c^2=(2a^2+2b^2-c^2)/4=1-(x+y)+(x-y)^2/4=m(x,y)$이다. 함수 $f(x,y)=\sqrt{x}+\sqrt{y}+\sqrt{m(x,y)}$를 생각하자. 이제 $x, y \ge 0$, $x+y \le 1$에 대해 $f(x,y) \le \sqrt{3}$을 증명하면 된다. $g(x)=f(x,x)=2\sqrt{x}+\sqrt{1-2x}$라 하자. $g'(x)=\frac{1}{\sqrt{x}}-\frac{1}{\sqrt{1-2x}}$이므로, x가 0에서 1/3로 증가하면 $g(x)$는 1에서 $\sqrt{3}$으로 증가하며, x가 1/3에서 1/2로 증가하면 $g(x)$는 $\sqrt{3}$에서 $\sqrt{2}$로 감소한다. 새로운 변수 $d=x-y$, $q=\sqrt{x}+\sqrt{y}$를 도입하자. 쉽게 $(x-y)^2-2q^2(x+y)+q^4=0$, 즉 $x+y=(d^2+q^4)/2q^2$을 확인할 수 있다. 그러므로 다음이 성립한다.

$$f(x,y)=q+\sqrt{1-\frac{q^2}{2}-\frac{d^2(2-q^2)}{4q^2}}.$$

이제 $q^2=(\sqrt{x}+\sqrt{y})^2 \le 2(x+y) \le 2$, 즉 $d^2(2-q^2)/4q^2 \ge 0$을 생각하자. 결국 정해진 q에 대해, $d=0$이면, 즉 $x=y$이면 함수 $f(x,y)$의 값은 최대가 된다. $x=y$인 경우는 위에서 살펴보았다.

10.21. $\frac{1}{a}+\frac{1}{b}+\frac{1}{c}=(h_a+h_b+h_c)/2S$이다. 게다가 $9r \le h_a+h_b+h_c$(문제 10.12), $h_a+h_b+h_c \le m_a+m_b+m_c \le 9R/2$(문제 10.5(b))이다.

10.22. 우선 $b+c-a<2bc/a$를 증명하자. $2x=b+c-a, 2y=a+c-b$, $2z=a+b-c$라 하자. 이제 $2x<2(x+y)(x+z)/(y+z)$, 즉 $xy+xz<xy+xz+x^2+yz$를 증명해야 한다. 마지막 부등식은 자명하다. $2bc\cos\alpha=b^2+c^2-a^2=(b+c-a)(b+c+a)-2bc$이므로, 다음이 성립한다.

$$\frac{2bc\cos\alpha}{b+c}=b+c-a+\left[\frac{(b+c-a)a}{b+c}-\frac{2bc}{b+c}\right].$$

$b+c-a<2bc/a$이므로, 격자 괄호에 있는 식은 음의 값을 가진다.

10.23. 문제 12.30에 의해, $a^2+b^2+c^2=(a+b+c)^2-2(ab+bc+ac)=4p^2-2r^2-2p^2-8rR=2p^2-2r^2-8Rr$, $abc=4prR$이 성립한다. 이와 같이, 부등식

$2p^2 - 2r^2 - 8rR < 2(1-4prR)$(단, $p=1$)을 증명하면 된다. 이 부등식은 자명하다.

10.24. 문제 12.30에 의해, $ab+bc+ca = r^2+p^2+4Rr$이다. 게다가 $16Rr-5r^2 \le p^2 \le 4R^2+4Rr+3r^2$이다(문제 10.34).

10.25. $r(\cot\alpha+\cot\beta) = c = r_c(\tan\alpha+\tan\beta)$이므로, 다음이 성립한다.

$$c^2 = rr_c\left(2+\frac{\tan\alpha}{\tan\beta}+\frac{\tan\beta}{\tan\alpha}\right) \ge 4rr_c.$$

10.26. 문제 12.36(a)와 10.45의 결과를 이용하면 된다. 그리고 $x(1-x) \le 1/4$, 즉 $r/R \le 1/2$을 생각하자.

10.27. $h_c \le a$, $h_c \le b$이므로, $4S = 2ch_c \le c(a+b)$이다. 그러므로 $6r(a+b+c) = 12S \le 4ab+4S \le (a+b)^2+c(a+b) = (a+b)(a+b+c)$가 성립한다.

10.28. $\frac{2}{h_a} = \frac{1}{r_a}+\frac{1}{r_c}$(문제 12.21)이므로, $\frac{r_a}{h_a} = \left(\frac{r_a}{r_b}+\frac{r_a}{r_c}\right)/2$이다. r_b/h_b, r_c/h_c에 대해 유사한 등식을 생각하여 이들을 더하자. $\frac{x}{y}+\frac{y}{x} \ge 2$임을 감안하면, 구하는 것을 얻게 된다.

10.29. $Rr = RS/p = abc/4p$(문제 12.1)이므로, 부등식 $27abc \le 8p^3 = (a+b+c)^3$을 얻을 수 있다. 수 a,b,c에 대해 $(a+b+c)^2 \le 3(a^2+b^2+c^2)$이므로, $p^2 \le 3(a^2+b^2+c^2)/4 = m_a^2+m_b^2+m_c^2$(문제 12.11(b))이다. 이제, $m_a^2+m_b^2+m_c^2 \le 27R^2/4$을 생각하면 된다(문제 10.5(a)).

10.30. $OA = r/\sin(A/2), OB = r/\sin(B/2)$, $OC = r/\sin(C/2)$이고, $\angle A/2, \angle B/2$, $\angle C/2$는 예각이므로, $\angle A \le \angle B \le \angle C$이다. 결국 $\angle A \le 60°$, $\angle B \le 90°$, 즉 $\sin(A/2) \le 1/2$, $\sin(B/2) \le 1/\sqrt{2}$가 성립한다.

10.31. 만약 $\angle C \ge 120°$이면, 삼각형 내부의 임의의 점에서 꼭짓점들까지 거리의 합은 $a+b$보다 작지 않다(문제 12.21). 게다가 $a+b \ge 6r$이다(문제 12.27).
만약, 삼각형의 모든 각들이 $120°$보다 작으면, 삼각형의 꼭짓점들까지 거리의 합이 최소인 점에서 이 합의 제곱은 $(a^2+b^2+c^2)/2+2\sqrt{3}S$가 된다(문제 18.22(b)). 그리고 $(a^2+b^2+c^2)/2 \ge 2\sqrt{3}S$(문제 10.53(b)), $4\sqrt{3}S \ge 36r^2$(문제 10.53(a))이 성립한다.

10.32. $\alpha = \cos(A/2), \beta = \cos(B/2),\ \gamma = \cos(C/2)$라 하자. 문제 12.17(b)에 의해, $a/r_a = \alpha/\beta\gamma, b/r_b = \beta/\gamma\alpha,\ c/r_c = \gamma/\alpha\beta$이다. 그러므로 $\alpha\beta\gamma$를 곱하면, 구하는 부등식을 $3(\alpha^2 + \beta^2 + \gamma^2) \geq 4(\beta^2\gamma^2 + \gamma^2\alpha^2 + \alpha^2\beta^2)$과 같이 쓸 수 있다. $\alpha^2 = (1 + \cos A)/2, \beta^2 = (1 + \cos B)/2,\ \gamma^2 = (1 + \cos C)/2$이므로, 부등식은 $\cos A + \cos B + \cos C + 2(\cos A \cos B + \cos B \cos C + \cos C \cos A) \leq 3$이 된다. 이제 문제 10.36, 10.43의 결과를 이용하면 된다.

10.33. (a) 등식 $4R + r = r_a + r_b + r_c$(문제 12.24)와 부등식 $R - 2r \geq 0$(문제 10.26)을 더하면, 다음을 얻을 수 있다.

$$5R - r \geq r_a + r_b + r_c = pr((p-a)^{-1} + (p-b)^{-1} + (p-c)^{-1}) =$$
$$= p(ab + bc + ca - p^2)/S = p(2(ab + bc + ca) - a^2 - b^2 - c^2)/4S.$$

이제 $2(ab + bc + ac) - a^2 - b^2 - c^2 \geq 4\sqrt{3}S$를 생각하면 된다(문제 10.54).
(b) 쉽게 등식 $4R - r_a = r_b + r_c - r = pr/(p-b) + pr/(p-c) - pr/p = (p-a)(p^2 - bc)/S$를 확인할 수 있다. 이제 $4(p^2 - bc) = a^2 + b^2 + c^2 + 2(ab - bc + ca) = 2(ab + bc + ac) - a^2 - b^2 - c^2 + 2(a^2 + b^2 + c^2 - 2bc) \geq 4\sqrt{3}S + 2(a^2 + (b-c)^2)$을 생각하면 된다.

10.34. a, b, c를 삼각형의 변의 길이라 하고, $F = (a-b)(b-c)(c-a) = A - B$라 하자(단 $A = ab^2 + bc^2 + ca^2,\ B = a^2b + b^2c + c^2a$이다). 구하는 부등식들은 자명한 부등식 $F^2 \geq 0$을 변형시켜 얻을 수 있음을 증명하자. $\sigma_1 = a + b + c = 2p, \sigma_2 = ab + bc + ca = r^2 + p^2 + 4rR,\ \sigma_3 = abc = 4prR$이라 하자(문제 12.30). $F^2 = \sigma_1^2\sigma_2^2 - 4\sigma_2^3 - 4\sigma_1^3\sigma_3 + 18\sigma_1\sigma_2\sigma_3 - 27\sigma_3^2$임을 확인할 수 있다. 실제로 $(\sigma_1\sigma_2)^2 - F^2 = (A + B + 3abc)^2 - (A - B)^2 = 4AB + 6(A + B)\sigma_3 + 9\sigma_3^2 = 4(a^3b^3 + \cdots) + 4(a^4bc + \cdots) + 6(A + B)\sigma_3 + 21\sigma_3^2$이다. 그리고 $4\sigma_2^3 = 4(a^3b^3 + \cdots) + 12(A + B)\sigma_3 + 24\sigma_3^2, 4\sigma_1^3\sigma_3 = 4(a^4bc + \ldots) + 12(A + B)\sigma_3 + 24\sigma_3^2$, $18\sigma_1\sigma_2\sigma_3 = 18(A + B)\sigma_3 + 54\sigma_3^2$이다.
$\sigma_1, \sigma_2, \sigma_3$을 p, r, R로 나타내면, 다음을 얻을 수 있다.

$$F^2 = -4r^2[(p^2 - 2R^2 - 10Rr + r^2)^2 - 4R(R - 2r)^3] \geq 0.$$

결국 다음 부등식이 얻어진다.

$$p^2 \geq 2R^2 + 10Rr - r^2 - 2(R - 2r)\sqrt{R(R - 2r)} =$$
$$= [(R - 2r) - \sqrt{R(R - 2r)}]^2 + 16Rr - 5r^2 \geq 16Rr - 5r^2.$$

그리고 다음이 성립한다.

$$p^2 \le 2R^2 + 10Rr + r^2 + 2(R-2r)\sqrt{R(R-2r)} =$$
$$= 4R^2 + 4Rr + 3r^2 - [(R-2r) - \sqrt{R(R-2r)}]^2 \le 4R^2 + 4Rr + 3r^2.$$

10.35. $r_a + r_b + r_c = 4R + r$이고, $r_a r_b + r_b r_c + r_c r_a = p^2$(문제 10.24와 10.25)이므로, $r_a^2 + r_b^2 + r_c^2 = (4R+r)^2 - 2p^2$이다. 문제 10.34에 의해, $p^2 \le 4R^2 + 4Rr + 3r^2$이므로, $r_a^2 + r_b^2 + r_c^2 \ge 8R^2 - 5r^2$이다. 이제 $r \le R/2$(문제 10.26)을 생각하면 된다.

10.36. (a) 문제 12.38에 의해, $\cos\alpha + \cos\beta + \cos\gamma = (R+r)/R$이다. 게다가 $r \le R/2$(문제 10.26)이 성립한다.
(b) (a)로부터 유도된다.

10.37. (a) $\sin\alpha + \sin\beta + \sin\gamma = p/R$이다. 게다가 $p \le 3\sqrt{3}R/2$(문제 10.29)이 성립한다.
(b) (a)로부터 유도된다.

10.38. (a) 문제 12.44(a)에 의해, $\cot\alpha + \cot\beta + \cot\gamma = (a^2+b^2+c^2)/4S$이다. 게다가 $a^2 + b^2 + c^2 \ge 4\sqrt{3}S$(문제 10.53(b))가 성립한다.
(b) (a)로부터 유도된다.

10.39. (a) 문제 12.44(a)로부터, $\cot(\alpha/2) + \cot(\beta/2) + \cot(\gamma/2) = p/r$이다. 게다가 $p \ge 3\sqrt{3}r$(문제 10.53(a))이 성립한다.
(b) (a)로부터 유도된다. 둔각삼각형에서는 $\tan\alpha + \tan\beta + \tan\gamma < 0$이다. 예를 들어, 문제 12.46을 참고하라.

10.40. (a) 문제 12.36(a)에 의해, $\sin(\alpha/2)\sin(\beta/2)\sin(\gamma/2) = r/4R$이다. 게다가 $r \le R/2$(문제 10.26)이 성립한다.
(b) 예각삼각형에 대해서는 (a)로부터 유도된다. 그리고 둔각삼각형에 대해서는 $\cos\alpha\cos\beta\cos\gamma < 0$이다.

10.41. (a) $\sin x = 2\sin(x/2)\cos(x/2)$이므로, 문제 12.36(a), (b)의 결과를 이용하면 $\sin\alpha\sin\beta\sin\gamma = pr/2R^2$을 얻을 수 있다. 게다가 $p \le 3\sqrt{3}R/2$(문제 10.29), $r \le R/2$(문제 10.26)이다.
(b) (a)로부터 유도된다.

10.42. 문제 12.39(b)에 의해 $\cos^2\alpha + \cos^2\beta + \cos^2\gamma = 1 - 2\cos\alpha\cos\beta\cos\gamma$이다. 이제 $\cos\alpha\cos\beta\cos\gamma \le 1/8$(문제 10.40(b))을 생각하고, 둔각삼각형에 대해서는 $\cos\alpha\cos\beta\cos\gamma < 0$을 생각하면 된다.

10.43. $2(\cos\alpha\cos\beta + \cos\beta\cos\gamma + \cos\gamma\cos\alpha) = (\cos\alpha + \cos\beta + \cos\gamma)^2 - \cos^2\alpha - \cos^2\beta - \cos^2\gamma$이다. 이제 $\cos\alpha + \cos\beta + \cos\gamma \le 3/2$(문제 10.36(a)), $\cos^2\alpha + \cos^2\beta + \cos^2\gamma \ge 3/4$(문제 10.42)을 생각하면 된다.

10.44. 각이 α, β, γ인 예각삼각형 ABC의 각의 이등분선들의 연장선이 외접원과 점 A_1, B_1, C_1에서 교차한다고 하자. 그러면 $S_{ABC} = R^2(\sin 2\alpha + \sin 2\beta + \sin 2\gamma)/2$, $S_{A_1B_1C_1} = R^2(\sin(\alpha+\beta) + \sin(\beta+\gamma) + \sin(\gamma+\alpha))/2$이다. 이제 문제 12.72와 10.26의 결과를 이용하면 된다.

10.45. $2\sin(\beta/2)\sin(\gamma/2) = \cos((\beta-\gamma)/2) - \cos((\beta+\gamma)/2) \le 1 - \sin(\alpha/2)$가 성립한다.

10.46. 꼭짓점 A, B에서 수선 AA_1, BB_1을 각 ACB의 이등분선에 내리자. 그러면 $AB \ge AA_1 + BB_1 = b\sin(\gamma/2) + a\sin(\gamma/2)$가 된다.

10.47. 문제 12.32에 의해, $\tan(\alpha/2)\tan(\beta/2) = (a+b-c)/(a+b+c)$이다. $a+b < 3c$이므로, $a+b-c < (a+b+c)/2$가 성립한다.

10.48. $\pi-2\alpha > 0, \pi-2\beta > 0, \pi-2\gamma > 0$, $(\pi-2\alpha)+(\pi-2\beta)+(\pi-2\gamma) = \pi$이므로, 각이 $\pi-2\alpha, \pi-2\beta, \pi-2\gamma$인 삼각형이 존재한다. 각 $\pi-2\alpha, \pi-2\beta, \pi-2\gamma$의 대변의 길이는 $\sin(\pi-2\alpha) = \sin 2\alpha, \sin 2\beta, \sin 2\gamma$에 비례한다. $\pi-2\alpha > \pi-2\beta > \pi-2\gamma$이고 큰 각의 맞은 편에 긴 변이 있으므로, $\sin 2\alpha > \sin 2\beta > \sin 2\gamma$가 된다.

10.49. 우선 $\cos 2\gamma - \cos(\pi - \alpha - \beta) = \cos 2\alpha\cos 2\beta - \sin 2\alpha\sin 2\beta$를 생각하자. 그러면 $\cos 2\alpha + \cos 2\beta - \cos 2\gamma = \cos 2\alpha + \cos 2\beta - \cos 2\alpha\cos 2\beta + \sin 2\alpha\sin 2\beta$이다. $a\cos\varphi + b\sin\varphi \le \sqrt{a^2+b^2}$(9장 부록)이므로, $(1-\cos 2\beta)\cos 2\alpha + \sin 2\beta\sin 2\alpha + \cos 2\beta \le \sqrt{(1-\cos 2\beta)^2 + \sin^2 2\beta} + \cos 2\beta = 2|\sin\beta| + 1 - 2\sin^2\beta$가 된다. 이제 이차식 $2t + 1 - 2t^2$은 $t = 1/2$일 때, 최댓값 $3/2$을 가진다는 것을 생각하면 된다. 최댓값은 각 $\alpha = \beta = 30°, \gamma = 120°$에 대응된다.

10.50. $AB < CB$, $AX < CX$, $S_{ABX} = S_{BCX}$이므로, $\sin XAB > \sin XCB$이다. 각 XCB가 예각임을 생각하면, 구하는 것을 얻게 된다.

10.51. 삼각형 ABC의 각들을 α, β, γ라 하면, 삼각형 $A_1B_1C_1$의 각들은 $(\beta+\gamma)/2, (\gamma+\alpha)/2$, $(\alpha+\beta)/2$이다.

10.52. 중선 AA_1, BB_1, CC_1의 교점을 M이라 하자. 삼각형 AMB에 보조선을 그어 평행사변형 $AMBN$을 작도하면, $\angle BMC_1 = \alpha_m$, $\angle AMC_1 = \beta_m$이 된다. 쉽게 $\angle C_1CB < \gamma/2$, $\angle B_1BC < \beta/2$를 확인할 수 있다. 결국 $\alpha_m = \angle C_1CB + \angle B_1BC < (\beta+\gamma)/2 < \beta$가 된다. 같은 이유로, $\gamma_m = \angle A_1AB + \angle B_1BA > (\alpha+\beta)/2 > \beta$이다.

우선 삼각형 ABC가 예각삼각형이라 가정하자. 그러면 높이들의 교점 H는 삼각형 AMC_1의 내부에 속한다. 결국 $\angle AMB < \angle AHB$, 즉 $\pi - \gamma_m < \pi - \gamma$, 그리고 $\angle CMB > \angle CHB$, 즉 $\pi - \alpha_m < \pi - \alpha$가 된다. 이제, 각 α가 둔각이라 가정하자. 그러면 각 CC_1B는 둔각이고, 각 α_m은 예각, 즉 $\alpha_m < \alpha$이다. 점 M에서 수선 MX를 BC에 내리자. 그러면 $\gamma_m > \angle XMB > 180° - \angle HAB > \gamma$가 된다.

$\alpha > \alpha_m$이므로, $\alpha + (\pi - \alpha_m) > \pi$, 즉 점 M은 삼각형 AB_1C_1의 내접원 내부에 속한다. 결국 $\gamma = \angle AB_1C_1 < \angle AMC_1 = \beta_m$이다. 마찬가지로, $\alpha = \angle CB_1A_1 > \angle CMA_1 = \beta_m$이 된다. 왜냐하면 $\gamma + (\pi - \gamma_m) < \pi$이기 때문이다.

10.53. (a) $S^2/p = (p-a)(p-b)(p-c) \le ((p-a+p-b+p-c)/3)^3 = p^3/27$이다. 그러므로 $pr = S \le p^2/3\sqrt{3}$, 즉 $r \le p/3\sqrt{3}$이다. 마지막 부등식에 r을 곱하면, 구하는 것을 얻을 수 있다.

(b) $(a+b+c)^2 \le 3(a^2+b^2+c^2)$이므로, $S \le p^2/3\sqrt{3} = (a+b+c)^2/12\sqrt{3} \le (a^2+b^2+c^2)/4\sqrt{3}$이다.

10.54. $x = p-a, y = p-b, z = p-c$라 하자. 그러면 $(a^2-(b-c)^2)+(b^2-(a-c)^2)+(c^2-(a-b)^2) = 4(p-b)(p-c)+4(p-a)(p-c)+4(p-a)(p-b) = 4(yz+zx+xy)$이며, 다음이 성립한다.

$$4\sqrt{3}S = 4\sqrt{3p(p-a)(p-b)(p-c)} = 4\sqrt{3(x+y+z)xyz}.$$

결국 부등식 $xy+yz+zx \ge \sqrt{3(x+y+z)xyz}$를 증명해야 한다. 제곱하여 식을 정리하면, 다음을 얻을 수 있다.

$$x^2y^2 + y^2z^2 + z^2x^2 \ge x^2yz + y^2xz + z^2xy$$

부등식 $x^2yz \le x^2(y^2+z^2)/2, y^2xz \le y^2(x^2+z^2)/2$, $z^2xy \le z^2(x^2+y^2)/2$을 더하면, 구하는 것을 얻을 수 있다.

10.55. (a) $S = (ab\sin\gamma)/2$와 같은 형태의 세 등식을 서로 곱하면, 다음을 얻을 수 있다.

$$S^3 = ((abc)^2 \sin\gamma \sin\beta \sin\alpha)/8.$$

이제 문제 10.41의 결과를 이용하면 된다.
(b) $(h_a h_b h_c)^2 = (2S)^6/(abc)^2$, $(abc)^2 \geq (4/\sqrt{3})^3 S^3$이 성립하므로, $(h_a h_b h_c)^2 \leq (2S)^6(\sqrt{3}/4)^3/S^3 = (\sqrt{3}S)^3$이다. $(r_a r_b r_c)^2 = S^4/r^2$(문제 12.18(c)), $r^2(\sqrt{3})^3 \leq S$(문제 10.53(a))이므로, $(r_a r_b r_c)^2 \geq (\sqrt{3}S)^3$이다.

10.56. $p = BA_1/BC, q = CB_1/CA$, $r = AC_1/AC$이라 하자. 그러면 $S_{A_1B_1C_1}/S_{ABC} = 1 - p(1-r) - q(1-p) - r(1-q) = 1 - (p+q+r) + (pq+qr+rp)$이다. 체바의 정리에 의해(문제 5.77), $pqr = (1-p)(1-q)(1-r)$, 즉 $2pqr = 1 - (p+q+r) + (pq+qr+rp)$이다. 게다가 $(pqr)^2 = p(1-p)q(1-q)r(1-r) \leq (1/4)^3$이다. 결국 $S_{A_1B_1C_1}/S_{ABC} = 2pqr \leq \frac{1}{4}$이 된다.

10.57. 삼각형 ABC의 넓이를 1이라 할 수 있다. 그러면 $a+b+c = 1-u$이므로, 주어진 부등식은 $u^2 \geq 4abc$와 같이 쓸 수 있다. 이제 $x = BA_1/BC, y = CB_1/CA$, $z = AC_1/AB$라 하자. 그러면 $u = 1 - (x+y+z) + xy + yz + zx$, $abc = xyz(1-x)(1-y)(1-z) = v(u-v)$(단, $v = xyz$)가 된다. 그러므로 부등식 $u^2 \geq 4v(u-v)$, 즉 $(u-2v)^2 \geq 0$을 얻을 수 있다. 마지막 부등식은 자명하다.

10.58. (a) $x = BA_1/BC, y = CB_1/CA$, $z = AC_1/AB$라 하자. 삼각형 ABC의 넓이를 1이라 할 수 있다. 그러면 $S_{AB_1C_1} = z(1-y), S_{A_1BC_1} = x(1-z), S_{A_1B_1C} = y(1-x)$이다. $x(1-x) \leq 1/4, y(1-y) \leq 1/4, z(1-z) \leq 1/4$이므로, 수 $S_{AB_1C_1}, S_{A_1BC_1}, S_{A_1B_1C}$의 곱은 $(1/4)^3$을 넘지 않는다. 즉 이들 중 하나는 1/4을 넘지 않는다.
(b) 편의상 $x \geq 1/2$이라 하자. 만약 $y \leq 1/2$이면, 중심이 C이고 계수가 2인 중심닮음변환에 의해 점 A_1, B_1은 변 BC, AC의 내부점으로 보내진다. 즉 $S_{A_1B_1C} \leq S_{A_1B_1C_1}$이다. 그러므로 $y \geq 1/2$이라 할 수 있고, 같은 이유로 $z \geq 1/2$이 된다. $x = (1+\alpha)/2, y = (1+\beta)/2, z = (1+\gamma)/2$라 하자. 그러면 $S_{AB_1C_1} = (1+\gamma-\beta-\beta\gamma)/4, S_{A_1BC_1} = (1+\alpha-\gamma-\alpha\gamma)/4$, $S_{A_1B_1C} = (1+\beta-\alpha-\alpha\beta)/4$, 즉 $S_{A_1B_1C_1} = (1+\alpha\beta+\beta\gamma+\alpha\gamma)/4$, $S_{AB_1C_1} + S_{A_1BC_1} + S_{A_1B_1C} \leq 3/4$이 된다.

10.59. 만약 $AC < BC$이면, $\angle ABC < \angle BAC$임을 증명하면 된다. $AC < BC$이므로, 변 BC에 점 A_1을 $A_1C = AC$가 성립하도록 잡을 수 있다. 그러면 $\angle BAC > \angle A_1AC = \angle AA_1C > \angle ABC$이다.

10.60. 변 BC의 중점을 A_1이라 하자. $AA_1 < BC/2 = BA_1 = A_1C$이면, $\angle BAA_1 >$

$\angle ABA_1$, $\angle CAA_1 > \angle ACA_1$이다. 그러므로 $\angle A = \angle BAA_1 + \angle CAA_1 > \angle B + \angle C$, 즉 $\angle A > 90°$이다. 같은 방법으로, $AA_1 > BC/2$이면, $\angle A < 90°$가 된다.

10.61. 만약 삼각형의 두 변을 고정시키면, 세 번째 변이 클수록 두 변 사이의 각은 커진다. 그러므로 부등식 $\angle A > \angle A_1$으로부터, $BD > B_1D_1$, 즉 $\angle C > \angle C_1$이 유도된다. 이제 $\angle B \geq \angle B_1$이라고 가정하자. 그러면 $AC \geq A_1C_1$, 즉 $\angle D > \angle D_1$이다. 그러므로 $360° = \angle A + \angle B + \angle C + \angle D > \angle A_1 + \angle B_1 + \angle C_1 + \angle D_1 = 360°$이다. 이로부터 모순이 유도되고, 결국 $\angle B < \angle B_1$, $\angle D < \angle D_1$이다.

10.62. 점 M에 대해 점 B와 대칭인 점을 B_1이라 하자. 점 M에서 변 BC에 그은 높이는 AH의 절반, 즉 BM의 절반과 같으므로, $\angle MBC = 30°$이다. AH는 높이들 중에서 최대이므로, BC는 변들 중에서 가장 작다. 그러므로 $AB_1 = BC \leq AB$, 즉 $\angle ABB_1 \leq \angle AB_1B = \angle MBC = 30°$이다. 이것은 문제의 조건이 모순된다. 즉 $\angle ABC = \angle ABB_1 + \angle MBC \leq 30° + 30° = 60°$이다.

10.63. 우선 $\angle A > \angle D$라 가정하자. 그러면 $BE > EC$, $\angle EBA < \angle ECD$이다. 삼각형 EBC에서 변 BE는 변 EC보다 크므로, $\angle EBC < \angle ECB$이다. 그러므로 $\angle B = \angle ABE + \angle EBC < \angle ECD + \angle ECB = \angle C$이다. 이것은 문제의 조건에 모순된다. 즉 $\angle A = \angle B = \angle C = \angle D$이다. 마찬가지로 $\angle B > \angle E$라고 가정하면, 부등식 $\angle C < \angle D$를 얻게 된다. 그러므로 $\angle B = \angle C = \angle D = \angle E$이다.

10.64. 일반적인 경우에 대한 증명을 살펴보자. 직선 MN이 다각형의 변들과 점 M_1, N_1에서 만난다고 하자. 그러면 $MN \leq M_1N_1$이다. 점 M_1은 변 AB에 속하고, 점 N_1은 변 PQ에 속한다고 하자. $\angle AM_1N_1 + \angle BM_1N_1 = 180°$이므로, 이 각들 중의 하나는 $90°$보다 작다. 가령 $\angle AM_1N_1 \geq 90°$라 하자. 그러면 큰 각의 맞은편에는 긴 변이 놓여있으므로, $AN_1 \geq M_1N_1$이다. 같은 방법으로, $AN_1 \leq AP$ 또는 $AN_1 \leq AQ$가 증명된다. 결국 선분 MN의 길이는 다각형의 꼭짓점들을 끝점으로 하는 선분의 길이보다 클 수 없다.

10.65. 선분을 연장하여 부채꼴의 경계선들과 교차하도록 할 수 있다. 왜냐하면, 이러한 경우에 선분의 길이만 증가되기 때문에. 그러므로 점 M과 N은 부채꼴의 경계에 속한다고 할 수 있다. 세 가지 경우가 가능하다.
(1) 점 M, N이 원의 호에 속한다. 이때 $\angle MON/2 \leq \angle AOB/2 \leq 90°$이므로, $MN = 2R\sin(MON/2) \leq 2R\sin(AOB/2) = AB$이다.
(2) 점 M, N이 선분 AO, BO에 속한다. 그러면 MN은 삼각형 AOB의 최대변보다 크지 않다.

(3) 점 M, N 중의 하나가 원의 호에 속하고, 다른 점은 선분 AO 또는 BO에 속한다. 편의상 점 M이 AO에 속하고, N은 원의 호에 속한다고 하자. 그러면 MN은 삼각형 ANO의 최대변보다 크지 않다. 이제 $AO = NO = R$, $AN \leq AB$를 생각하면 된다.

10.66. 만약 주어진 선분이 원과 공통점을 가지지 않으면, 중심이 A이고 계수가 1보다 큰 중심닮음변환에 의해, 이 선분을 호 AB와 공통점 X를 가지며 우리의 영역에 속하는 선분으로 보낼 수 있다. 점 X를 지나 원에 접선 DE를 작도하자(점 D, E는 선분 AB, AC에 속한다). 그러면 선분 AD, AE는 AB보다 작고, $DE < (DE + AD + AE)/2 = AB$, 즉 삼각형 ADE의 모든 변들이 AB보다 작다. 우리의 선분은 삼각형 ADE의 내부(또는 삼각형의 변 DE)에 속하므로, 선분의 길이는 AB보다 크지 않다.

10.67. 우선 원의 중심 O가 주어진 오각형 $A_1A_2A_3A_4A_5$의 내부에 속한다고 가정하자. 이제 각 $A_1OA_2, A_2OA_3, \cdots, A_5OA_1$을 생각하자. 이들 다섯 개의 각의 합은 2π이므로, 이들 중 하나, 예를 들면 A_1OA_2는 $2\pi/5$를 넘지 않는다. 그러면 선분 A_1A_2를 부채꼴 OBC에 넣을 수 있다(이때 $\angle BOC = 2\pi/5$이고 점 B, C는 원주에 놓여있다). 삼각형 OBC에서 최대변은 BC이므로, $A_1A_2 \leq BC$이다.
만약 점 O가 주어진 오각형에 속하지 않으면, 각 $A_1OA_2, \cdots, A_5OA_1$을 합친 각이 π보다 작게 되고, 이 각의 각각의 점은 이들에 의해 두 번씩 덮히게 된다. 그러므로 이들 다섯 개의 각의 합은 2π보다 작으며, 이들 중 하나는 $2\pi/5$보다 작다. 나머지 증명 과정은 앞의 경우와 유사하다.
만약 점 O가 오각형의 변에 속하면, 살펴본 각들 중의 하나는 $\pi/4$보다 크지 않고, 만약 이 점이 오각형의 꼭짓점이면, 이들 중의 하나는 $\pi/3$보다 크지 않다. 그리고 $\pi/4 < \pi/3 < 2\pi/5$이다.

10.68. 변 BC, CA, AB에 점 A_1과 A_2, B_1과 B_2, C_1과 C_2를 $B_1C_2 \parallel BC, C_1A_2 \parallel CA, A_1B_2 \parallel AB$가 되도록 잡자(그림 10.1). 삼각형 $A_1A_2O, B_1B_2O, C_1C_2O$에서 최대변은 A_1A_2, B_1O, C_2O이다. 그러므로 $OP < A_1A_2, OQ < B_1O, OR \leq C_2O$, 즉 $OP + OQ + OR < A_1A_2 + B_1O + C_2O = A_1A_2 + CA_2 + BA_1 = BC$가 성립한다.

10.69. $c^2 = a^2 + b^2$이므로, $c^n = (a^2 + b^2)c^{n-2} = a^2c^{n-2} + b^2c^{n-2} > a^n + b^n$이다.

10.70. 임의의 삼각형의 높이는 $2r$보다 크다. 게다가 직각삼각형에서 $2r = a + b - c$(문제 5.16)가 성립한다.

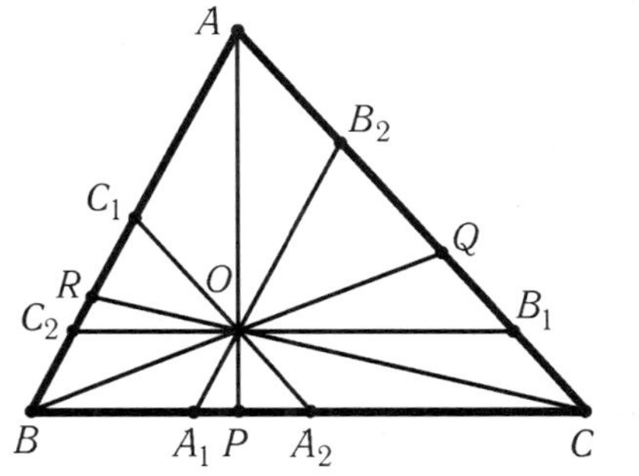

그림 10.1

10.71. $ch = 2S = r(a+b+c)$, $c = \sqrt{a^2+b^2}$이므로, $\frac{r}{h} = \frac{\sqrt{a^2+b^2}}{a+b+\sqrt{a^2+b^2}} = \frac{1}{x+1}$이다. 이때 $x = \frac{a+b}{\sqrt{a^2+b^2}} = \sqrt{1+\frac{2ab}{a^2+b^2}}$이다. $0 < 2ab/(a^2+b^2) \le 1$이므로, $1 < x \le \sqrt{2}$이다. 결국 $2/5 < 1/(1+\sqrt{2}) \le r/h < 1/2$이다.

10.72. $a+b \ge 2\sqrt{ab}$, $c^2 = a^2+b^2 \ge 2ab$이다. 그러므로 다음 부등식이 성립한다.

$$\frac{c^2}{r^2} = \frac{(a+b+c)^2c^2}{a^2b^2} \ge \frac{(2\sqrt{ab}+\sqrt{2ab})^2 \cdot 2ab}{a^2b^2} = 4(1+\sqrt{2})^2.$$

10.73. 문제 12.11(a)에 의해, $m_a^2 + m_b^2 = (4c^2+a^2+b^2)/4 = 5c^2/4$이다. 게다가 $5c^2/4 \ge 5(1+\sqrt{2})^2r^2 = (15+10\sqrt{2})r^2 > 29r^2$(문제 10.72)이다.

10.74. O를 외접원의 중심이라 하고, A_1, B_1, C_1을 각각 변 BC, CA, AB의 중점이라 하자. 그러면 $m_a = AA_1 \le AO+OA_1 = R+OA_1$이다. 마찬가지로 $m_b \le R+OB_1$, $m_c \le R+OC_1$이 성립한다. 결국 다음 부등식이 성립한다.

$$\frac{m_a}{h_a} + \frac{m_b}{h_b} + \frac{m_c}{h_c} \le R\left(\frac{1}{h_a}+\frac{1}{h_b}+\frac{1}{h_c}\right) + \frac{OA_1}{h_a} + \frac{OB_1}{h_b} + \frac{OC_1}{h_c}.$$

이제 문제 12.22의 결과와 문제 4.46의 풀이를 이용하면 된다.

10.75. 문제 4.47에 의해, $\frac{1}{b}+\frac{1}{c} = \frac{2\cos(\alpha/2)}{l_a} \ge \frac{\sqrt{2}}{l_a}$이다. 유사한 세 부등식을 더하면, 구하는 것을 얻을 수 있다.

10.76. 중선들의 교점을 M이라 하고, 외접원의 중심을 O라 하자. 만약 삼각형 ABC가 둔각삼각형이 아니라면, 점 O는 삼각형의 내부(또는 변)에 속한다. 편의상, 점이 삼각형 AMB의 내부에 속한다고 하자. 그러면 $AO+BO \le AM+BM$, 즉 $2R \le 2m_a/3 + 2m_b/3$ 또는 $m_a+m_b \ge 3R$이다. 이제 각 COC_1(C_1은 AB의 중

점)이 둔각이면 $CC_1 \geq CO$, 즉 $m_c \geq R$을 생각하면 된다. 등호는 퇴화된 삼각형에 대해 성립한다.

10.77. 임의의 삼각형에서 $h_b \leq l_b \leq m_b$(문제 2.68)이므로, $h_a = l_b \geq h_b$, $m_c = l_b \leq m_b$이다. 결국 $a \leq b$, $b \leq c$(문제 10.1), 즉 c는 최대변이고, γ는 최대각이다.
등식 $h_a = m_c$로부터 $\gamma \leq 60°$가 유도된다(문제 10.62). 삼각형 ABC의 최대각 γ는 $60°$를 넘지 않으므로, 삼각형의 모든 각은 $60°$이다.

10.78. 문제 1.60에 의해, 삼각형 $A_1B_1C_1$과 ABC의 둘레의 비는 r/R이다. 게다가 $r \leq R/2$(문제 10.26)이다.

참고. 문제 12.72의 결과를 이용하여 쉽게 $S_{A_1B_1C_1}/S_{ABC} = r_1/2R_1 \leq 1/4$을 확인할 수 있다.

10.79. AA_1, BB_1을 삼각형 OAH, OBH의 각의 이등분선이라 하자. 문제 2.1에 의해, 이들은 각 A, B의 이등분선이다. 즉 내접원의 중심은 직선 AA_1와 BB_1의 교점이다. 부등식 $AC > BC$로부터 $AH > BH$가 유도된다. 그러므로 다음을 알 수 있다.

$$A_1H/A_1O = AH/AO > BH/BO = B_1H/B_1O.$$

즉 직선 OH에서 점들은 O, A_1, B_1, H와 같은 순서로 놓여있다. 점 O는 삼각형 ABH의 내부에 속하므로, 직선 AA_1와 BB_1의 교점은 삼각형 BOH의 내부에 속한다.

10.80. $90° \geq \alpha \geq \beta \geq \gamma$라 하자. 그러면 CH는 최대변이다. 내접원과 외접원의 중심을 I, O라 하고, 내접원과 변 BC, CA, AB의 접점을 각각 K, L, M이라 하자(그림 10.2).
우선 점 O가 삼각형 KCI의 내부에 속함을 증명하자. 이를 위해, $CK \geq KB$, $\angle BCO \leq BCI$를 증명하면 된다. $CK = r\cot(\gamma/2) \geq r\cot(\beta/2) = KB$, $2\angle BCO = 180° - \angle BOC = 180° - 2\alpha \leq 180° - \alpha - \beta = \gamma = 2\angle BCI$이다. $\angle BCO = 90° - \alpha = \angle ACH$이므로, CI에 대한 대칭에 의해 직선 CO는 직선 CH로 보내진다. O'을 이 대칭에서 점 O의 상이라 하고, P를 CH와 IL의 교점이라 하자. 그러면 $CP \geq CO' = CO = R$이다. 이제 $PH \geq IM = r$을 증명하면 된다. 이것은 $\angle MIL = 180° - \alpha \geq 90°$에서 유도된다.

10.81. 변 BC에 대한 선분 B_1C_1의 사영을 B_2C_2라 하자. 그러면 $B_1C_1 \geq B_2C_2 = BC - BC_1\cos\beta - CB_1\cos\gamma$이다. 마찬가지로, $A_1C_1 \geq AC - AC_1\cos\alpha -$

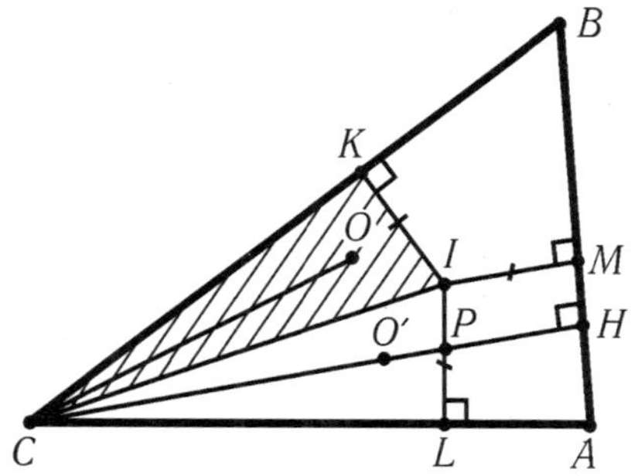

그림 10.2

$CA_1 \cos\gamma$, $A_1B_1 \geq AB - AB_1 \cos\alpha - BA_1 \cos\beta$가 된다. 이 부등식에 $\cos\alpha, \cos\beta$, $\cos\gamma$를 각각 곱하여 더하면, $B_1C_1 \cos\alpha + C_1A_1 \cos\beta + A_1B_1 \cos\gamma \geq a\cos\alpha + b\cos\beta + c\cos\gamma - (a\cos\beta\cos\gamma + b\cos\alpha\cos\gamma + c\cos\alpha\cos\beta)$를 얻는다. $c = a\cos\beta + b\cos\alpha$이므로, $c\cos\gamma = a\cos\beta\cos\gamma + b\cos\alpha\cos\gamma$이다. 유사한 세 부등식을 생각하여 이들을 서로 더하면, $a\cos\beta\cos\gamma + b\cos\alpha\cos\gamma + c\cos\alpha\cos\beta = (a\cos\alpha + b\cos\beta + c\cos\gamma)/2$를 얻을 수 있다.

10.82. $\cos^2\alpha + \cos^2\beta + \cos^2\gamma + 2\cos\alpha\cos\beta\cos\gamma = 1$(문제 12.39(b))이므로, 삼각형 ABC가 예각삼각형일 필요충분조건은 $\cos^2\alpha + \cos^2\beta + \cos^2\gamma < 1$, 즉 $\sin^2\alpha + \sin^2\beta + \sin^2\gamma > 2$이다. 마지막 부등식의 양변에 $4R^2$을 곱하면, 구하는 것을 얻게 된다.

10.83. $p^2 - (2R + r)^2 = 4R^2 \cos\alpha\cos\beta\cos\gamma$(문제 12.41(b))를 생각하면 된다.

10.84. $\angle A \leq \angle B \leq \angle C$라 하자. 만약 삼각형 ABC가 예각삼각형이 아니라면, 변 BC, AB의 임의의 점 A_1, C_1에 대해 $CC_1 < AC < AA_1$이 성립한다. 이제 예각삼각형에 대해 요구된 성질을 가지는 점 A_1, B_1, C_1을 잡을 수 있다는 것을 증명하자. 이를 위해, 부등식 $h_a \leq x < \max(b, c) = c$, $h_b \leq x < \max(a, c) = c$, $h_c \leq x < \max(a, b) = b$를 만족시키는 수 x가 존재함을 확인하면 된다. 이제 $\max(h_a, h_b, h_c) = h_a$, $\min(b, c) = b$, $h_a < b$를 생각하면 된다.

10.85. $\angle A \leq \angle B \leq \angle C$라 하자. 우선 삼각형 ABC가 예각삼각형이라 가정하자. 처음 위치에서 AB와 평행한 직선 l을 회전시킬 때에, 삼각형의 l에 대한 사영의 길이는 처음에는 c에서 h_b로 단조 변화하며, 그리고 나서 h_b에서 a로, a에서 h_c로, h_c에서 b로, b에서 h_a로, 마지막에 h_a에서 c로 단조 변화한다. $h_b < a$이

므로, $h_b < x < a$를 만족시키는 수 x가 존재한다. 쉽게 길이가 x인 선분은 처음 네 개의 임의의 단조 구간에서 만날 수 있음을 확인할 수 있다.

이제, 삼각형 ABC가 예각삼각형이 아니라고 가정하자. 처음 위치에서 AB와 평행한 직선 l을 회전시킬 때에, l에 대한 삼각형의 사영의 길이는 처음에는 c에서 h_b로, 그리고 나서 h_b에서 h_c로 단조 감소하며, 그 다음에 사영의 길이는 단조 증가하는데 처음에는 h_c에서 h_a로, 그 다음에는 h_a에서 c로 단조 증가한다. 이와 같이, 모두 두 개의 단조 구간을 얻게 된다.

10.86. 점 M, N이 변 AB, AC에 각각 속한다고 하자. 꼭짓점 C를 지나 변 AB에 평행한 직선을 작도하자. 이 직선과 직선 MN의 교점을 N_1이라 하자. 그러면 $N_1O : MO = 2$이다. 그리고 $NO \leq N_1O$이므로, $NO : MO \leq 2$이다.

10.87. 삼각형 ABC에 내접하는 원 S가 삼각형 $A'B'C'$의 내부에 속한다고 하자. 이 원에 삼각형 $A'B'C'$의 변들에 평행한 접선을 작도하면, S가 내접원이며 삼각형 $A'B'C'$과 닮음인 삼각형 $A''B''C''$을 얻을 수 있다. 그러므로 $r_{ABC} = r_{A''B''C''} < r_{A'B'C'}$이다.

10.88. 각의 이등분선 l_c는 삼각형을 두 삼각형으로 분할하며, 이들 삼각형의 넓이의 두 배는 $\alpha_c \sin(\gamma/2)$, $bl_c \sin(\gamma/2)$이다. 그러므로 $ah_a = 2S = l_c(a+b)\sin(\gamma/2)$이다. 문제의 조건으로부터, $a/(a+b) \leq 1/2 \leq \sin(\gamma/2)$가 유도된다.

10.89. $\cot A + \cot B = c/h_c \geq c/m_c$가 성립한다. M을 중선들의 교점, N을 선분 AB의 중점이라 하자. 삼각형 AMB가 직각삼각형이므로, $MN = AB/2$이다. 결국 $c = 2MN = 2m_c/3$이다.

10.90. $BN \cdot BA = BM^2$, $BM < BA$이므로, $BN < BM$, 즉 $AN > CN$이 된다.

10.91. 점 B를 지나도록 변 AB에 수선을 긋자. F는 이 수선과 변 AC의 연장선의 교점이라 하자(그림 10.3). 이제 각의 이등분선 AD, 중선 BM, 높이 CH가 한 점에서 만날 필요충분조건은 $AB = CF$임을 증명하자. 실제로 L을 BM과 CH의 교점이라 하자. 각의 이등분선 AD가 점 L을 지날 필요충분조건은 $BA : AM = BL : LM$이며, $BL : LM = FC : CM = FC : AM$이다.

만약 어떤 직각삼각형 $ABF(\angle ABF = 90°)$의 변 AF에 선분 $CF = AB$를 놓으면, 각 BAC, ABC는 예각이 된다. 이제 어떤 경우에 각 ACB가 예각이 되는지를 생각하면 된다. 점 B에서 변 AF에 수선 BP를 긋자. 만약 $FP > FC = AB$, 즉 $BF \sin A > BF \cot A$이면, 각 ACB는 예각이 된다. 결국 $1 - \cos^2 A =$

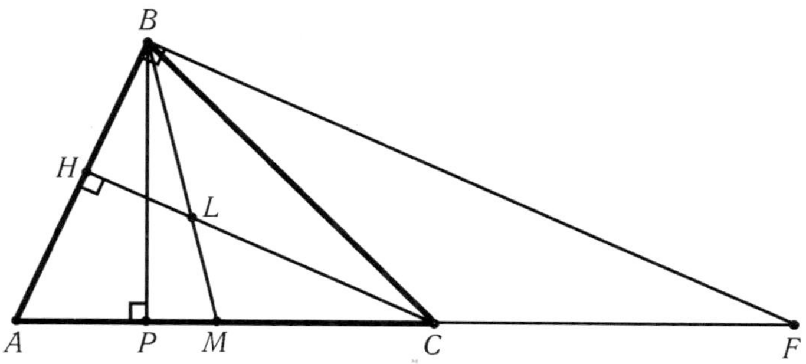

그림 10.3

$\sin^2 A > \cos A$, 즉 $\cos A < (\sqrt{5}-1)/2$이다. 결국, 다음 부등식이 얻어진다.

$$90^\circ > \angle A > \arccos((\sqrt{5-1})/2) \approx 51^\circ 50'.$$

10.92. 큰 변의 맞은편에 큰 각이 놓여있으므로, $(a-b)(\alpha-\beta) \geq 0, (b-c)(\beta-\gamma) \geq 0$, $(a-c)(\alpha-\gamma) \geq 0$이다. 이들 부등식을 더하면, 다음 부등식을 얻을 수 있다.

$$2(a\alpha + b\beta + c\gamma) \geq a(\beta+\gamma) + b(\alpha+\gamma) + c(\alpha+\beta) = (a+b+c)\pi - a\alpha - b\beta - c\gamma.$$

즉 $\pi/3 \leq (a\alpha + b\beta + c\gamma)/(a+b+c)$이다. 삼각부등식으로부터, 다음 부등식이 유도된다.

$$\alpha(b+c-a) + \beta(a+c-b) + \gamma(a+b-c) > 0.$$

즉 $a(\beta+\gamma-\alpha) + b(\alpha+\gamma-\beta) + c(\alpha+\beta-\gamma) > 0$이 유도된다. $\alpha+\beta+\gamma = \pi$이므로, $a(\pi-2\alpha) + b(\pi-2\beta) + c(\pi-2\gamma) > 0$, 즉 $(a\alpha + b\beta + c\gamma)/(a+b+c) < \pi/2$이다.

10.93. 반직선 OB, OC에 점 C_1, B_1을 잡아 $OC_1 = OC$, $OB_1 = OB$가 되도록 하자. 점 B_1, C_1을 AO와 직교하는 직선에 사영시켜 얻어진 점을 B_2, C_2라 하자. 그러면 $BO \sin AOC + CO \sin AOB = B_2C_2 \leq BC$이다. 그러한 세 부등식을 더하면, 구하는 것을 얻을 수 있다. 또한 조건 $B_1C_1 \perp AO, C_1A_1 \perp BO$, $A_1B_1 \perp CO$는 점 O가 각의 이등분선들의 교점이라는 것과 동치임을 쉽게 확인할 수 있다.

10.94. $\angle CBD = \angle C/2$와 $\angle B \geq \angle A$가 성립하므로, $\angle ABD = \angle B + \angle CBD \geq (\angle A + \angle B + \angle C)/2 = 90^\circ$이다.

10.95. 각의 이등분선의 성질에 의해, $BM : MA = BC : CA$, $BK : KC = BA : AC$이다. 그러므로 $BM : MA < BK : KC$, 즉 다음이 성립한다.

$$\frac{AB}{AM} = 1 + \frac{BM}{MA} < 1 + \frac{BK}{KC} = \frac{CB}{CK}.$$

결국 점 M은 점 K보다 직선 AC로부터 더 멀리 떨어져 있다. 즉 $\angle AKM > \angle KAC = \angle KAM$, $\angle KMC < \angle MCA = \angle MCK$이다. 그러므로 $AM > MK$, $MK > KC$(문제 10.59)이다.

10.96. 주어진 모든 비가 2보다 작다고 가정하자. 그러면 $S_{ABO} + S_{AOC} < 2S_{XBO} + 2S_{XOC} = 2S_{OBC}, S_{ABO} + S_{OBC} < 2S_{AOC}$, $S_{AOC} + S_{OBC} < 2S_{ABO}$이다. 이들 부등식을 더하면, 모순이 유도된다. 같은 방법으로, 주어진 비들 중의 하나가 2보다 크지 않다는 것을 증명할 수 있다.

10.97. 원 S, S_1, S_2의 반지름을 r, r_1, r_2라 하자. 삼각형 AB_1C_1과 A_2BC_2는 삼각형 ABC와 닮았고, 닮음비는 각각 r_1/r, r_2/r이다. 원 S_1과 S_2는 삼각형 AB_1C_1과 A_2BC_2의 내접원이다. 결국 이들 삼각형은 교차하게 된다. 왜냐하면, 그렇지 않으면 원 S_1과 S_2가 공통점들을 가지지 않기 때문이다. 그러므로 $AB_1 + A_2B > AB$, 즉 $r_1 + r_2 > r$이다.

제 11 장

최대 및 최소 문제

바탕 지식들

1. 최대 및 최소에 관련된 기하 문제들을 풀려면, 관련된 기하부등식을 증명하고 등식이 성립하는가를 조사해야 한다. 그러므로 기하학적 최대 및 최소 문제는 기하부등식들과 밀접하게 관련되어 있다. 최대 및 최소 문제를 풀기 전에 9장의 부록을 다시 한번 살펴보고, 이때 부등식에서 등호가 성립하는 조건에 관심을 기울여야 한다.

2. 삼각형의 요소들에 대해서는 9장과 같은 표기를 사용할 것이다.

3. 최대 및 최소 문제는 가끔 극단적인 경우의 문제라고도 불린다.

도입 문제들

1. 주어진 선분 AB, AC를 변으로 하는 모든 삼각형들 중에서 넓이가 가장 큰 삼각형을 찾아라.

2. 삼각형 ABC의 내부에서 변 AB와 최소의 각을 이루는 점을 찾아라.

3. 변이 a, 높이가 h_a인 모든 삼각형들 중에서 각 α가 최대인 것은 이등변 삼각형이라는 것을 증명하여라.

4. 변으로 $AB, AC(AB < AC)$를 가지는 모든 삼각형들 중에서 외접원의 반지름이 최대가 되는 삼각형을 찾아라.

5. 볼록사각형의 대각선이 d_1, d_2이다. 볼록사각형 넓이의 최댓값을 구하여라.

제 1 절 삼각형

11.1. 주어진 각 α와 넓이 S를 가지는 삼각형들 중에서 변 BC의 길이가 최소인 것은 밑변이 BC인 이등변삼각형이라는 것을 증명하여라.

11.2. 주어진 각 α와 둘레 P를 가지는 삼각형들 중에서 넓이가 최대인 것은 밑변이 BC인 이등변삼각형이라는 것을 증명하여라.

11.3. 둘레의 절반이 p인 삼각형들 중에서 넓이가 최대인 것은 정삼각형이라는 것을 증명하여라.

11.4. 변이 a, 각이 α인 모든 예각삼각형을 생각하자. 변 b, c의 제곱의 합이 최대가 되는 것은 어떤 삼각형인가?

11.5. 주어진 원에 내접하는 삼각형들 중에서 변들 길이의 제곱의 합이 최대가 되는 삼각형을 찾아라.

11.6. 삼각형 ABC의 둘레는 $2p$이다. $MN \parallel BC$이며 MN이 삼각형의 ABC의 내접원에 접하도록, 변 AB, AC에 점 M, N을 잡았다. 이때 선분 MN 길이의 최댓값을 구하여라.

11.7. 주어진 삼각형 안에 최대의 넓이를 가지는 중심대칭인 다각형을 작도하여라.

11.8. 삼각형 ABC의 넓이는 1이다. 변 BC, CA, AB의 중점을 A_1, B_1, C_1이라 하고, AB_1, CA_1, BC_1에 점 K, L, M을 각각 잡았다. 이때 삼각형 KLM과 $A_1B_1C_1$의 공통 부분의 최대 넓이를 구하여라.

11.9. 종이로 된 무한히 긴 띠에서 넓이가 1인 임의의 삼각형을 잘라낼 수 있어야 한다. 종이띠의 폭은 어떤 최솟값을 가져야 하는가?

11.10. 변의 길이가 a, b, c인 삼각형과 a_1, b_1, c_1인 삼각형이 닮음일 필요충분조건은 다음 등식이 성립하는 것임을 증명하여라.

$$\sqrt{aa_1} + \sqrt{bb_1} + \sqrt{cc_1} = \sqrt{(a+b+c)(a_1+b_1+c_1)}.$$

11.11. α, β, γ와 α_1, β_1, γ_1은 두 삼각형의 각들이다. 이때 다음 부등식을 증명하여라.

$$\frac{\cos\alpha_1}{\sin\alpha} + \frac{\cos\beta_1}{\sin\beta} + \frac{\cos\gamma_1}{\sin\gamma} \le \cot\alpha + \cot\beta + \cot\gamma.$$

11.12. a, b, c는 넓이가 S인 삼각형의 변들의 길이이고, α_1, β_1, γ_1은 다른 삼각형의 각들이다. 이때 부등식 $a^2\cot\alpha_1 + b^2\cot\beta_1 + c^2\cot\gamma_1 \ge 4S$가 성립하며, 등호는 두 삼각형이 닮음인 경우에 성립한다는 것을 증명하여라.

11.13. 변의 길이가 a, b, c인 삼각형이 주어졌고, $a \ge b \ge c$이다. x, y, z는 다른 삼각형의 각들이라고 할 때, 다음 부등식을 증명하여라.

$$bc + ca - ab < bc\cos x + ca\cos y + ab\cos z \le (a^2+b^2+c^2)/2.$$

참고. 문제 17.21을 보시오.

제 2 절 삼각형의 극점

11.14. 직각삼각형 ABC의 빗변 AB에 점 X를 잡아, 밑변 AC, BC에 점 X를 사영시켜 얻어진 점을 M, N이라 하자.
(a) 선분 MN의 길이가 최소가 되도록, 점 X의 위치를 결정하여라;
(b) 사각형 $CMXN$의 넓이가 최대가 되도록, 점 X의 위치를 결정하여라.

11.15. 예각삼각형 ABC의 변 AB에 속하는 점 M으로부터 변 BC, AC에 수선 MP, MQ를 그었다. 선분 PQ의 길이가 최소가 되도록, 점 X의 위치를 결정하여라.

11.16. 삼각형 ABC가 주어졌다. 삼각형 ACM, BCM의 외접원의 반지름의 합이 최소가 되도록, 직선 AB의 점 M을 구하여라.

11.17. 삼각형 ABC의 외접원의 점 M으로부터 직선 AB, AC에 수선 MP, MQ를 그었다. 선분 PQ의 길이가 최대가 되도록, 점 M의 위치를 결정하여라.

11.18. 삼각형 ABC의 내부점 O를 잡았다. 점 O에서 직선 BC, CA, AB까지의 거리를 d_a, d_b, d_c라 하자. 곱 $d_ad_bd_c$가 최대가 되도록 하는 점 M의 위치를 결정하여라.

11.19. 점 A_1, B_1, C_1은 삼각형 ABC의 변 BC, CA, AB에 속하고, 선분 AA_1, BB_1, CC_1은 한 점 M에서 만난다. $\frac{MA_1}{AA_1} \cdot \frac{MB_1}{BB_1} \cdot \frac{MC_1}{CC_1}$의 값이 최대가 되도록 하는 점 M의 위치를 결정하여라.

11.20. 삼각형 ABC의 내부점 M으로부터 직선 BC, CA, AB에 수선 MA_1, MB_1, MC_1을 그었다. $a/MA_1 + b/MB_1 + c/MC_1$의 값이 최소가 되도록 하는 삼각형 ABC의 내부점 M을 구하여라.

11.21. 삼각형 ABC가 주어졌다. 삼각형의 내부에서 선분 OA, OB, OC의 합이 최소가 되도록 하는 점 O를 구하여라(삼각형의 각들 중 하나가 $120°$보다 큰 경우에 주의하여라).

11.22. 삼각형 ABC의 내부점 O에서 삼각형의 변들까지 거리의 제곱의 합이 최소가 되도록, 점 O를 구하여라.

참고. 문제 18.22(a)를 보시오.

제 3 절 각

11.23. 예각의 한 변에 점 A, B가 주어졌다. 예각의 다른 변에 선분 AB와 최대의 각을 이루는 점 C를 작도하여라.

11.24. 각 XAY와 각의 내부점 O가 주어졌다. 점 O를 지나며 주어진 각에 최소의 넓이를 가지는 삼각형을 만들도록, 직선을 작도하여라.

11.25. 각 AOB의 내부점 P를 지나며 $OM + ON$의 값이 최소가 되도록, 직선 MN을 작도하여라(점 M, N은 변 OA, OB에 속한다).

11.26. 각 XAY와 각의 내부에 원이 주어졌다. 원의 점에서 직선 AX, AY까지의 거리의 합이 최소가 되도록, 원의 점을 작도하여라.

11.27. 예각 BAC의 내부에 점 M이 주어졌다. 변 BA, AC에 삼각형 XYM의 둘레가 최소가 되도록, 점 X, Y를 작도하여라.

11.28. 각 XAY가 주어졌다. 길이가 1인 선분 BO, CO의 끝점 B, C를 반직선 AX, AY를 따라 이동시켰다. 최대의 넓이를 가지는 사각형 $ABOC$를 작도하여라.

제 4 절 사각형

11.29. 볼록사각형의 내부점에서 꼭지점들까지 거리의 합이 최소가 되도록, 내부점을 찾아라.

11.30. 볼록사각형 $ABCD$의 대각선들은 점 O에서 만난다. 삼각형 AOB의 넓이가 4이고 삼각형 COD의 넓이가 9일 때, 사각형 $ABCD$의 넓이의 최솟값을 구하여라.

11.31. 밑변이 AD인 사다리꼴 $ABCD$가 대각선 AC에 의해 두 삼각형으로 분할되었다. 밑변에 평행한 직선 l은 이 삼각형들을 두 개의 삼각형과 두

개의 사각형으로 나눈다. 얻어진 삼각형들의 넓이의 합이 최소가 되도록, 직선 l의 위치를 결정하여라.

11.32. 넓이가 1인 사다리꼴이 주어졌다. 이때 사다리꼴의 가장 긴 대각선이 가질 수 있는 최솟값을 구하여라.

11.33. 사다리꼴 $ABCD$의 밑변 AD에 점 K가 주어졌다. 밑변 BC에 삼각형 AMD, BKC의 공통 부분의 넓이가 최대가 되도록, 점 M을 찾아라.

11.34. 정해진 길이의 변들을 가지는 사각형들 중에서 내접사각형이 최대의 넓이를 가진다는 것을 증명하여라.

참고. 문제 9.35, 15.3(b)를 보시오.

제 5 절　다각형

11.35. 다각형이 대칭의 중심 O를 가진다. 어떤 점에서 꼭짓점들까지 거리의 합이 최소가 되는, 그러한 점은 O라는 것을 증명하여라.

11.36. 주어진 원에 내접하는 다각형들 중에서 변들 길이의 제곱의 합이 최대가 되는 다각형을 찾아라.

11.37. 볼록다각형 $A_1 \cdots A_n$이 주어졌다. 모든 꼭짓점들까지 거리의 합이 최대가 되는 다각형의 점은 꼭짓점이라는 것을 증명하여라.

참고. 문제 6.72를 보시오.

제 6 절　다양한 문제들

11.38. 중심이 O인 원의 내부에 점 A가 주어졌다. 각 OMA가 최대가 되도록, 원주의 점 M을 찾아라.

11.39. 평면에 직선 l이 주어졌고, l에 대해 다른쪽에 놓인 점 A, B가 주어졌다. 직선 l이 원으로부터 최소 길이의 현을 만들도록, 점 A, B를 지나는 원을 작도하여라.

11.40. 직선 l이 주어졌고, l에 대해 같은쪽에 놓인 점 P, Q가 주어졌다. 직선 l에 점 M을 잡은 다음, 삼각형 PQM에 높이 PP', QQ'을 작도하였다. 이때 선분 $P'Q'$이 최소가 되도록 하는 점 M의 위치를 결정하여라.

11.41. 점 A, B, O는 한 직선에 속하지 않는다. 어떤 직선 l에서 점 A, B까지의 거리가 (a) 최대; (b) 최소가 되도록, 점 O를 지나는 직선 l을 작도하여라.

11.42. 평면에 다섯 개의 점이 주어지면, 이 점들의 가능한 모든 세 쌍을 고려하여 30개의 각을 만들 수 있다. 이들 각의 최솟값을 α라 하자. 이때 α의 최댓값을 구하여라.

11.43. 어느 도시에 서로 서로 평행한 10개의 길이 있으며, 이들 길과 직교하는 10개의 길이 있다. 모든 교차로를 지나는 닫힌 버스 노선이 가질 수 있는 꺾임(모퉁이)의 최소 개수를 구하여라.

11.44. 8×8인 체스판을 한 개의 직선으로 잘랐다. 이때 잘려지는 체스판의 작은 정사각형 칸의 최대 개수를 구하여라.

11.45. 길이가 1인 선분에 속하는 길이가 d인 임의의 선분에 $1 + 1000d^2$보다 많지 않은 점을 놓았다고 하자. 이때 길이가 1인 선분에 놓을 수 있는 점들의 최대 개수를 구하여라.

참고. 문제 15.1, 17.20을 보시오.

제 7 절 정다각형의 극단적 성질

11.46. (a) 주어진 원에 외접하는 모든 n각형들 중에서 정n각형이 최소의 넓이를 가진다는 것을 증명하여라.

(b) 주어진 원에 외접하는 모든 n각형들 중에서 정n각형이 최소의 둘레를 가진다는 것을 증명하여라.

11.47. 삼각형 ABC_1과 ABC_2는 공통인 밑변 AB를 가지며, 등식 $\angle AC_1B = \angle AC_2B$가 성립한다. $|AC_1 - C_1B| < |AC_2 - C_2B|$일 때, 다음을 증명하여라.

(a) 삼각형 ABC_1의 넓이는 삼각형 ABC_2의 넓이보다 크다;

(b) 삼각형 ABC_1의 둘레는 삼각형 ABC_2의 둘레보다 크다.

11.48. (a) 주어진 원에 내접하는 모든 n각형들 중에서 정n각형이 최대의 넓이를 가진다는 것을 증명하여라;

(b) 주어진 원에 내접하는 모든 n각형들 중에서 정n각형 최대의 둘레를 가진다는 것을 증명하여라.

힌트 및 증명

11.1. 코사인 정리에 의해, $a^2 = b^2 + c^2 - 2bc\cos\alpha = (b-c)^2 + 2bc(1-\cos\alpha) = (b-c)^2 + 4S(1-\cos\alpha)/\sin\alpha$이다. 이때 두 번째 가수는 일정하므로, $b = c$이면 a는 최소가 된다.

11.2. 방접원이 변 AB, AC와 점 K, L에서 접한다고 하자. $AK = AL = p$이므로, 방접원 S_a는 고정된다. 내접원이 원 S_a와 접할 때, 즉 삼각형 ABC가 이등변삼각형일 때, 내접원의 반지름 r은 최대가 된다. 그리고 $S = pr$이다.

11.3. 문제 10.53(a)에 의해, $S \le p^2/3\sqrt{3}$이다. 이때 등호는 정삼각형인 경우에 성립한다.

11.4. 코사인 정리에 의해, $b^2 + c^2 = a^2 + 2bc\cos\alpha$이다. $2bc \le b^2 + c^2$이고 $\cos\alpha > 0$이므로, $b^2 + c^2 \le a^2 + (b^2 + c^2)\cos\alpha$, 즉 $b^2 + c^2 \le a^2/(1-\cos\alpha)$이다. 등호는 $b = c$인 경우에 성립한다.

11.5. O를 반지름이 R인 원의 중심, A, B, C를 삼각형의 꼭짓점, $\boldsymbol{a} = \overrightarrow{OA}$, $\boldsymbol{b} = \overrightarrow{OB}$, $\boldsymbol{c} = \overrightarrow{OC}$라 하자. 그러면 $AB^2 + BC^2 + CA^2 = |\boldsymbol{a} - \boldsymbol{b}|^2 + |\boldsymbol{b} - \boldsymbol{c}|^2 + |\boldsymbol{c} - \boldsymbol{a}|^2 = 2(|\boldsymbol{a}|^2 + |\boldsymbol{b}|^2 + |\boldsymbol{c}|^2) - 2(\boldsymbol{a}, \boldsymbol{b}) - 2(\boldsymbol{b}, \boldsymbol{c}) - 2(\boldsymbol{c}, \boldsymbol{a})$가 된다. $|\boldsymbol{a} + \boldsymbol{b} + \boldsymbol{c}|^2 =$

$|\boldsymbol{a}|^2 + |\boldsymbol{b}|^2 + |\boldsymbol{c}|^2 + 2(\boldsymbol{a},\boldsymbol{b}) + 2(\boldsymbol{b},\boldsymbol{c}) + 2(\boldsymbol{c},\boldsymbol{a})$이므로, $AB^2 + BC^2 + CA^2 = 3(|\boldsymbol{a}|^2 + |\boldsymbol{b}|^2 + |\boldsymbol{c}|^2) - |\boldsymbol{a}+\boldsymbol{b}+\boldsymbol{c}|^2 \le 3(|\boldsymbol{a}|^2 + |\boldsymbol{b}|^2 + |\boldsymbol{c}|^2) = 9R^2$이다. 등호는 $\boldsymbol{a}+\boldsymbol{b}+\boldsymbol{c} = \boldsymbol{0}$인 경우에 성립한다. 이 등호는 삼각형 ABC가 정삼각형임을 의미한다.

11.6. 변 BC에 그은 높이를 h라 하자. $\triangle AMN \sim \triangle ABC$이므로, $MN/BC = (h - 2r)/h$, 즉 $MN = a\left(1 - \frac{2r}{h}\right)$이다. $r = S/p = ah/2p$이므로, $MN = a(1 - a/p)$가 된다. $a = p/2$일 때, 식 $a(1 - a/p) = a(p-a)/p$는 최댓값을 가지며, 그 값은 $p/4$이다. 이제 변이 $a = p/2$이고 둘레가 $2p$인 삼각형이 존재한다는 것을 생각하면 된다($b = c = 3p/4$라고 놓자).

11.7. 삼각형 T의 내부에 놓인 다각형 M의 대칭의 중심을 O라 하고, O에 대한 대칭에서 삼각형 T의 상을 $S(T)$라 하자. 그러면 M은 T에도 속하고 $S(T)$에도 속한다. 그러므로 T에 속하며 주어진 대칭의 중심을 가지는 모든 중심대칭 다각형들 중에서 T와 $S(T)$의 교집합이 최대 넓이를 가진다. T와 $S(T)$의 교집합은 볼록다각형이며 볼록다각형은 자신의 대칭의 중심을 포함하므로, 점 O는 삼각형 T의 내부에 속한다.

삼각형 $T = ABC$의 변 BC, CA, AB의 중점을 A_1, B_1, C_1이라 하자. 우선 점 O가 삼각형 $A_1B_1C_1$의 내부에 속한다고 가정하자. 그러면 T와 $S(T)$의 교집합은 육각형이다(그림 11.1). 변 AB가 삼각형 $S(T)$의 변들에 의해 $x : y : z$의 비로 분할된다고 하자(단 $x + y + z = 1$이다). 그러면 빗금 친 삼각형들 넓이의 합과 삼각형 ABC의 넓이의 비는 $x^2 + y^2 + z^2$이고, 이 식의 최솟값을 구해야 한다. $1 = (x+y+z)^2 = 3(x^2+y^2+z^2) - (x-y)^2 - (y-z)^2 - (z-x)^2$이므로, $x^2 + y^2 + z^2 \ge 1/3$이다. 등호는 $x = y = z$인 경우에 성립한다. 마지막 등식은 점 O가 삼각형 ABC의 중선들의 교점임을 의미한다.

이제 다른 경우를 살펴보자. 즉 점 O가 삼각형 AB_1C_1, A_1BC_1, A_1B_1C의 하나에, 예를 들어 $\triangle AB_1C_1$의 내부에 속한다고 하자. 이 경우에 T와 $S(T)$의 교집합은 평행사변형이고, 점 O를 직선 AO와 B_1C_1의 교점으로 바꾸면, 이 평행사변형의 넓이가 증가될 수 있다. 만약 점 O가 변 B_1C_1에 속하면, 이 경우는 우리가 이미 살펴본 것에 속한다($x = 0$이라 놓는다).

구하는 다각형은 삼각형 변들의 삼등분점을 꼭짓점으로 하는 육각형이다. 이것의 넓이는 삼각형 넓이의 2/3이다.

11.8. 직선 KM과 BC의 교점을 T라 하고, 삼각형 $A_1B_1C_1$와 KLM의 변들의 교점들이 그림 11.2와 같도록 하자. 그러면 $TL : RZ = KL : KZ = LC : ZB_1$이

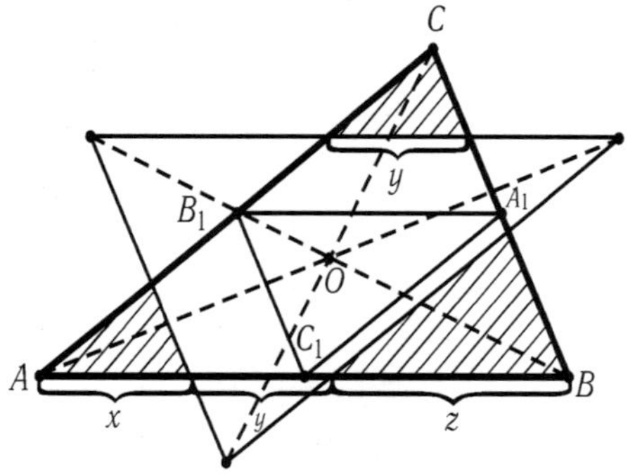

그림 11.1

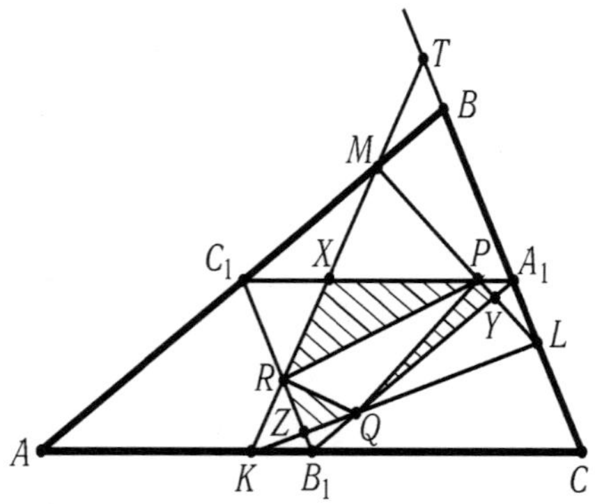

그림 11.2

다. $TL \geq BA_1 = A_1C \geq LC$이면 $RZ \geq ZB_1$이므로, $S_{RZQ} \geq S_{ZB_1Q}$가 된다. 마찬가지로, $S_{QYP} \geq S_{YA_1P}$, $S_{PXR} \geq S_{XC_1R}$이다. 이들 부등식과 부등식 $S_{PQR} \geq 0$을 더하면, 육각형 $PXRZQY$의 넓이는 삼각형 $A_1B_1C_1$의 나머지 부분보다 적지 않다는 것을 알 수 있다. 즉 이것의 넓이는 $S_{A_1B_1C_1}/2 = 1/8$보다 적지 않다. 등호는, 예를 들어 점 K가 B_1과 일치하고, 점 M이 B와 일치하는 경우에 성립한다.

11.9. 변이 a인 정삼각형의 넓이는 $a^2\sqrt{3}/4$이므로, 넓이가 1인 정삼각형의 한 변의 길이는 $2/\sqrt[4]{3}$이고 높이는 $\sqrt[4]{3}$이다. 폭이 $\sqrt[4]{3}$보다 작은 띠에서 넓이가 1인 정삼각형을 잘라낼 수 없다는 것을 증명하자. 정삼각형 ABC가 폭이 $\sqrt[4]{3}$보다 작은 띠의 내부에 놓여있다고 하자. 편의상, 띠의 경계선에 대한 꼭짓점 B의 사영이 꼭짓점 A와 C의 사영사이에 놓여있다고 하자. 그러면 점 B를 지나 띠의 경계선에 직교하는 직선은 선분 AC와 어떤 점 M에서 만난다. 삼각형 ABC의 높이는 BM을 넘지 못하며, BM은 띠의 폭보다 크지 않으므로, 삼각형 ABC의 높이는 $\sqrt[4]{3}$보다 작다. 즉 삼각형의 넓이는 1보다 작다.

이제 폭이 $\sqrt[4]{3}$인 띠에서 넓이가 1인 임의의 삼각형을 잘라낼 수 있음을 증명하는 것이 남았다. 넓이가 1인 임의의 삼각형은 $\sqrt[4]{3}$을 넘지 않는 높이를 가지고 있다는 것을 증명하자. 이를 위해, 삼각형의 변이 $2/\sqrt[4]{3}$보다 작지 않음을 보이면 된다. 삼각형 ABC의 모든 변들이 $2/\sqrt[4]{3}$보다 작다고 가정하자. α는 이 삼각형의 최소각이라 하자. 그러면 $\alpha \leq 60°$, $S_{ABC} = (AB \cdot AC \sin\alpha)/2 < (2/\sqrt[4]{3})^2(\sqrt{3}/4) = 1$이 된다. 이로부터 모순이 얻어진다. 높이가 $\sqrt[4]{3}$을 넘지 않는 삼각형의 변들 중에서 높이가 내려진 변을 띠의 변에 놓으면, 이 삼각형을

폭이 $\sqrt[4]{3}$인 띠에 놓을 수 있다.

11.10. 주어진 등식의 양변을 제곱하면, 등식을 다음과 같이 변형할 수 있다.

$$(\sqrt{ab_1}-\sqrt{a_1b})^2+(\sqrt{ca_1}-\sqrt{c_1a})^2+(\sqrt{bc_1}-\sqrt{cb_1})^2=0.$$

즉 $a/a_1=b/b_1=c/c_1$이다.

11.11. 각 α, β, γ를 고정시키자. $A_1B_1C_1$은 각 α_1, β_1, γ_1을 가지는 삼각형이라 하자. 이제 벡터 $\overrightarrow{B_1C_1}$, $\overrightarrow{C_1A_1}$, $\overrightarrow{A_1B_1}$과 같은 방향을 가지며 크기가 $\sin\alpha$, $\sin\beta$, $\sin\gamma$인 벡터 $\boldsymbol{a}$, $\boldsymbol{b}$, $\boldsymbol{c}$를 생각하자. 그러면 다음 등식이 성립한다.

$$\frac{\cos\alpha_1}{\sin\alpha}+\frac{\cos\beta_1}{\sin\beta}+\frac{\cos\gamma_1}{\sin\gamma}=-[(\boldsymbol{a},\boldsymbol{b})+(\boldsymbol{b},\boldsymbol{c})+(\boldsymbol{c},\boldsymbol{a})]/(\sin\alpha\sin\beta\sin\gamma).$$

$2[(\boldsymbol{a},\boldsymbol{b})+(\boldsymbol{b},\boldsymbol{c})+(\boldsymbol{c},\boldsymbol{a})]=|\boldsymbol{a}+\boldsymbol{b}+\boldsymbol{c}|^2-|\boldsymbol{a}|^2-|\boldsymbol{b}|^2-|\boldsymbol{c}|^2$이므로, $(\boldsymbol{a},\boldsymbol{b})+(\boldsymbol{b},\boldsymbol{c})+(\boldsymbol{c},\boldsymbol{a})$는 $\boldsymbol{a}+\boldsymbol{b}+\boldsymbol{c}=\boldsymbol{0}$인 경우에, 즉 $\alpha_1=\alpha$, $\beta_1=\beta$, $\gamma_1=\gamma$일 때, 최소가 된다.

11.12. $x=\cot\alpha_1$, $y=\cot\beta_1$이라 하자. 그러면 $x+y>0$($\alpha_1+\beta_1<\pi$이므로), $\cot\gamma_1=(1-xy)/(x+y)=(x^2+1)/(x+y)-x$가 된다. 그러므로 $a^2\cot\alpha_1+b^2\cot\beta_1+c^2\cot\gamma_1=(a^2-b^2-c^2)x+b^2(x+y)+c^2(x^2+1)/(x+y)$이다. 정해진 x에 대해, 이 식은 $b^2(x+y)=c^2(x^2+1)/(x+y)$인 y, 즉 $c/b=(x+y)/\sqrt{1+x^2}=\sin\alpha_1(\cot\alpha_1+\cot\beta_1)=\sin\gamma_1/\sin\beta_1$인 경우에 최솟값을 가진다. 마찬가지로 $a:b:c=\sin\alpha_1:\sin\beta_1:\sin\gamma_1$이면, 살펴본 식이 최소가 된다는 것을 보일 수 있다. 이 경우에 삼각형들은 닮음이 되고, $a^2\cot\alpha+b^2\cot\beta+c^2\cot\gamma=4S$(문제 12.44(b))가 된다.

11.13. $f=bc\cos x+ca\cos y+ab\cos z$라 하자. $\cos x=-\cos y\cos z+\sin y\sin z$이므로, $f=c(a-b\cos z)\cos y+bc\sin y\sin z+ab\cos z$이다. 두 변의 길이가 a, b이고 이들 사이의 각이 z인 삼각형을 생각하여, 변 a,b와 마주보는 각을 각각 ξ, η라 하고, t를 각 z의 대변이라 하자. 그러면 $\cos z=(a^2+b^2-t^2)/2ab$, $\cos\eta=(t^2+a^2-b^2)/2at$이므로, $(a-b\cos z)/t=\cos\eta$가 된다. 게다가 $b/t=\sin\eta/\sin z$이다. 결국 $f=ct\cos(\eta-y)+(a^2+b^2-t^2)/2$이다.
$\cos(\eta-y)\le 1$이므로, $f\le\frac{(a^2+b^2+c^2)}{2}-\frac{(c-t)^2}{2}\le(a^2+b^2+c^2)/2$이다. $a\ge b$이므로, $\xi\ge\eta$이다. 이것은 $-\xi\le-\eta<y-\eta<\pi-z-\eta=\xi$, 즉 $\cos(y-\eta)>\cos\xi$를 의미한다. 그러므로 다음이 성립한다.

$$f>ct\cos\xi+\frac{a^2+b^2-t^2}{2}=\frac{c-b}{2b}t^2+\frac{c(b^2-a^2)}{2b}+\frac{a^2+b^2}{2}=g(t).$$

t^2의 계수는 음수이거나 영이고, 게다가 $t < a + b$이다. 결국 $g(t) \geq g(a + b) = bc + ca - ab$가 된다.

11.14. (a) $CMXN$이 직사각형이므로, $MN = CX$이다. 그러므로 CX가 높이이면, 선분 MN의 길이는 최소가 된다.
(b) $S_{ABC} = S$라 하자. 그러면 $S_{AMX} = AX^2 \cdot S/AB^2$, $S_{BNX} = BX^2 \cdot S/AB^2$가 된다. $AX^2 + BX^2 \geq AB^2/2$(등호는 X가 선분 AB의 중점일 때에 성립한다) 이므로, $S_{CMXN} = S - S_{AMX} - S_{BNX} \leq S/2$이다. 만약 X가 선분 AB의 중점이면, 사각형 $CMXN$의 넓이는 최대가 될 것이다.

11.15. 점 P, Q는 선분 CM을 지름으로 하는 원주에 놓여있다. 이 원주에서 일정한 각 C는 현 PQ에 대응하므로, 원주의 지름 CM이 최소가 되면, 즉 CM이 삼각형 ABC의 높이이면, 현 PQ의 길이는 최소가 될 것이다.

11.16. 코사인 정리를 이용하여 삼각형 ACM과 BCM의 외접원의 반지름을 구하면, $AC/(2\sin AMC)$, $BC/(2\sin BMC)$가 됨을 알 수 있다. 쉽게 $\sin AMC = \sin BMC$임을 확인할 수 있다. 그러므로 $AC/(2\sin AMC)+BC/(2\sin BMC) = (AC + BC)/(2\sin BMC)$이다. 마지막 식은 $\sin BMC = 1$, 즉 $CM \perp AB$이면, 최솟값을 가질 것이다.

11.17. 점 P, Q가 지름이 AM인 원주에 속하므로, $PQ = AM \sin PAQ = AM \sin A$이다. 이것은 AM이 외접원의 지름일 때, 선분 PQ의 길이가 최대가 됨을 의미한다.

11.18. $2S_{ABC} = ad_a+bd_b+cd_c$이다. 그러므로 $ad_a = bd_b = cd_c$이면 곱 $(ad_a)(bd_b)(cd_c)$는 최대가 될 것이다. abc의 값이 일정하고 곱 $(bd_b)(cd_c)$가 최대가 될 필요충분조건은 곱 $d_a d_b d_c$가 최대가 되는 것이다.
등식 $ad_a = bd_b = cd_c$는 O가 삼각형 ABC의 중선들의 교점임을 의미한다는 것을 보이자. 직선 AO와 BC의 교점을 A_1이라 하자. 그러면, $BA_1 : A_1C = S_{ABA_1} : S_{ACA_1} = S_{ABO} : S_{ACO} = (cd_c) : (bd_b) = 1$, 즉 AA_1은 중선이다. 유사한 방법으로, 점 O가 중선 BB_1, CC_1에 속한다는 것이 증명된다.

11.19. $\alpha = MA_1/AA_1$, $\beta = MB_1/BB_1$, $\gamma = MC_1/CC_1$이라 하자. $\alpha+\beta+\gamma = 1$(문제 4.48(a))이므로, $\sqrt[3]{\alpha\beta\gamma} \leq (\alpha + \beta + \gamma)/3 = 1/3$이다. 등호는 $\alpha = \beta = \gamma = 1/3$, 즉 M이 중선들의 교점인 경우에 성립한다.

11.20. $x = MA_1$, $y = MB_1$, $z = MC_1$라 하면, $ax + by + cz = 2S_{BMC} + 2S_{AMC} + 2S_{AMB} = 2S_{ABC}$이다. 그러므로 $\left(\frac{a}{x} + \frac{b}{y} + \frac{c}{z}\right) \cdot 2S_{ABC} = \left(\frac{a}{x} + \frac{b}{y} + \frac{c}{z}\right)(ax + by + cz) = a^2 + b^2 + c^2 + ab\left(\frac{x}{y} + \frac{y}{x}\right) + bc\left(\frac{y}{z} + \frac{z}{y}\right) + ac\left(\frac{z}{x} + \frac{x}{z}\right) \geq a^2 + b^2 + c^2 + 2ab + 2bc + 2ac$가 된다. 등호는 $x = y = z$, 즉 M이 삼각형 ABC의 내접원의 중심인 경우에 성립한다.

11.21. 우선 삼각형 ABC의 모든 각이 $120°$보다 작다고 가정하자. 그러면 삼각형의 내부에 점 O가 존재하여, 점 O와 삼각형의 각 변은 $120°$를 이룬다. 꼭짓점 A, B, C를 지나 선분 OA, OB, OC에 수선을 긋자. 이들 직선은 정삼각형 $A_1B_1C_1$을 만든다(그림 11.3). O'을 삼각형 ABC의 내부에 속하는, 점 O가 아닌 임의의 점이라 하자. 이제 $O'A+O'B+O'C > OA+OB+OC$, 즉 O가 구하는 점임을 증명하자. 점 O'에서 변 B_1C_1, C_1A_1, A_1B_1에 내린 수선의 발을 A', B', C'이라 하고, a는 정삼각형 $A_1B_1C_1$의 변의 길이라 하자. 그러면 $O'A'+O'B'+O'C' = 2(S_{O'B_1C_1} + S_{O'A_1B_1} + S_{O'A_1C_1})/a = 2S_{A_1B_1C_1}/a = OA + OB + OC$가 된다. 경사선은 수선보다 길기 때문에, $O'A + OB + O'C > O'A' + O'B' + O'C' = OA + OB + OC$이다.

이제 삼각형 ABC의 각들 중의 하나, 예를 들어 각 C가 $120°$보다 크거나 같다고 하자. 점 A, B를 지나 선분 CA, CB에 수선 B_1C_1, C_1A_1을 긋고, 점 C를 지나 각 ACB의 이등분선에 수선 A_1B_1을 긋자(그림 11.4). $\angle AC_1B = 180° - \angle ACB < 60°$이므로, $B_1C_1 > A_1B_1$이다. O'을 삼각형 $A_1B_1C_1$의 내부에 속하는 임의의 점이라 하자. $B_1C_1 \cdot O'A' + C_1A_1 \cdot O'B' + A_1B_1 \cdot O'C' = 2S_{A_1B_1C_1}$이므로, $(O'A' + O'B' + O'C') \cdot B_1C_1 = 2S_{A_1B_1C_1} + (B_1C_1 - A_1B_1) \cdot O'C'$이 된다. $B_1C_1 > A_1B_1$이므로, 합 $O'A' + O'B' + O'C'$은 변 B_1A_1에 놓인 점들에 대해 최소가 된다. 그리고 $O'A + O'B + O'C \geq O'A' + O'B' + O'C'$이다. 결국 구하는 점은 꼭짓점 C이다.

11.22. 점 O에서 변 BC, CA, AB까지의 거리를 각각 x, y, z라 하자. 그러면 $ax+by+cz = 2(S_{BOC}+S_{COA}+S_{AOB}) = 2S_{ABC}$가 된다. 그리고 $x : y : z = (S_{BOC}/a) : (S_{COA}/b) : (S_{AOB}/c)$이다.

방정식 $ax + by + cz = 2S$는 좌표축이 x, y, z인 삼차원 공간에서 평면을 정의하며, 만약 $ax_1 + by_1 + cz_1 = 2S$, $ax_2 + by_2 + cz_2 = 2S$이면, $a(x_1 - x_2) + b(y_1 - y_2) + c(z_1 - z_2) = 0$이므로, 벡터 (a, b, c)는 이 평면에 직교한다. 우리는 식 $x^2 + y^2 + z^2$이 최소가 되도록 하는 이 평면의 점 (x_0, y_0, z_0)를 찾고, 이 점에 삼각형의 어떤 내부점이 대응된다는 것을 확인해야 한다. $x^2 + y^2 + z^2$은 원점에서 점 (x, y, z)까지의 거리의 제곱이므로, 구하는 점은 원점에서 평면

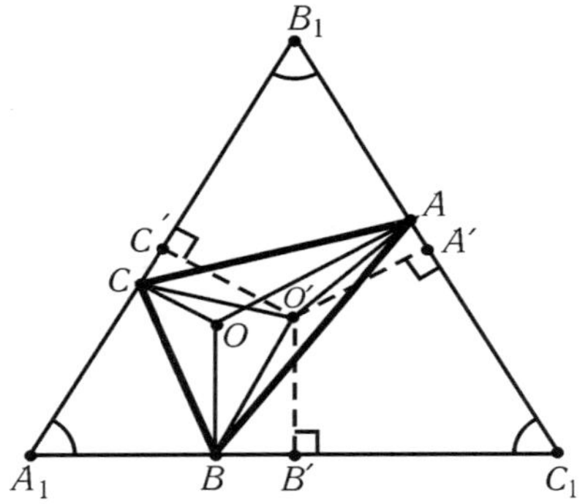

그림 11.3

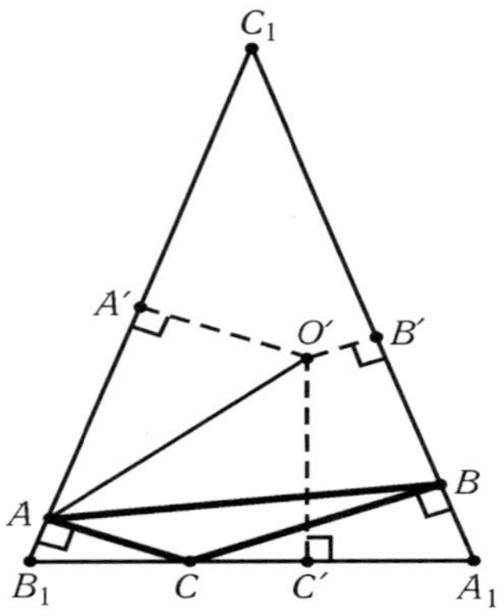

그림 11.4

에 그은 수선의 발이다. 즉, $x : y : z = a : b : c$이다. 이제 삼각형의 내부에 $x : y : z = a : b : c$를 만족시키는 점 O가 존재함을 확인하면 된다. 이 등식은 다음 조건

$$(S_{BOC}/a) : (S_{COA}/b) : (S_{AOB}/c) = a : b : c,$$

즉 $S_{BOC} : S_{COA} : S_{AOB} = a^2 : b^2 : c^2$과 동치이다. 등식 $S_{BOC} : S_{AOB} = a^2 : c^2$은 등식 $S_{BOC} : S_{COA} = a^2 : b^2$, $S_{COA} : S_{AOB} = b^2 : c^2$으로부터 유도되므로, 구하는 점은 변 AB, BC를 $BC_1 : C_1A = a^2 : b^2$, $CA_1 : A_1B = b^2 : c^2$의 비로 나누는 직선 CC_1, AA_1의 교점이다.

11.23. O를 주어진 각의 꼭짓점이라 하자. 점 C는 각의 변과 점 A, B를 지나는 원의 접점이다. 즉 $OC^2 = OA \cdot OB$이다. 선분 OC의 길이를 구하기 위해, 점 A, B를 지나는 임의의 원에 접선을 그으면 된다.

11.24. 점 O에 대해 각 XOY와 대칭인 각 $X'A'Y'$을 생각하자. B, C를 이들 각의 변들의 교점이라 하자. 점 O를 지나는 직선과 각 XAY, $X'A'Y'$의 변들과의 교점을 각각 B_1, C_1과 B_1', C_1'이라 하자(그림 11.5). $S_{AB_1C_1} = S_{A'B_1'C_1'}$이므로, $S_{AB_1C_1} = (S_{ABA'C} + S_{BB_1C_1'} + S_{CC_1B_1'})/2$이다. 만약 $B_1 = B$, $C_1 = C$이면, 삼각형 AB_1C_1의 넓이가 최소가 된다. 즉 구하는 직선은 BC이다.

11.25. 변 OA, OB에 점 K, L을 $KP \parallel OB$, $LP \parallel OA$가 성립하도록 잡자. 그러면 $KM : KP = PL : LN$, 즉 $KM + LN \geq 2\sqrt{KM \cdot LN} = 2\sqrt{KP \cdot PL} = 2\sqrt{OK \cdot OL}$이다. 등호는 $KM = LN = \sqrt{OK \cdot OL}$일 때에 성립한다. 그리고 $OM + ON = (OK + OL) + (KM + LN)$이다.

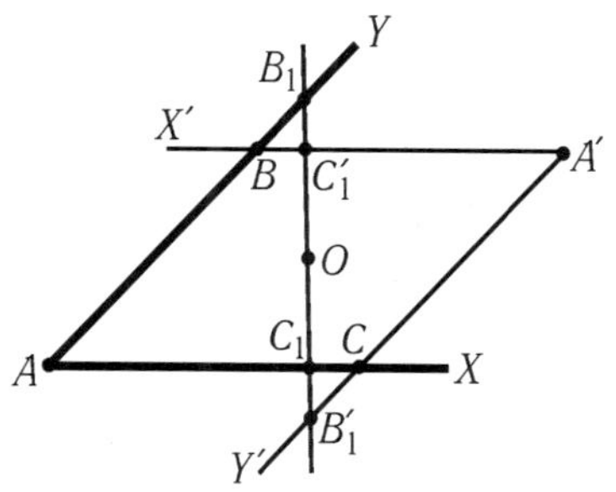

그림 11.5

11.26. 반직선 AX, AY에 같은 선분 AB, AC를 표시하자. 만약 점 M이 선분 BC에 속하면, 이 점에서 직선 AB, AC까지 거리의 합은 $2(S_{ABM} + S_{ACM})/AB = 2S_{ABC}/AB$가 된다. 그러므로 점에서 직선 AX, AY까지 거리의 합은 각 XAY의 이등분선에 대한 이 점의 사영에서 점 A까지의 거리보다 작다.

11.27. 점 M_1, M_2는 점 M과 직선 AB, AC에 대해 대칭이라 하자. $\angle BAM_1 = \angle BAM$, $\angle CAM_2 = \angle CAM$이므로, $\angle M_1AM_2 = 2\angle BAC < 180°$이다. 그러므로 선분 M_1M_2는 반직선 AB, AC와 어떤 점 X, Y에서 교차한다(그림 11.6). 이제 X, Y가 구하는 점들임을 증명하자. 실제로 만약, 점 X_1, Y_1이 반직선 AB, AC에 속하면, $MX_1 = M_1X_1$, $MY_1 = M_2Y_1$이 된다. 즉 삼각형 MX_1Y_1의 둘레는 꺾인선 $M_1X_1Y_1M_2$의 길이와 같다. 끝점이 M_1, M_2인 모든 꺾인선들 중에서 선분 M_1M_2가 최소의 길이를 가진다.

11.28. 가장 큰 넓이의 사각형 $ABOC$는 볼록도형이다. 정해진 각 A와 변 BC를 가지는 모든 삼각형 ABC중에서 가장 큰 넓이를 가지는 것은 밑변이 BC인 이등변삼각형이다. 정해진 대각선 BC를 가지는 모든 살펴본 사각형들 $ABOC$에서 가장 큰 넓이를 가지는 것은 $AB = AC$인 사각형이다. 즉 점 O는 각 A의 이등분선에 속한다. 이제 $\angle A/2$와 같은 각 BAO와 변 BO가 정해진 삼각형 ABO를 생각하자. 이 삼각형의 넓이는 $AB = AO$일 때 최대가 된다.

11.29. O를 볼록사각형 $ABCD$의 대각선들의 교점이라 하고, O_1을 임의의 다른 점이라 하자. 그러면 $AO_1 + CO_1 \geq AC = AO + CO$, $BO_1 + DO_1 \geq BD = BO + DO$가 된다. 그리고 이 부등식들 중의 적어도 하나는 등호가 성립하지 않는다. 결국 O가 구하는 점이다.

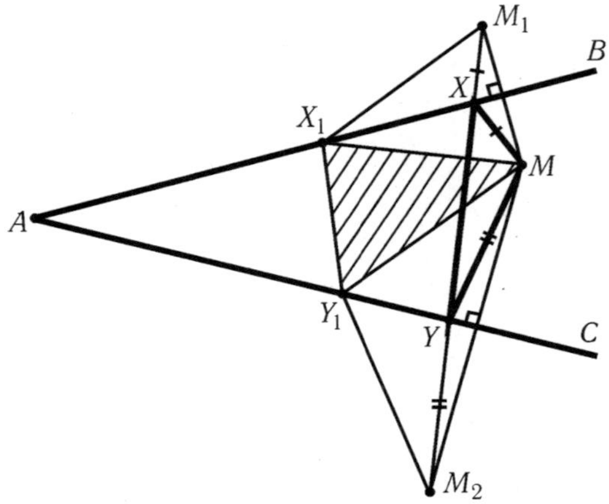

그림 11.6

11.30. $S_{AOB} : S_{BOC} = AO : OC = S_{AOD} : S_{DOC}$이므로, $S_{BOC} \cdot S_{AOD} = S_{AOB} \cdot S_{DOC} = 36$이다. 결국 $S_{BOC} + S_{AOD} \geq 2\sqrt{S_{BOC} \cdot S_{AOD}} = 12$이다. 등호는 $S_{BOC} = S_{AOD}$, 즉 $S_{ABC} = S_{ABD}$, $AB \parallel CD$일 때 성립한다. 이때 사각형의 넓이는 $4 + 9 + 12 = 25$이다.

11.31. 사다리꼴의 대각선의 교점을 지나는 직선 l_0에 대한 이들 삼각형의 넓이의 합, 어떤 다른 직선 l에 대한 이들 삼각형의 넓이의 합을 각각 S_0, S라 하자. 쉽게 $S = S_0 + s$(단, s는 대각선 AC, BD와 직선 l에 의해 만들어진 삼각형의 넓이)임을 확인할 수 있다. 그러므로 l_0가 구하는 직선이다.

11.32. 사다리꼴의 대각선의 길이를 d_1, d_2라 하고, 밑변에 대한 이들의 사영의 길이를 p_1, p_2라 하고, 밑변의 길이를 a, b, 높이를 h라 하자. 편의상 $d_1 \geq d_2$라 하자. 그러면 $p_1 \geq p_2$이다. 그리고 $p_1 + p_2 \geq a + b$이다. 그러므로 $p_1 \geq (a+b)/2 = S/h = 1/h$이 된다. 결국 $d_1^2 = p_1^2 + h^2 \geq \frac{1}{h^2} + h^2 \geq 2$가 된다. 등호는 $p_1 = p_2 = h = 1$인 경우에 성립한다. 이때 $d_1 = \sqrt{2}$이다.

11.33. 구하는 점이 변 BC를 $BM : MC = AK : KD$와 같이 나누는 점 M임을 증명하자. 선분 AM과 BK, DM과 CK의 교점을 각각 P, Q라 하자. 그러면 $KQ : QC = KD : MC = KA : MB = KP : PB$, 즉 직선 PQ는 사다리꼴의 밑변에 평행하다.
M_1을 변 BC의 임의의 점이라 하자. 편의상 M_1이 선분 BM에 속한다고 할 수 있다. AM_1과 BK, DM_1과 CK, AM_1과 PQ, DM_1과 PQ, AM과 DM_1의 교점

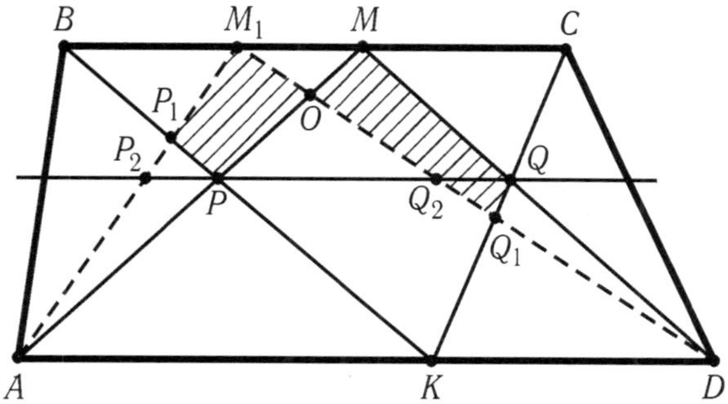

그림 11.7

을 각각 P_1, Q_1, P_2, Q_2, O라 하자(그림 11.7). 이제 $S_{MPKQ} > S_{M_1P_1KQ_1}$, 즉 $S_{MOQ_1Q} > S_{M_1OPP_1}$을 증명하면 된다. 그리고 $S_{MOQ_1Q} > S_{MOQ_2Q} = S_{M_1OPP_2} > S_{M_1OPP_1}$이다.

11.34. 문제 4.45(a)에 의해, 다음이 성립한다.

$$S^2 = (p-a)(p-b)(p-c)(p-d) - abcd\cos^2((B+D)/2).$$

$\cos((B+D)/2) = 0$, 즉 $\angle B + \angle D = 180°$일 때, 이 값은 최대가 된다.

11.35. A, A'이 다각형의 꼭짓점 O에 대해 대칭이면, 선분 AA'의 모든 점들에 대해 A와 A'까지의 거리의 합은 같고, 다른 점에 대해서는 거리의 합은 커진다. 점 O는 그러한 모든 선분에 속한다.

11.36. 삼각형 ABC에서 각 B가 둔각이거나 직각이면, 코사인 정리에 의해 $AC^2 \geq AB^2 + BC^2$이다. 그러므로 다각형에서 꼭짓점 B에서의 각이 예각이 아니라면, 꼭짓점 B를 버려서 변들의 길이의 제곱의 합이 작지 않은 다각형을 얻게 된다. $n \geq 3$인 임의의 n각형은 예각이 아닌 각을 가지므로, 그러한 조작을 이용하여 우리는 삼각형에 도달할 수 있다. 주어진 원에 내접하는 모든 삼각형들 중에서 변들의 제곱의 합이 최대인 것은 정삼각형이다(문제 11.5).

11.37. 점 X가 어떤 선분 PQ를 $\lambda : (1-\lambda)$로 나누면, $\overrightarrow{A_iX} = (1-\lambda)\overrightarrow{A_iP} + \lambda\overrightarrow{A_iQ}$, 즉 $A_iX \leq (1-\lambda)A_iP + \lambda A_iQ$가 된다. 결국 $f(X) = \sum A_iX \leq (1-\lambda)\sum A_iP + \lambda\sum A_iQ = (1-\lambda)f(P) + \lambda f(Q)$이다. 예를 들어, $f(P) \leq f(Q)$라 하면, $f(X) \leq f(Q)$이다. 그러므로 선분 PQ에서 함수 f는 선분의 끝점들 중의 하나에서 최댓값을 가진다. 좀더 정확히 말하자면, 선분의 내부에 있는 점들에서는 함수 f는

최댓값을 가질 수 없다. 결국 X가 다각형의 임의의 점이면, $f(X) \le f(Y)$(단 Y는 다각형 변의 어떤 점), $f(Y) \le f(Z)$(단 Z는 어떤 꼭짓점)이다.

11.38. 각 OXA가 일정하게 되는 점 X의 기하학적 위치는 원 S_1과 S_2에서 직선 OA에 대해 대칭인 두 호이다. 원 S_1과 S_2의 지름이 처음 원의 반지름과 같은 경우, 즉 이들 원이 처음 원과 점 M_1, M_2에서 접하여 $\angle OAM_1 = \angle OAM_2 = 90°$가 되는 경우를 살펴보자. 만약 $\angle OXA > \angle OM_1A = \angle OM_2A$이면, 점 X는 원 S_1과 S_2에 의해 만들어지는 도형의 내부에 속하므로, 즉 처음 원에 속할 수 없으므로, 점 M_1, M_2가 구하는 점들이다.

11.39. 직선 l과 선분 AB의 교점을 O라 하자. 점 A, B를 지나는 임의의 원 S를 생각하자. 이 원은 l과 점 M, N에서 교차한다. $MO \cdot NO = AO \cdot BO$는 상수이므로, 다음이 성립한다.

$$MN = MO + NO \ge 2\sqrt{MO \cdot NO} = 2\sqrt{AO \cdot BO}.$$

등호는 $MO = NO$인 경우에 성립한다. 이 경우에 원 S의 지름은 AB에 대한 수직이등분선과 점 O를 지나는 l에 대한 수직이등분선의 교점이다.

11.40. 지름이 PQ인 원을 작도하자. 만약 이 원이 직선 l과 교차하면, 교점들 중의 임의의 점이 구하는 점이다. 왜냐 하면, 이 경우에 $P' = Q'$이다. 만약 원이 직선 l과 교차하지 않으면, 직선 l에 속하는 임의의 점 M에 대해 각 PMQ는 예각이고 $\angle P'PQ' = 90° \pm \angle PMQ$이다. 이제 각 PMQ가 최소이면, 현 $P'Q'$의 길이가 최소가 됨을 쉽게 확인할 수 있다. 점 M을 찾기 위해, 점 P, Q를 지나며 직선 l과 접하는 원을 작도하고(문제 8.56(a)), 접점들에서 필요한 점을 잡으면 된다.

11.41. 점 A, B에서 직선 l까지의 거리의 합을 $2h$라 하자. 만약 직선 l이 선분 AB와 점 X에서 교차하면, $S_{AOB} = h \cdot OX$이다. 그러므로 값 OX가 극값일 때, 즉 직선 OX가 삼각형 AOB의 변 또는 높이에 대응될 때, h값은 극값이다. 만약 직선 l이 선분 AB와 교차하지 않으면, h의 값은 점 A, B에서 직선 l에 그은 수선들에 의해 경계지워진 사다리꼴의 중간선과 같다. 이 값은 직선 l이 삼각형 AOB의 중선 OM에 직교하거나 삼각형 AOB의 변에 대응될 때 극값이 된다. 이제 얻어진 네 직선들 중에서 두 개만 잡으면 된다.

11.42. 점들이 볼록오각형의 꼭짓점이라고 가정하자. 오각형의 각들의 합은 $540°$이므로, 각들 중의 하나는 $540°/5 = 108°$를 넘지 않는다. 대각선들은 이 각을 세

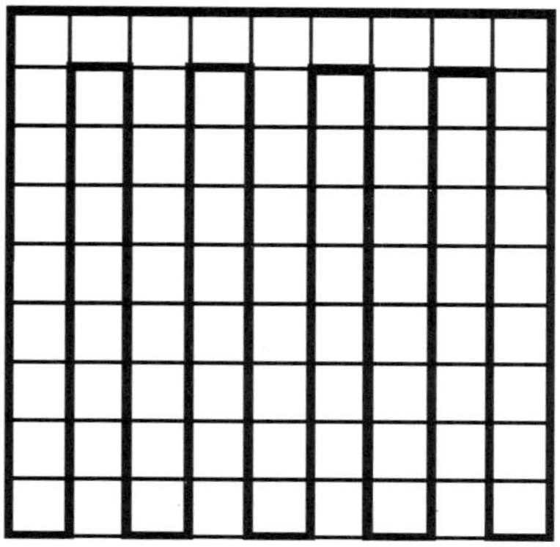

그림 11.8

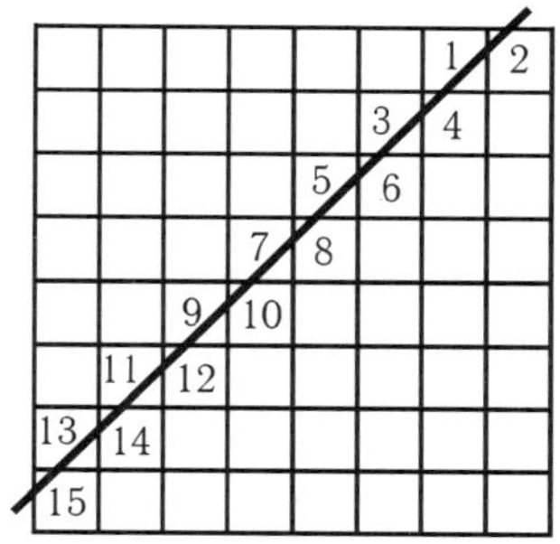

그림 11.9

각으로 나누므로, 이들 중의 하나는 $108°/3 = 36°$를 넘지 않는다. 이 경우에, $\alpha \le 36°$이다.

만약 점들이 볼록오각형의 꼭짓점이 아니라면, 이들 중의 하나는 다른 세 개에 의해 만들어진 삼각형의 내부에 속한다. 이 삼각형의 각들 중의 하나는 $60°$를 넘지 않는다. 대응하는 꼭짓점과 내부점을 연결한 선분은 이 각을 두 각으로 나누므로, 이들 중의 하나는 $30°$를 넘지 않는다. 이 경우에 $\alpha \le 30°$이다. 모든 경우에서 $\alpha \le 36°$이다. 그리고 정오각형에서는 $\alpha = 36°$이다.

11.43. 모든 교차로를 지나는 닫힌 버스 노선은 20개의 꺾임을 가질 수 있다(그림 11.8). 그러한 버스 노선은 20개보다 적은 꺾임을 가질 수 없다는 것을 증명하자. 각각의 꺾임에서는 수평 노선에서 수직 노선으로 또는 수직 노선에서 수평 노선으로의 전환이 이루어진다. 그러므로 닫힌 버스 노선에서 수평 선분들의 수는 수직 선분들의 수와 같고, 꺾임 수의 절반과 같다. 닫힌 버스 노선이 20개보다 작은 꺾임을 가진다고 가정하자. 그러면 버스 노선이 지나지 않는 두 방향의 거리를 찾을 수 있다. 그러므로 버스 노선은 이들 거리의 교차로를 지나지 않는다.

11.44. 직선은 15개의 정사각형 칸과 만날 수 있다(그림 11.9). 이제 직선이 15개보다 많은 칸과 만날 수 없음을 증명하자. 직선과 만나는 칸의 개수는 칸의 변인 선분들과 직선의 교점 개수보다 1만큼 작다. 체스판 내부에는 14개의 그러한 선분이 있다. 그러므로 체스판 내부에는 직선과 칸의 변들의 교점이 14개보다 많지 않다. 어떤 직선도 체스판의 경계와 두 개보다 많은 점에서 만날 수 없으므

로, 직선과 선분들의 교점은 16개를 넘지 못한다. 결국 8×8인 체스판에서 한 직선과 만날 수 있는 정사각형 칸의 최대 개수는 15이다.

11.45. 우선 그와 같은 방법으로 33개의 점을 놓는 것이 불가능하다는 것을 증명하자. 실제로, 만약 길이가 1인 선분에 33개의 점이 있다면, 이들 중 임의의 두 점사이의 거리는 1/32을 넘지 못한다. 이들 점을 끝점으로 하는 선분은 두 점을 포함하지만, 이 선분은 $1 + 1000/32^2$보다 많지 않은 점, 즉 두 개보다 적은 점을 포함해야 한다.

이제 32개의 점은 가능하다는 것을 증명하자. 선분을 같은 부분으로 나누는 32개의 점을 생각하자(주어진 선분의 끝점은 이들 32개의 점에 놓여있다). 그러면 길이가 d인 선분은 $[31d]$ 또는 $[31d]+1$개의 점을 포함한다. $[31d] \leq 1000d^2$임을 증명하면 된다. 만약 $31d < 1$이면, $[31d] = 0 < 1000d^2$이다. 만약, $31d \geq 1$이면, $[31d] \leq 31d \leq (31d)^2 = 961d^2 < 1000d^2$이다.

참고. $[x]$는 수 x의 정수부분, 즉 x를 넘지 않는 최대의 정수이다.

11.46. (a) 정다각형이 아닌 n각형이 원 S에 외접한다고 하자. 이 원에 정n각형을 외접시키고, 정n각형에 다시 원 S_1을 외접시키자(그림 11.10). S_1의 내부에 포함된 정다각형이 아닌 n각형 부분의 넓이가 정n각형의 넓이보다 크다는 것을 증명하자. S에 대한 모든 접선은 S_1으로부터 같은 활꼴들을 잘라낸다. 그러므로 정n각형의 변들에 의해 S_1으로부터 잘려진 활꼴의 넓이의 합은 정다각형이 아닌 n각형의 변들이나 이들의 연장선에 의해 S_1으로부터 잘려진 활꼴의 넓이의 합과 같다. 그리고 정n각형에 대해 이들 활꼴은 교차하지 않고(좀더 정확히 말하자면, 공통의 내부점을 가지지 않는다), 정다각형이 아닌 n각형에 대해서는 이들 중 몇몇은 반드시 교차하게 된다. 그러므로 정n각형에 대해 이들 활꼴의 합집합의 넓이는 정다각형이 아닌 n각형에 대한 것보다 크다. 결국 원 S_1의 내부에 속한 정다각형이 아닌 n각형의 부분의 넓이는 정n각형의 넓이보다 크고, 전체 정다각형이 아닌 n각형의 넓이는 정다각형의 넓이보다 크다.

(b) 반지름이 R인 원에 외접하는 다각형의 둘레는 $2S/R$(이때 S는 다각형의 넓이)이므로, (a)로부터 유도될 수 있다.

11.47. 삼각형 ABC의 변들은 $\sin\alpha$, $\sin\beta$, $\sin\gamma$에 비례한다. 만약 각 γ가 고정되었다면, $\varphi = |\alpha - \beta|$의 값이 커질수록 $|\sin\alpha - \sin\beta| = 2|\sin((\alpha-\beta)/2)\sin(\gamma/2)|$의 값이 커진다. 이제 $S = 2R^2 \sin\alpha \sin\beta \sin\gamma = R^2 \sin\gamma(\cos(\alpha - \beta) + \cos\gamma) = R^2 \sin\gamma(\cos\varphi + \cos\gamma)$와 $\sin\alpha + \sin\beta = 2\cos(\gamma/2)\cos(\varphi/2)$은 φ가 증가함에 따라 단조감소함을 생각하면 된다.

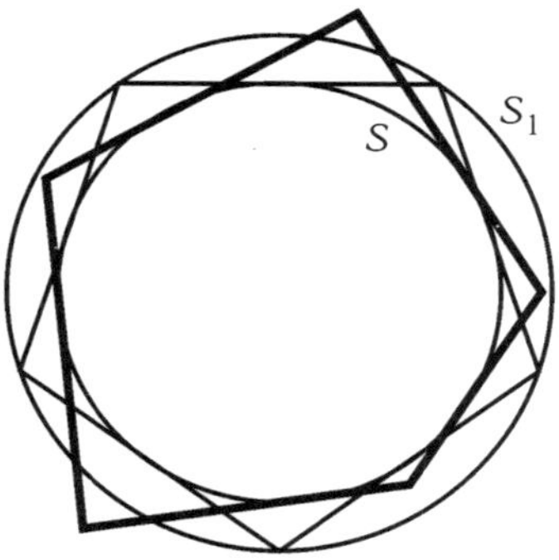

그림 11.10

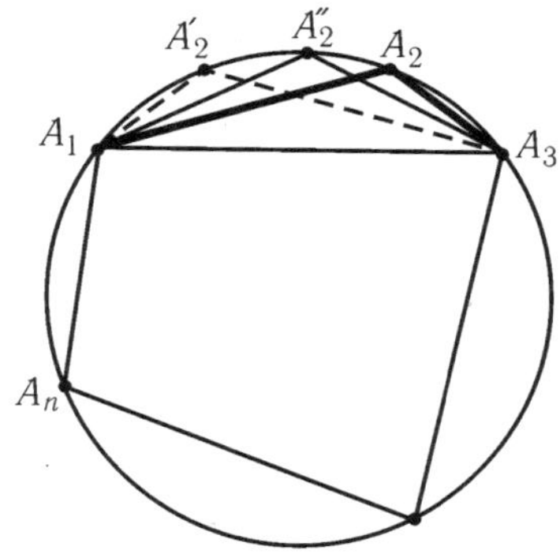

그림 11.11

11.48. (a) 주어진 원에 내접하는 정n각형의 변의 길이를 a_n이라 하자. 이 원에 내접하는 정다각형이 아닌 임의의 n각형을 생각하자. n각형에서 길이가 a_n보다 작은 변을 반드시 찾을 수 있다. 이 n각형은 길이가 a_n보다 큰 변이 존재하지 않을 수도 있지만, 그러면 이 다각형은 정n각형의 변들에 의해 잘려진 활꼴에 포함될 수 있다. 정n각형의 변에 대한 대칭에 의해 이 변에 의해 잘린 활꼴은 n각형 내부로 보내지며, n각형의 넓이는 활꼴의 넓이보다 크다. 그러므로 살펴보는 n각형은 a_n보다 작은 길이의 변과 a_n보다 큰 길이의 변이 있다고 할 수 있다.

이제 n각형의 인접변의 자리를 바꾸어, 다각형 $A_1A_2A_3\cdots A_n$ 대신에 다각형 $A_1A'_2A_3\cdots A_n$을 잡을 수 있다(이때 점 A'_2은 선분 A_1A_3의 수직이등분선에 대해 A_2와 대칭임, 그림 11.11). 이때 두 다각형은 같은 원에 내접하며, 이들의 넓이는 같다. 그리고 이러한 조작을 이용하여 다각형의 임의의 두 변을 인접하게 만들 수 있다. 그러므로 살펴보는 n각형에서 $A_1A_2 > a_n$, $A_2A_3 < a_n$이라 할 수 있다. A'_2은 선분 A_1A_3의 수직이등분선에 대해 A_2와 대칭인 점이라 하자. 만약 점 A''_2이 호 $A_2A'_2$에 속하면, 삼각형 $A_1A''_2A_3$의 밑변 A_1A_3에 놓인 각들의 차는 삼각형 $A_1A_2A_3$의 밑변에 놓인 각들의 차보다 작다. 왜냐 하면, 각 $A_1A_3A''_2$과 $A_3A_1A''_2$의 크기는 각 $A_1A_3A_2$와 $A_3A_1A_2$의 크기 사이에 있기 때문이다. 한편 $A_1A'_2 < a_n$, $A_1A_2 > a_n$이므로, 호 $A_2A'_2$에 $A_1A''_2 = a_n$을 만족시키는 점 A''_2이 존재한다. 삼각형 $A_1A''_2A_3$의 넓이는 삼각형 $A_1A_2A_3$의 넓이보다 크다(문제 11.47(a)). 다각형 $A_1A''_2A_3\cdots A_n$의 넓이는 처음 다각형의 넓이보다 크며, 이 다각형은 변의 길이가 a_n인 변의 개수가 처음 다각형보다 적어도 1개는 많다. 유한번 단계를 거쳐, 정n각형에 도달하게 되며, 매번 넓이는 증가된다. 결국 원에 내접하는 정다각형이 아닌 임의의 n각형의 넓이는 같은 원에 내접하는 정n각형의 넓이보다 작다.

(b) 앞의 문제와 유사하게 증명되는데, 문제 11.47(b)를 이용한다.

제 12 장

계산과 계량적 관계들

도입 문제들

1. 다음의 코사인 정리를 증명하여라.

$$BC^2 = AB^2 + AC^2 - 2AB \cdot AC \cos A.$$

2. 다음의 사인 정리를 증명하여라.

$$\frac{a}{\sin\alpha} = \frac{b}{\sin\beta} = \frac{c}{\sin\gamma} = 2R.$$

3. 평행사변형의 변이 a, b이고 대각선이 d, e이다. 이때 $2(a^2 + b^2) = d^2 + e^2$을 증명하여라.

4. 볼록사각형 $ABCD$의 대각선 사이의 각을 φ라 할 때, 사각형의 넓이는 $(1/2)AC \cdot BD \sin\varphi$임을 증명하여라.

제 1 절 사인정리

12.1. 삼각형의 넓이 S는 $abc/4R$임을 증명하여라.

12.2. 점 D는 이등변삼각형 ABC의 밑변 AC에 속한다. 삼각형 ABD, CBD의 외접원의 반지름이 같다는 것을 증명하여라.

12.3. 삼각형 ABC의 넓이를 변 BC의 길이와 각 B, C의 크기를 이용해 나타내어라.

12.4. 다음 등식을 증명하여라.

$$\frac{a+b}{c} = \cos\frac{\alpha-\beta}{2} \Big/ \sin\frac{\gamma}{2}, \quad \frac{a-b}{c} = \sin\frac{\alpha-\beta}{2} \Big/ \cos\frac{\gamma}{2}.$$

12.5. 예각삼각형 ABC에 높이 AA_1, CC_1을 작도하였다. 변 BC, AB의 중점에 대한 점 A_1, C_1의 대칭점을 각각 점 A_2, C_2라 하자. 꼭짓점 B와 외접원의 중심 O를 연결한 직선은 선분 A_2C_2를 이등분한다는 것을 증명하여라.

12.6. 점 S를 지나는 직선 a, b, c, d를 작도하였으며, 직선 l은 이들과 점 A, B, C, D에서 만난다. $AC \cdot BD/(BC \cdot AD)$의 값은 직선 l의 선택에 종속되지 않는다는 것을 증명하여라.

12.7. 점 O에서 교차하는 직선 a, b와 임의의 점 P가 주어졌다. 점 P를 지나는 직선 l은 직선 a, b와 점 A, B에서 만난다. $(AO/OB)/(PA/PB)$의 값은 직선 l의 선택에 종속되지 않는다는 것을 증명하여라.

12.8. 그림 12.1에 오각별(정오각별은 아닌)의 꼭짓점과 선분들이 표시되어 있다. 이때 다음 등식을 증명하여라.

$$A_1C \cdot B_1D \cdot C_1E \cdot D_1A \cdot E_1B = A_1D \cdot B_1E \cdot C_1A \cdot D_1B \cdot E_1C.$$

12.9. 닮음인 두 이등변삼각형이 공통의 꼭짓점을 가진다. 이들 삼각형의 밑변을 밑변들의 중점을 연결하는 직선에 사영시켜 얻어진 선분은 서로 같다는 것을 증명하여라.

12.10. 지름이 AB인 원에 점 C, D를 잡았다. 점 B에서의 원의 접선과 직선 CD는 점 X에서 만난다. BX를 원의 반지름 R, 각 $\varphi = \angle BAC$, $\psi = \angle BAD$를 이용하여 나타내라.

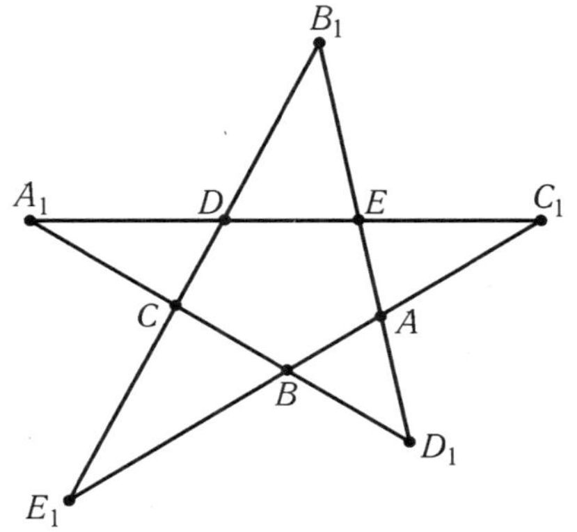

그림 12.1

제 2 절 코사인 정리

12.11. 다음을 증명하여라.

(a) $m_a^2 = (2b^2 + 2c^2 - a^2)/4$;

(b) $m_a^2 + m_b^2 + m_c^2 = 3(a^2 + b^2 + c^2)/4$.

12.12. $4S = (a^2 - (b-c)^2)\cot(\alpha/2)$를 증명하여라.

12.13. $\cos^2(\alpha/2) = p(p-a)/bc$, $\sin^2(\alpha/2) = (p-b)(p-c)/bc$를 증명하여라.

12.14. 평행사변형의 변의 길이가 a, b이고 대각선의 길이가 m, n이다. $a^4+b^4 = m^2n^2$일 필요충분조건은 평행사변형의 예각이 $45°$라는 것을 증명하여라.

12.15. 삼각형 ABC의 중선 AA_1, BB_1이 직교할 필요충분조건은 $a^2 + b^2 = 5c^2$임을 증명하여라.

12.16. O를 삼각형 ABC(정삼각형이 아닌)의 외접원의 중심, M을 중선들의 교점이라 하자. 직선 OM이 중선 CC_1과 직교할 필요충분조건은 $a^2+b^2 = 2c^2$임을 증명하여라.

제 3 절 내접원과 외접원과 방접원의 반지름

12.17. 다음을 증명하여라.

(a) $a = r(\cot(\beta/2) + \cot(\gamma/2)) = r\cos(\alpha/2)/(\sin(\beta/2)\sin(\gamma/2))$;

(b) $a = r_a(\tan(\beta/2) + \tan(\gamma/2)) = r_a\cos(\alpha/2)/(\cos(\beta/2)\cos(\gamma/2))$;

(c) $p - b = r\cot(\beta/2) = r_a\tan(\gamma/2)$;

(d) $p = r_a\cot(\alpha/2)$.

12.18. 다음을 증명하여라.

(a) $rp = r_a(p-a), rr_a = (p-b)(p-c)$, $r_br_c = p(p-a)$;

(b) $S^2 = p(p-a)(p-b)(p-c)$(헤론의 공식);

(c) $S^2 = rr_ar_br_c$.

12.19. $S = r_c^2\tan(\alpha/2)\tan(\beta/2)\cot(\gamma/2)$를 증명하여라.

12.20. $S = cr_ar_b/(r_a + r_b)$를 증명하여라.

12.21. $\frac{2}{h_a} = \frac{1}{r_b} + \frac{1}{r_c}$을 증명하여라.

12.22. $\frac{1}{h_a} + \frac{1}{h_b} + \frac{1}{h_c} = \frac{1}{r_a} + \frac{1}{r_b} + \frac{1}{r_c} = \frac{1}{r}$을 증명하여라.

12.23. 다음 등식을 증명하여라.

$$\frac{1}{(p-a)(p-b)} + \frac{1}{(p-b)(p-c)} + \frac{1}{(p-c)(p-a)} = \frac{1}{r^2}.$$

12.24. $r_a + r_b + r_c = 4R + r$을 증명하여라.

12.25. $r_ar_b + r_br_c + r_cr_a = p^2$을 증명하여라.

12.26. $\frac{1}{r^3} - \frac{1}{r_a^3} - \frac{1}{r_b^3} - \frac{1}{r_c^3} = \frac{12R}{S^2}$을 증명하여라.

12.27. $a(b+c) = (r + r_a)(4R + r - r_a)$, $a(b-c) = (r_b - r_c)(4R - r_b - r_c)$를 증명하여라.

12.28. 삼각형 ABC의 외접원의 중심을 O라 하자. $\frac{OA^2}{bc} + \frac{OB^2}{ac} + \frac{OC^2}{ab} = 1$을 증명하여라.

12.29. (a) 어떤 삼각형에서 $p = 2R + r$이면, 그 삼각형은 직각삼각형임을 증명하여라;
(b) $p = 2R\sin\varphi + r\cot(\varphi/2)$이면, φ는 삼각형의 한 각임을 증명하여라($0 < \varphi < \pi$인 것으로 가정한다).

제 4 절　변, 높이, 각의 이등분선

12.30. $abc = 4prR$, $ab + bc + ca = r^2 + p^2 + 4rR$을 증명하여라.

12.31. $\frac{1}{ab} + \frac{1}{bc} + \frac{1}{ca} = \frac{1}{2Rr}$을 증명하여라.

12.32. $\frac{a+b-c}{a+b+c} = \tan\left(\frac{\alpha}{2}\right)\tan\left(\frac{\beta}{2}\right)$를 증명하여라.

12.33. $h_a = bc/2R$를 증명하여라.

12.34. 다음 등식을 증명하여라.

$$h_a = 2(p-a)\cos(\beta/2)\cos(\gamma/2)/\cos(\alpha/2) =$$
$$= 2(p-b)\sin(\beta/2)\cos(\gamma/2)/\sin(\alpha/2).$$

12.35. 각의 이등분선의 길이 l_a에 대해 다음을 증명하여라.
(a) $l_a = \sqrt{4p(p-a)bc/(b+c)^2}$;
(b) $l_a = 2bc\cos(\alpha/2)/(b+c)$;
(c) $l_a = 2R\sin\beta\sin\gamma/\cos((\beta-\gamma)/2)$;
(d) $l_a = 4p\sin(\beta/2)\sin(\gamma/2)/(\sin\beta + \sin\gamma)$.

제 5 절 삼각형에서 각의 사인과 코사인

α, β, γ를 삼각형 ABC의 각들이라 하자. 이 절에서는 다음 관계식들을 증명하여라.

12.36. (a) $\sin(\alpha/2)\sin(\beta/2)\sin(\gamma/2) = r/4R$;
(b) $\tan(\alpha/2)\tan(\beta/2)\tan(\gamma/2) = r/p$;
(c) $\cos(\alpha/2)\cos(\beta/2)\cos(\gamma/2) = p/4R$.

12.37. (a) $\cos(\alpha/2)\sin(\beta/2)\sin(\gamma/2) = (p-a)/4R$;
(b) $\sin(\alpha/2)\cos(\beta/2)\cos(\gamma/2) = r_a/4R$.

12.38. $\cos\alpha + \cos\beta + \cos\gamma = (R+r)/R$.

12.39. (a) $\cos 2\alpha + \cos 2\beta + \cos 2\gamma + 4\cos\alpha\cos\beta\cos\gamma + 1 = 0$;
(b) $\cos^2\alpha + \cos^2\beta + \cos^2\gamma + 2\cos\alpha\cos\beta\cos\gamma = 1$.

12.40. $\sin 2\alpha + \sin 2\beta + \sin 2\gamma = 4\sin\alpha\sin\beta\sin\gamma$.

12.41. (a) $\sin^2\alpha + \sin^2\beta + \sin^2\gamma = (p^2 - r^2 - 4rR)/2R^2$;
(b) $4R^2\cos\alpha\cos\beta\cos\gamma = p^2 - (2R+r)^2$.

12.42. $ab\cos\gamma + bc\cos\alpha + ca\cos\beta = (a^2+b^2+c^2)/2$.

12.43. $\frac{\cos^2(\alpha/2)}{a} + \frac{\cos^2(\beta/2)}{b} + \frac{\cos^2(\gamma/2)}{c} = \frac{p}{4Rr}$.

제 6 절 삼각형에서 각의 탄젠트, 코탄젠트

α, β, γ를 삼각형 ABC의 각들이라 하자. 이 절에서는 다음 관계식들을 증명하여라.

12.44. (a) $\cot\alpha + \cot\beta + \cot\gamma = (a^2+b^2+c^2)/4S$;
(b) $a^2\cot\alpha + b^2\cot\beta + c^2\cot\gamma = 4S$.

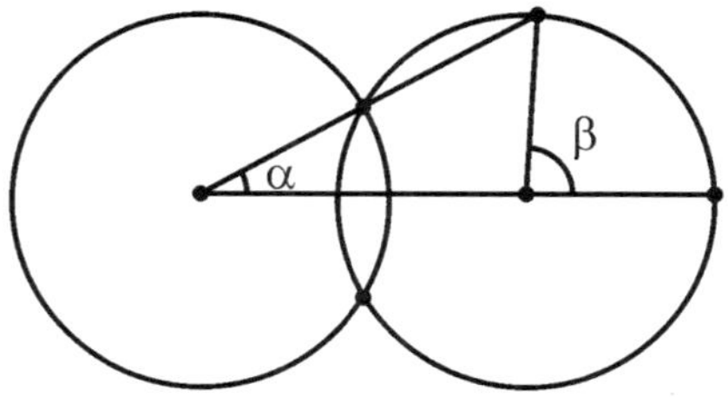

그림 12.2

12.45. (a) $\cot(\alpha/2) + \cot(\beta/2) + \cot(\gamma/2) = p/r$;
(b) $\tan(\alpha/2) + \tan(\beta/2) + \tan(\gamma/2) = \left(\frac{a}{r_a} + \frac{b}{r_b} + \frac{c}{r_c}\right)/2$.

12.46. $\tan\alpha + \tan\beta + \tan\gamma = \tan\alpha\tan\beta\tan\gamma$.

12.47. $\tan(\alpha/2)\tan(\beta/2) + \tan(\beta/2)\tan(\gamma/2) + \tan(\gamma/2)\tan(\alpha/2) = 1$.

12.48. (a) $\cot\alpha\cot\beta + \cot\beta\cot\gamma + \cot\alpha\cot\gamma = 1$;
(b) $\cot\alpha + \cot\beta + \cot\gamma - \cot\alpha\cot\beta\cot\gamma = 1/(\sin\alpha\sin\beta\sin\gamma)$.

12.49. 직각삼각형이 아닌 삼각형에 대해 $\tan\alpha + \tan\beta + \tan\gamma = 4S/(a^2 + b^2 + c^2 - 8R^2)$.

제 7 절 각의 계산

12.50. 반지름이 R인 교차하는 두 원이 주어졌으며, 이들의 중심사이의 거리는 R보다 크다. 이때 $\beta = 3\alpha$를 증명하여라(그림 12.2).

12.51. $\frac{1}{b} + \frac{1}{c} = \frac{1}{l_a}$이면, $\angle A = 120°$를 증명하여라.

12.52. 삼각형 ABC에서 높이 AH가 중선 BM과 같다. 각 MBC를 구하여라.

12.53. 삼각형 ABC에 각의 이등분선 AD, BE를 그었다. $AD \cdot BC = BE \cdot AC$이고 $AC \neq BC$일 때, 각 C의 크기를 구하여라.

12.54. 삼각형 ABC의 높이 CH의 길이가 변 AB의 절반과 같고 $\angle BAC = 75°$일 때, 각 B의 크기를 구하여라.

12.55. 각 A가 직각인 직각삼각형 ABC의 높이 AD를 지름으로 하는 원을 작도하여, 변 AB와 점 K에서, 변 AC와 점 M에서 만나도록 하였다. 선분 AD, KM은 점 L에서 만난다. $AK : AL = AL : AM$일 때, 삼각형 ABC의 예각들을 구하여라.

12.56. 삼각형 ABC에서 각 C는 각 A보다 두 배가 크고 $b = 2a$이다. 삼각형의 각들을 구하여라.

12.57. 삼각형 ABC에 각의 이등분선 BE를 긋고, 변 BC에 $\angle AKB = 2\angle AEB$가 되도록 점 K를 잡았다. $\angle AEB = \alpha$일 때, 각 AKE의 크기를 구하여라.

12.58. 밑변이 BC인 이등변삼각형 ABC의 꼭짓점 A에서의 각은 $80°$이다. 삼각형 ABC의 내부에 $\angle MBC = 30°$, $\angle MCB = 10°$가 되도록 점 M을 잡았다. 각 AMC의 크기를 구하여라.

12.59. 밑변이 AC인 이등변삼각형 ABC에서 꼭짓점 B의 각은 $20°$이다. 변 BC, AB에 $\angle DAC = 60°$, $\angle ECA = 50°$가 되도록 점 D, E를 잡았다. 각 ADE를 구하여라.

12.60. 예각삼각형 ABC의 외접원의 중심을 O라 하자. 선분 BO, CO를 연장하여 변 AC, AB와의 교점을 D, E라 하면, $\angle BDE = 50°$, $\angle CED = 30°$이다. 삼각형 ABC의 각들의 크기를 구하여라.

제 8 절 원

12.61. 이등변삼각형 ABC의 밑변 BC에 중심 O가 놓여있는 원 S는 등변 AB, AC와 접한다. 변 AB, AC에 선분 PQ가 원 S와 접하도록 점 P, Q를 잡자. 이때 $4PB \cdot CQ = BC^2$을 증명하여라.

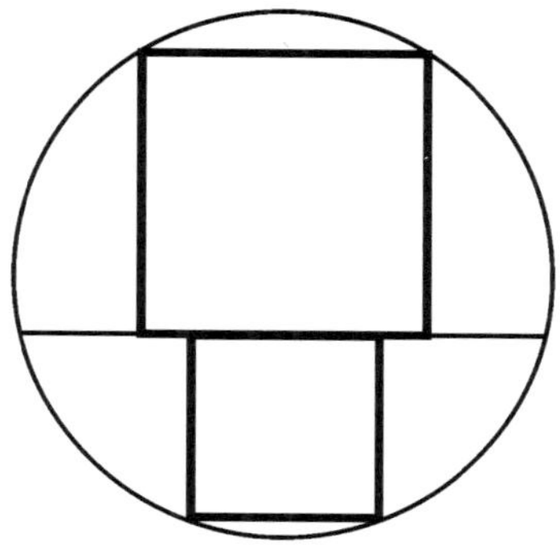

그림 12.3

12.62. E를 정사각형 $ABCD$의 변 AB의 중점이라 하고, 변 BC, CD에 $AG \parallel EF$가 되도록 점 F, G를 각각 잡았다. 선분 FG는 정사각형 $ABCD$의 내접원에 접한다는 것을 증명하여라.

12.63. 현이 원의 중심으로부터 h만큼 떨어져 있다. 현에 의해 만들어진 활꼴 각각에 정사각형을 내접시켜 정사각형의 인접한 두 꼭짓점은 호에, 나머지 두 꼭지점은 현이나 그 연장선에 놓이도록 하였다(그림 12.3). 이들 정사각형 변의 길이의 차를 구하여라.

12.64. 삼각형의 한 중선이 내접원에 의해 3등분되는 삼각형을 생각하자. 이러한 삼각형의 변들의 비를 구하여라.

12.65. 원에 정사각형이 내접하며, 원과 정사각형의 변에 의해 만들어진 활꼴에 다른 정사각형을 내접시켰다. 이들 정사각형의 변의 길이의 비를 구하여라.

12.66. 선분 AB에 점 C를 잡고, 선분 AC, BC, AB를 지름으로 하는 반원을 직선 AB의 같은쪽에 각각 작도하였다. 점 C를 지나 AB에 직교하는 직선을 작도하여, 만들어진 곡선 삼각형 ACD, BCD에 원 S_1, S_2를 내접시켰다(그림 12.4). 이들 원의 반지름이 같다는 것을 증명하여라.

12.67. 반지름이 $1, 3, 4$인 원들의 중심이 직사각형 $ABCD$의 변 AD, BC에 놓

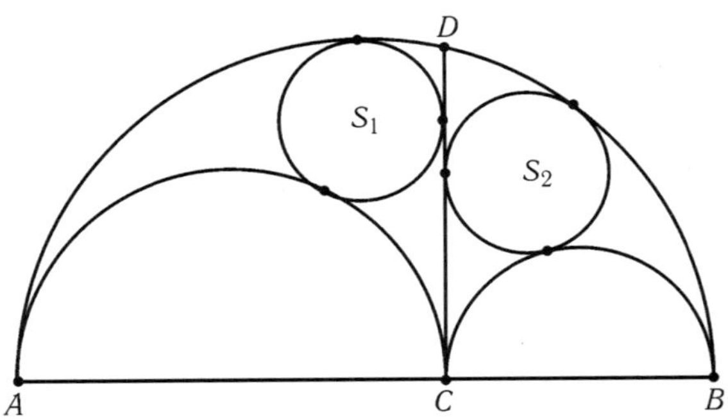

그림 12.4

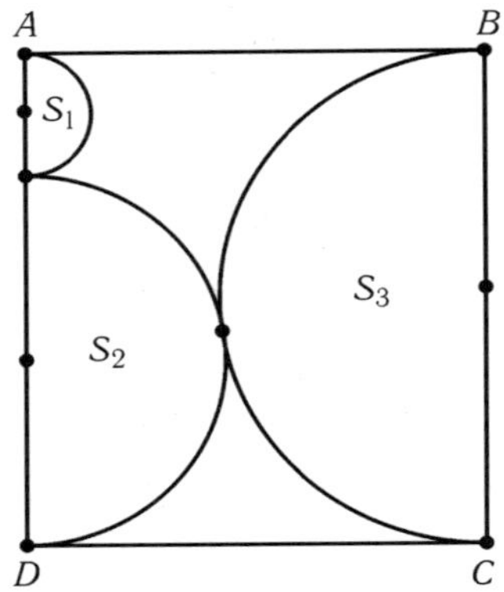

그림 12.5

여있다. 이들 원은 서로 접하며 직선 AB, CD와 그림 12.5와 같이 접한다. 이들 모든 원과 접하고 직선 AB와 접하는 원이 존재한다는 것을 증명하여라.

제 9 절　다양한 문제들

12.68. 각들이 등차수열을 이루며, 변들은 (a) 등차수열; (b) 등비수열을 이루는 모든 삼각형을 구하여라.

12.69. 사다리꼴 $ABCD$에서 밑변 AB, CD는 a, b $(a < b)$이고, 대각선들 사이의 각은 $90°$, 옆변들의 연장선 사이의 각은 $45°$이다. 사다리꼴 $ABCD$의 높이를 구하여라.

12.70. 내접원은 삼각형 ABC의 변 BC와 점 K에서 접한다. 삼각형의 넓이는 $BK \cdot KC \cot(\alpha/2)$임을 증명하여라.

12.71. $\cot(\alpha/2) = (b+c)/a$이면, 삼각형은 직각삼각형임을 증명하여라.

12.72. 삼각형 ABC의 각의 이등분선들의 연장선은 외접원과 점 A_1, B_1, C_1에서 만난다. r, R을 각각 삼각형 ABC의 내접원, 외접원의 반지름이라 할 때, $S_{ABC}/S_{A_1B_1C_1} = 2r/R$임을 증명하여라.

12.73. 삼각형 ABC의 각들의 코탄젠트의 합은 삼각형 ABC의 중선들로 만들어진 삼각형의 각들의 코탄젠트의 합과 같다는 것을 증명하여라.

12.74. A_4는 삼각형 $A_1A_2A_3$의 수심이다. 이때 $A_iA_j^2 = \lambda_i+\lambda_j$인 수 $\lambda_1, \cdots, \lambda_4$가 존재하며, 직각삼각형이 아니라면 $\sum(1/\lambda_i) = 0$임을 증명하여라.

제 10 절 좌표 방법

12.75. 삼각형의 꼭짓점의 좌표가 유리수이다. 삼각형의 외접원의 중심의 좌표가 유리수임을 증명하여라.

12.76. 원 S의 지름 AB, CD는 서로 직교한다. 현 EA는 지름 CD와 점 K에서 만나며, 현 EC는 지름 AB와 점 L에서 만난다. $CK : KD = 2 : 1$이면, $AL : LB = 3 : 1$임을 증명하여라.

12.77. 삼각형 ABC에서 각 C가 직각이다. 중심이 C이고 계수가 2인 중심닮음변환에 대해 내접원은 외접원과 접하는 원으로 보내진다는 것을 증명하여라.

12.78. 정사각형 $ABCD$가 자신의 중심의 주위를 회전한다. P는 점 D에서 부동인 직선 l에 그은 수선의 발이며, Q는 변 AB의 중점이라 할 때, 선분 PQ의 중점의 기하학적 위치를 구하여라.

참고. 문제 3.54, 7.6, 7.14, 7.47, 22.16을 보시오.

힌트 및 증명

12.1. 사인 정리에 의해 $\sin\gamma = c/2R$이므로, $S = (ab\sin\gamma)/2 = abc/4R$이다.

12.2. 삼각형 ABD, CBD의 외접원의 반지름은 $AB/2\sin ADB$, $BC/2\sin BDC$이다. 이제 $AB = BC$, $\sin ADB = \sin BDC$를 생각하면 된다.

12.3. 사인 정리에 의해 $b = a\sin\beta/\sin\alpha = a\sin\beta/\sin(\beta+\gamma)$이므로, $S = ab\sin\gamma/2 = a^2\sin\beta\sin\gamma/2\sin(\beta+\gamma)$이다.

12.4. 사인 정리에 의해, $(a+b)/c = (\sin\alpha + \sin\beta)/\sin\gamma$이 성립한다. 게다가 $\sin\alpha + \sin\beta = 2\sin((\alpha+\beta)/2)\cos((\alpha-\beta)/2) = 2\cos(\gamma/2)\cos((\alpha-\beta)/2)$이며 $\sin\gamma = 2\sin(\gamma/2)\cos(\gamma/2)$이다. 두 번째 등식도 같은 방법으로 증명된다.

12.5. 삼각형 A_2BC_2에서 변 A_2B, BC_2의 길이는 $b\cos\gamma$, $b\cos\alpha$이고, 직선 BO는 각 A_2BC_2을 $90° - \gamma$와 $90° - \alpha$로 나눈다. 직선 BO가 선분 A_2C_2와 점 M에서 만난다고 하자. 사인 정리에 의해, $A_2M = A_2B\sin A_2BM/\sin A_2MB = b\cos\gamma\cos\alpha/\sin C_2MB = C_2M$이다.

12.6. $\alpha = \angle(a,c)$, $\beta = \angle(c,d)$, $\gamma = \angle(d,b)$라 하자. 그러면 다음 등식이 성립한다.

$$(AC/AS)/(BC/BS) = \sin\alpha/\sin(\beta+\gamma),$$

$$(BD/BS)/(AD/AS) = \sin\gamma/\sin(\alpha+\beta).$$

그러므로 다음을 얻을 수 있다.

$$(AC\cdot BD)/(BC\cdot AD) = \sin\alpha\sin\gamma/\sin(\alpha+\beta)\sin(\beta+\gamma).$$

12.7. 등식 $OA/PA = \sin OPA/\sin POA$, $OB/PB = \sin OPB/\sin POB$가 성립하므로, $(OA/OB)/(PA/PB) = \sin POB/\sin POA$이다.

12.8. $D_1A/D_1B = \sin B/\sin A$와 같은 형태의 다섯 개의 등식을 서로 곱하면 된다.

12.9. O를 주어진 삼각형들의 공통 꼭짓점이라 하고, M, N을 밑변들의 중점, k를 높이들에 대한 밑변들의 비라 하자. 주어진 삼각형들의 밑변을 직선 MN에 사영시키면, $k\cdot OM\sin OMN$, $k\cdot ON\sin ONM$이 된다. 이제 $OM/\sin ONM = ON/\sin OMN$을 생각하면 된다.

12.10. 사인 정리에 의해, $BX/\sin BDX = BD/\sin BXD = 2R\sin\psi/\sin BXD$이다. 게다가 $\sin BDX = \sin BDC = \sin\varphi$이고, 각 BXD의 크기는 쉽게 계산된다. 만약 점 C, D가 AB에 대해 같은쪽에 놓여있으면, $\angle BXD = \pi - \varphi - \psi$이고, 다른쪽에 있으면, $\angle BXD = |\varphi - \psi|$이다. 즉 $BX = 2R\sin\varphi\sin\psi/\sin|\varphi\pm\psi|$이다.

12.11. (a) A_1을 선분 BC의 중점이라 하자. 이제 등식 $AB^2 = AA_1^2 + A_1B^2 - 2AA_1\cdot BA_1\cos BA_1A$와 $AC^2 = AA_1^2 + A_1C^2 - 2AA_1\cdot A_1C\cos CA_1A$를 더한 다음, $\cos BA_1A = -\cos CA_1A$임을 감안하면, 구하는 것을 얻을 수 있다.
(b) 문제 (a)로부터 유도된다.

12.12. 코사인 정리에 의해, $a^2 - (b-c)^2 = 2bc(1-\cos\alpha) = 4S(1-\cos\alpha)/\sin\alpha = 4S\tan(\alpha/2)$이다.

12.13. 코사인 정리에 의해, $\cos\alpha = (b^2+c^2-a^2)/2bc$이다. 이제 $\cos^2(\alpha/2) = (1+\cos\alpha)/2$와 $\sin^2(\alpha/2) = (1-\cos\alpha)/2$를 이용하면 된다.

12.14. α를 평행사변형 꼭짓점에서의 각이라 하자. 코사인 정리에 의해, $m^2 = a^2 + b^2 + 2ab\cos\alpha$, $n^2 = a^2+b^2-2ab\cos\alpha$이다. 그러므로 $m^2n^2 = (a^2+b^2)^2 - (2ab\cos\alpha)^2 = a^4+b^4+2a^2b^2(1-2\cos^2\alpha)$이다. 즉 $m^2n^2 = a^4+b^4$일 필요충분조건은 $\cos^2\alpha = 1/2$이다.

12.15. M을 중선 AA_1과 BB_1의 교점이라 하자. 각 AMB가 직각일 필요충분조건은 $AM^2 + BM^2 = AB^2$, 즉 $4(m_a^2 + m_b^2)/9 = c^2$이다. 문제 12.11에 의해, $m_a^2 + m_b^2 = (4c^2+a^2+b^2)/4$이다.

12.16. $m = C_1M$, $\varphi = \angle C_1MO$라 하자. 그러면 $OC_1^2 = C_1M^2 + OM^2 - 2OM\cdot C_1M\cos\varphi$, $BO^2 = CO^2 = OM^2 + MC^2 + 2OM\cdot CM\cos\varphi = OM^2 + 4C_1M^2 + 4OM\cdot C_1M\cos\varphi$이다. 그러므로 $BC_1^2 = BO^2 - OC_1^2 = 3C_1M^2 + 6OM\cdot C_1M\cos\varphi$, 즉 $c^2 = 4BC_1^2 = 12m^2 + 24OM\cdot C_1M\cos\varphi$이다. 그리고 $18m^2 = 2m_c^2 = a^2+b^2-c^2/2$(문제 12.21)이다. 그러므로 등식 $a^2+b^2 = 2c^2$은 $18m^2 = 3c^2/2$, 즉 $c^2 = 12m^2$과 동치이다. $c^2 = 12m^2 + 24OM\cdot C_1M\cos\varphi$이므로, 등식 $a^2+b^2=2c^2$은 $\angle C_1MO = \varphi = 90°$, 즉 $CC_1 \perp OM$과 동치이다.

12.17. 내접원이 변 BC와 점 K에서 접하고, 방접원은 점 L에서 접한다고 하자. 그러면 $BC = BK+KC = r\cot(\beta/2) + r\cot(\gamma/2)$ $BC = BL+LC = r_a\cot LBO_a + r_a\cot LCO_a = r_a\tan(\beta/2) + r_a\tan(\gamma/2)$이다. 게다가 $\cos(\alpha/2) = \sin\left(\frac{\beta}{2}+\frac{\gamma}{2}\right)$이다.
문제 3.2에 의해, $p-b = BK = r\cot(\beta/2)$, $p-b = CL = r_a\tan(\gamma/2)$이다. 만약 내접원이 변 AB, AC의 연장선과 점 P, Q에서 접하면, $p = AP = AQ = r_a\cot(\alpha/2)$이다.

12.18. (a) 문제 12.17에 의해, $p = r_a\cot(\alpha/2)$ $r\cot(\alpha/2) = p-a$; $r\cot(\beta/2) = p-b$, $r_a\tan(\beta/2) = p-c$; $r_c\tan(\beta/2) = p-a$, $r_b\cot(\beta/2) = p$이다. 이들 등식을 서로 곱하면, 구하는 것을 얻을 수 있다.
(b) $rp = r_a(p-a)$, $rr_a = (p-b)(p-c)$를 곱하면, $r^2p = (p-a)(p-b)(p-c)$를 얻는다. 그리고 $S^2 = p(r^2p)$이다.

(c) $rr_a = (p-b)(p-c)$와 $r_b r_c = p(p-a)$를 곱하고, 헤론의 공식을 이용하면 된다.

12.19. 문제 12.17에 의해, $r = r_c \tan(\alpha/2)\tan(\beta/2)$, $p = r_c \cot(\gamma/2)$이다.

12.20. 문제 12.18(a)에 의해, $r_a = rp/(p-a)$, $r_b = rp(p-b)$이다. 그러므로 $cr_a r_b = cr^2p^2/((p-a)(p-b))$, $r_a + r_b = rpc/((p-a)(p-b))$, 즉 $cr_a r_b/(r_a+r_b) = rp = S$이다.

12.21. 문제 12.18(a)에 의해, $1/r_b = (p-b)/pr$, $1/r_c = (p-c)/pr$이다. 그러므로 $\frac{1}{r_b} + \frac{1}{r_c} = a/pr = a/S = 2/h_a$이다.

12.22. 쉽게 $1/h_a = a/2pr$, $1/r_a = (p-a)/pr$를 확인할 수 있다. 유사한 등식들을 서로 더하면, 구하는 것을 얻을 수 있다.

12.23. 문제 12.18(a)에 의해, $1/((p-b)(p-c)) = 1/rr_a$이다. 이제 유사한 등식들을 더하고, 문제 12.22의 결과를 이용하면 된다.

12.24. 문제 12.1에 의해, $4SR = abc$이다. 그리고 다음이 성립한다.

$$abc = p(p-b)(p-c) + p(p-c)(p-a) + p(p-a)(p-b) -$$
$$-(p-a)(p-b)(p-c) = \frac{S^2}{(p-a)} + \frac{S^2}{(p-b)} + \frac{S^2}{(p-c)} - \frac{S^2}{p} = S(r_a + r_b + r_c - r).$$

12.25. 문제 12.18(a)에 의해, $r_a r_b = p(p-c)$, $r_b r_c = p(p-a)$, $r_c r_a = p(p-b)$이다. 이들 등식을 더하면, 구하는 것을 얻을 수 있다.

12.26. $S = rp = r_a(p-a) = r_b(p-b) = r_c(p-c)$이므로, 좌변의 식은 $(p^3 - (p-a)^3 - (p-b)^3 - (p-c)^3)/S^3 = 3abc/S^3$이다. 이제 $abc/S = 4R$(문제 12.1)을 생각하면 된다.

12.27. 삼각형 ABC의 각들을 $2\alpha, 2\beta$, 2γ라 하자. 문제 12.36(a)와 12.37(b)에 의해, $r = 4R\sin\alpha\sin\beta\sin\gamma$, $r_a = 4R\sin\alpha\cos\beta\cos\gamma$이다. 그러므로$(r+r_a)(4R+r-r_a) = 16R^2\sin\alpha(\sin\beta\sin\gamma + \cos\beta\cos\gamma)(1+\sin\alpha(\sin\beta\sin\gamma - \cos\beta\cos\gamma)) = 16R^2\sin\alpha\cos(\beta-\gamma)(1-\sin\alpha\cos(\beta+\gamma)) = 16R^2\sin\alpha\cos(\beta-\gamma)\cos^2\alpha$이다. 이제 $4R\sin\alpha\cos\alpha = a$, $4R\sin(\beta+\gamma)\cos(\beta-\gamma) = 2R(\sin 2\beta + \sin 2\gamma) = b+c$를 생각하면 된다. 두 번째 등식은 같은 방법으로 증명된다.

12.28. $OA = r/\sin(\alpha/2)$, $bc = 2S/\sin\alpha$이므로, $OA^2/bc = r^2\cot(\alpha/2)/S = r(p-a)/S$(문제 12.17(c))이다. 이제 $r(p-a+p-b+p-c) = rp = S$를 생각하면 된다.

12.29. 문제 (b)의 부분적인 경우가 문제 (a)이므로, 문제 (b)를 풀도록 하자. $\cot(\varphi/2) = \sin\varphi/(1-\cos\varphi)$이므로, $p^2(1-x)^2 = (1-x^2)(2R(1-x)+r)^2$(단 $x = \cos\varphi$)이다. 이 방정식의 근 $x_0 = 1$에는 관심이 없다. 왜냐 하면, 이 경우에 $\cot(\varphi/2)$가 정의되지 않는다. 그러므로 방정식의 양변에서 $1-x$를 약분하여, 삼차방정식으로 만들자. 문제 12.38, 12.39(b), 12.41(b)의 결과를 이용하면, 이 방정식이 방정식 $(x-\cos\alpha)(x-\cos\beta)(x-\cos\gamma) = 0$(단 α, β, γ는 삼각형의 각들)로 귀착됨을 알 수 있다. 즉 각 φ의 코사인은 삼각형의 각들의 하나의 코사인과 같고, 코사인은 구간 0에서 π까지 단조함수이다.

12.30. $2pr = 2S = ab\sin\gamma = abc/2R$, 즉 $4prR = abc$이다. 두 번째 등식을 증명하기 위해, 헤론의 공식을 사용하자: $S^2 = p(p-a)(p-b)(p-c)$, 즉 $pr^2 = (p-a)(p-b)(p-c) = p^3 - p^2(a+b+c) + p(ab+bc+ca) - abc = -p^3 + p(ab+bc+ca) - 4prR$이다. p를 약분하면, 구하는 것을 얻을 수 있다.

12.31. $abc = 4RS$(문제 12.1)이므로, 좌변의 식은 $(c+a+b)/4RS = 2p/4Rpr = 1/2Rr$이다.

12.32. $(p-c)/p = r/r_c$(문제 12.18(a))과 등식 $r = c\sin(\alpha/2)\sin(\beta/2)/\cos(\gamma/2)$, $r_c = c\cos(\alpha/2)\cos(\beta/2)/\cos(\gamma/2)$(문제 12.17)를 생각하면 된다.

12.33. 문제 12.1에 의해, $S = abc/4R$이다. 한편 $S = ah_a/2$이다. 그러므로 $h_a = bc/2R$가 된다.

12.34. $ah_a = 2S = 2(p-a)r_a$, $r_a/a = \cos(\beta/2)\cos(\gamma/2)/\cos(\alpha/2)$(문제 12.17(b))이므로, $h_a = 2(p-a)\cos(\beta/2)\cos(\gamma/2)/\cos(\alpha/2)$이다. $(p-a)\cot(\beta/2) = r_c = (p-b)\cot(\alpha/2)$이고(문제 12.17(c)), $h_a = 2(p-b)\sin(\beta/2)\cos(\gamma/2)/\sin(\alpha/2)$를 얻을 수 있다.

12.35. (a) 각의 이등분선 AD의 연장선이 삼각형 ABC의 외접원과 점 M에서 교차한다고 하자. 그러면 $AD \cdot DM = BD \cdot DC$, $\triangle ABD \sim \triangle AMC$이므로 $AB \cdot AC = AD \cdot AM = AD(AD+DM) = AD^2 + BD \cdot DC$이다. 게다가 $BD = ac/(b+c)$, $DC = ab/(b+c)$이다. 즉 $AD^2 = bc - bca^2/(b+c)^2 = 4p(p-a)bc/(b+c)^2$이다.

(b) 문제 4.47의 풀이를 참고하여라.

(c) AD를 삼각형 ABC의 각의 이등분선, AH를 높이라 하자. 그러면 $AH = c\sin\beta = 2R\sin\beta\sin\gamma$이다. 한편 $AH = AD\sin ADH = l_a\sin(\beta+(\alpha/2)) = l_a\sin((\pi+\beta-\gamma)/2) = l_a\cos((\beta-\gamma)/2)$이다.

(d) $p = 4R\cos(\alpha/2)\cos(\beta/2)\cos(\gamma/2)$(문제 12.36(c)), $\sin\beta+\sin\gamma = 2\sin((\beta+\gamma)/2)\cos((\beta-\gamma)/2) = 2\cos(\alpha/2)\cos((\beta-\gamma)/2)$임을 감안하면, 문제 (c)의 식을 얻을 수 있다.

12.36. (a) O를 내접원의 중심, K를 변 AB와 내접원의 접점이라 하자. 그러면 다음 등식이 성립한다.

$$2R\sin\gamma = AB = AK+KB = r(\cot(\alpha/2)+\cot(\beta/2)) = $$
$$= r\sin((\alpha+\beta)/2)(\sin(\alpha/2)\sin(\beta/2)).$$

$\sin\gamma = 2\sin(\gamma/2)\cos(\gamma/2)$, $\sin((\alpha+\beta)/2) = \cos(\gamma/2)$임을 감안하면, 구하는 것을 얻을 수 있다.

(b) 문제 3.2에 의해, $p-a = AK = r\cot(\alpha/2)$이다. 같은 이유로, $p-b = r\cot(\beta/2)$, $p-c = r\cot(\gamma/2)$이다. 이들 등식을 서로 곱하고, $p(p-a)(p-b)\times(p-c) = S^2 = (pr)^2$임을 감안하면, 구하는 것을 얻을 수 있다.

(c) 문제 (a), (b)로부터 유도된다.

12.37. (a) 등식

$$r\cos(\alpha/2)\sin(\alpha/2) = p-a, \quad \sin(\alpha/2)\sin(\beta/2)\sin(\gamma/2) = r/4R$$

(문제 12.17(b); 12.36(a))을 서로 곱하면, 구하는 것을 얻을 수 있다.

(b) 문제 12.17에 의해, $r_a\tan(\gamma/2) = p-b = r\cot(\beta/2)$이다. 이 등식과 등식 $r/4R = \sin(\alpha/2)\sin(\beta/2)\sin(\gamma/2)$를 서로 곱하면, 구하는 것을 얻을 수 있다.

12.38. 등식 $\cos\alpha+\cos\beta = 2\cos((\alpha+\beta)/2)\cos((\alpha-\beta)/2)$와 $\cos\gamma = -\cos(\alpha+\beta) = -2\cos^2((\alpha+\beta)/2)+1$을 서로 곱하고, $\cos((\alpha-\beta)/2)-\cos((\alpha+\beta)/2) = 2\sin(\alpha/2)\sin(\beta/2)$이므로, $\cos\alpha+\cos\beta+\cos\gamma = 4\sin(\alpha/2)\times\sin(\beta/2)\sin(\gamma/2)+1 = \frac{r}{R}+1$(문제 12.36(a))을 얻을 수 있다.

12.39. (a) 등식 $\cos 2\alpha+\cos 2\beta = 2\cos(\alpha+\beta)\cos(\alpha-\beta) = -2\cos\gamma\cos(\alpha-\beta)$와 $\cos 2\gamma = 2\cos^2\gamma-1 = -2\cos\gamma\cos(\alpha+\beta)-1$을 서로 더하고, $\cos(\alpha+\beta)+\cos(\alpha-\beta) = 2\cos\alpha\cos\beta$임을 감안하면, 구하는 것을 얻을 수 있다.

(b) $\cos 2\alpha = 2\cos^2\alpha-1$을 (a)에서 얻은 등식에 대입하면 된다.

12.40. 등식 $\sin 2\alpha + \sin 2\beta = 2\sin(\alpha+\beta)\cos(\alpha-\beta) = 2\sin\gamma \times \cos(\alpha-\beta)$와 $\sin 2\gamma = 2\sin\gamma\cos\gamma = -2\sin\gamma\cos(\alpha+\beta)$를 더해 $\cos(\alpha-\beta) - \cos(\alpha+\beta) = 2\sin\alpha\sin\beta$를 생각하면, 구하는 것을 얻을 수 있다.

12.41. (a) $\sin^2\alpha + \sin^2\beta + \sin^2\gamma = (a^2+b^2+c^2)/4R$, $a^2+b^2+c^2 = (a+b+c)^2 - 2(ab+bc+ca) = 4p^2 - 2(r^2+p^2+4rR)$(문제 12.30)이다.

(b) 문제 12.39(b)에 의해, $2\cos\alpha\cos\beta\cos\gamma = \sin^2\alpha + \sin^2\beta + \sin^2\gamma - 2$이다. 이제 문제 (a)의 결과를 이용하면 된다.

12.42. 코사인 정리를 $ab\cos\gamma = (a^2+b^2-c^2)/2$과 같은 형태로 쓸 수 있다. 그러한 세 등식을 서로 더하면, 구하는 것을 얻을 수 있다.

12.43. 문제 12.13에 의해, $\cos^2(\alpha/2)/a = p(p-a)/abc$이다. 이제 $p(p-a)+p(p-b)+p(p-c) = p^2$, $abc = 4SR = 4prR$을 생각하면 된다.

12.44. (a) $bc\cos\alpha = 2S\cot\alpha$이므로, $a^2 = b^2+c^2-4S\cot\alpha$이다. 그러한 세 등식을 서로 더하면, 구하는 것을 얻을 수 있다.

(b) 예각삼각형에 대해 $a^2\cot\alpha = 2R^2\sin 2\alpha = 4S_{BOC}$(단 O는 외접원의 중심)이다. 이제 그러한 세 등식을 더하면 된다. 둔각 α를 가지는 삼각형에 대해서는 S_{BOC}의 값을 마이너스 부호와 함께 잡아야 한다.

12.45. 문제 12.17에 의해, $\cot(\alpha/2)+\cot(\beta/2) = c/r$, $\tan(\alpha/2)+\tan(\beta/2) = c/r_c$이다. 이제 삼각형의 모든 각들의 쌍에 대해 그러한 등식들을 더하면 된다.

12.46. $\tan\gamma = -\tan(\alpha+\beta) = -(\tan\alpha+\tan\beta)/(1-\tan\alpha\tan\beta)$이다. 양변에 $1-\tan\alpha\tan\beta$를 더하면, 구하는 것을 얻을 수 있다.

12.47. $\tan(\gamma/2) = \cot\left(\frac{\alpha}{2}+\frac{\beta}{2}\right) = [1-\tan(\alpha/2)\tan(\beta/2)]/[\tan(\alpha/2)+\tan(\beta/2)]$이다. 이제 양변에 $\tan(\alpha/2)+\tan(\beta/2)$를 곱하면 된다.

12.48. (a) 등식의 양변에 $\sin\alpha\sin\beta\sin\gamma$를 곱하면, $\cos\gamma(\sin\alpha\cos\beta+\sin\beta\cos\alpha) + \sin\gamma(\cos\alpha\cos\beta - \sin\alpha\sin\beta) = \cos\gamma\sin(\alpha+\beta) + \sin\gamma\cos(\alpha+\beta) = \cos\gamma\sin\gamma - \sin\gamma\cos\gamma = 0$이다.

(b) 등식의 양변에 $\sin\alpha\sin\beta\sin\gamma$를 곱하면, $\cos\alpha(\sin\beta\sin\gamma - \cos\beta\cos\gamma) + \sin\alpha(\cos\beta\sin\gamma + \cos\gamma\sin\beta) = \cos^2\alpha + \sin^2\alpha = 1$이다.

12.49. 등식 $\sin^2\alpha + \sin^2\beta + \sin^2\gamma - 2 = 2\cos\alpha\cos\beta\cos\gamma$(문제 12.39(b)를 참고), $S =$

$2R^2 \sin\alpha \sin\beta \sin\gamma$가 성립하므로, $(\tan\alpha + \tan\beta + \tan\gamma) \times \cos\alpha \cos\beta \cos\gamma = \sin\gamma \sin\beta \sin\alpha$를 확인하면 된다. 마지막 등식은 문제 12.48(a)의 풀이에서 증명되었다.

12.50. A, B를 각 α, β의 크기라 하고, P를 이들 각의 일치하지 않는 변들의 교점이라 하고, Q는 선분 PA에 속한 주어진 원들의 공통점이라 하자. 삼각형 AQB는 이등변삼각형이므로, $\angle PQB = 2\alpha$이다. $\angle PQB + \angle QPB = \beta + \angle QBA$이므로, $\beta = 3\alpha$이다.

12.51. 문제 4.47에 의해, $\frac{1}{b} + \frac{1}{c} = 2\cos(\alpha/2)/l_a$이므로, $\cos(\alpha/2) = 1/2$, 즉 $\alpha = 120°$이다.

12.52. 점 M에서 직선 BC에 수선 MD를 긋자. 그러면 $MD = AH/2 = BM/2$이다. 직각삼각형 BDM에서 밑변 MD는 빗변 BM의 절반과 같다. 그러므로 $\angle MBC = \angle MBD = 30°$이다.

12.53. $AD \cdot BC \sin ADB$와 $BE \cdot AC \sin AEB$는 삼각형 ABC의 넓이의 두 배와 같으므로, 서로 같다. 그러므로 $\sin ADB = \sin AEB$이다. 두 가지 경우가 가능하다.
(1) $\angle ADB = \angle AEB$. 이 경우에 점 A, E, D, B는 한 원주에 속하므로, $\angle EAD = \angle EBD$, 즉 $\angle A = \angle B$이다. 이것은 조건에 의해 불가능하다.
(2) $\angle ADB + \angle AEB = 180°$. 이 경우에 $\angle ECD + \angle EOD = 180°$(단 O는 이등분선들의 교점)이다. $\angle EOD = 90° + \angle C/2$(문제 5.3)이므로, $\angle C = 60°$이다.

12.54. B'을 선분 AC에 대한 수직이등분선과 직선 AB의 교점이라 하자. 그러면 $AB' = CB'$, $\angle AB'C = 180° - 2 \cdot 75° = 30°$이다. 그러므로 $AB' = CB' = 2CH = AB$, 즉 $B' = B$, $\angle B = 30°$이다.

12.55. $AKDM$는 직사각형이고, L은 직사각형 대각선들의 교점이다. $AD \perp BC$, $AM \perp BA$이므로, $\angle DAM = \angle ABC$이다. 같은 이유로, $\angle KAD = \angle ACB$이다. 점 A에서 직선 KM에 수선 AP를 긋자. 편의상, $\angle B < \angle C$라 하자. 그러면 점 P는 선분 KL에 속한다. 삼각형 AKP와 MKA의 닮음으로부터, $AK : AP = MK : MA$이다. 그러므로 $AK \cdot AM = AP \cdot MK = AP \cdot AD = 2AP \cdot AL$이다. 조건에 의해, $AL^2 = AK \cdot AM$이다. 결국 $AL = 2AP$, 즉 $\angle ALP = 30°$이다. 그리고 $\angle KMA = \angle ALP/2 = 15°$이다. 그러므로 삼각형 ABC의 예각은 $15°$와 $75°$이다.

12.56. CD를 각의 이등분선이라 하자. 그러면 $BD = ac/(a+b)$이다. 한편 $\triangle BDC \sim \triangle BCA$이므로, $BD : BC = BC : BA$, 즉 $BD = a^2/c$이다. 결국 $c^2 = a(a+b) = 3a^2$이다. 삼각형 ABC의 변들은 $a, 2a, \sqrt{3}a$이므로, 각들은 $30°, 90°, 60°$이다.

12.57. $\angle ABC = 2x$라 하면, 삼각형 ABE의 외각 A는 $\angle ABE + \angle AEB = x + \alpha$이다. 이제 $\angle KAE - \angle BAK = (180° - x - \alpha) - (180° - 2x - 2\alpha) = x + \alpha$이다. 결국 AE는 삼각형 ABK의 외각 A의 이등분선이다. BE가 이 삼각형의 내각 B의 이등분선이므로, E는 변 AK에 접하는 방접원의 중심이다. 그러므로 $\angle AKE = \angle AKC/2 = 90° - \alpha$이다.

12.58. $A_1 \cdots A_{18}$을 정18각형이라 하자. 삼각형 ABC로 삼각형 $A_{14}A_1A_9$을 잡을 수 있다. 문제 6.62(b)에 의해, 대각선 A_1A_{12}, A_2A_{14}, A_9A_{18}은 한 점에서 만나며, $\angle AMC = (\widehat{A_{18}A_2} + \widehat{A_9A_{14}})/2 = 70°$이다.

12.59. $A_1 \cdots A_{18}$을 정18각형이라 하고, O를 중심이라 하자. 삼각형 ABC로 삼각형 A_1OA_{18}을 잡을 수 있다. 대각선 A_2A_{14}와 $A_{18}A_6$은 지름 A_1A_{10}에 대해 대칭이고, 대각선 A_2A_{14}는 대각선 A_1A_{12}와 A_9A_{18}의 교점을 지난다(앞 문제의 풀이). 그러므로 $\angle ADE = (\widehat{A_1A_2} + \widehat{A_{12}A_{14}})/2 = 30°$이다.

12.60. $\angle BDE = 50°$, $\angle CED = 30°$이므로, $\angle BOC = \angle EOD = 180° - 50° - 30° = 100°$이다. 원의 지름 BB'과 CC'은 고정되었고, $\angle BOC = 100°$, 점 A는 호 $B'C'$을 따라 움직인다고 하자. D는 BB'과 AC의 교점, E는 CC'과 AB의 교점이라 하자(그림 12.6). 점 A가 B'에서 C'으로 이동하면서 선분 OE는 증가되고 OD는 감소되므로, 각 OED는 감소되고 각 ODE는 증가된다. 그러므로 $\angle CED = \angle OED = 30°$, $\angle BDE = \angle ODE = 50°$인 점 A의 위치가 유일하게 존재한다.

이제 각 $\angle A = 50°, \angle B = 70°, \angle C = 60°$를 가지는 삼각형 ABC가 요구된 성질을 가짐을 증명하자. $A_1 \cdots A_{18}$을 정18각형이라 하자. 삼각형 ABC로 삼각형 $A_2A_{14}A_9$를 잡을 수 있다. 대각선 A_1A_{12}는 점 E를 지난다(문제 12.58의 풀이). F는 직선 A_1A_{12}와 A_5A_{14}의 교점이라 하자. 직선 A_9A_{16}은 직선 A_1A_{12}와 직선 A_5A_{14}에 대해 대칭이므로, 직선 A_9A_{16}은 점 F를 지난다. 삼각형 CDF에서 반직선 CE는 각 C의 이등분선이고, 직선 FE는 꼭짓점 F에서 외각의 이등분선이다. 그러므로 DE는 각 ADB의 이등분선, 즉 $\angle ODE = (\widehat{A_2A_{14}} + \widehat{A_5A_9})/4 = 50°$이다.

12.61. D, E, F를 원과 BP, PQ, QC의 접점이라 하자. $\angle BOD = 90° - \angle B = 90° -$

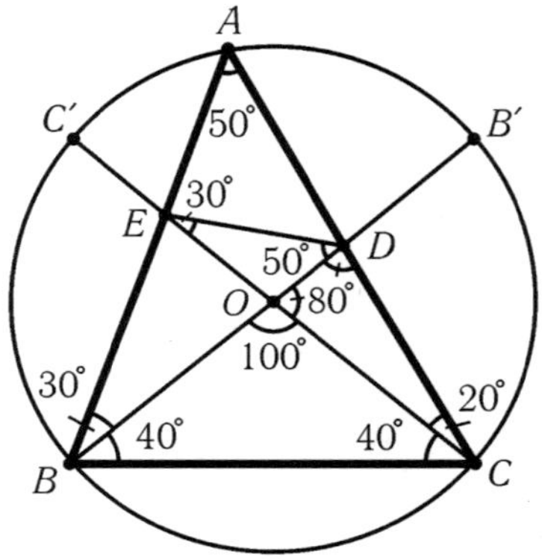

그림 12.6

$\angle C = \angle COF = \alpha$, $\angle DOP = \angle POE = \beta$, $\angle EOQ = \angle QOF = \gamma$이다. 그러면 $180° = \angle BOC = 2\alpha + 2\beta + 2\gamma$, 즉 $\alpha + \beta + \gamma = 90°$이다. $\angle BPO = \angle DPE/2 = (180° - \angle DOE)/2 = 90° - \beta$, $\angle QOC = \gamma + \alpha = 90° - \beta$이므로, $\angle BPO = \angle COQ$이다. 그리고 $\angle PBO = \angle OCQ$이다. 그러므로 $\triangle BPO \sim \triangle COQ$, 즉 $PB \cdot CQ = BO \cdot CO = BC^2/4$이다.

12.62. P, Q를 변 BC, CD의 중점이라 하자. 점 P, Q는 내접원과 변 BC, CD의 접점이다. 그러므로 $PF + GQ = FG$를 확인하면 된다. 실제로, $F'G'$이 FG와 평행하고 내접원과 접하는 선분이면, $PF' + G'Q = F'G'$이다. 그러므로 $F' = F$, $G' = G$이다.
정사각형의 한 변을 2라고 할 수 있다. $GD = x$라 하자. $BF : EB = AD : GD$이므로, $BF = 2/x$이다. 그러므로 $CG = 2 - x, GQ = x - 1, CF = 2 - \frac{2}{x}, FP = \frac{2}{x} - 1$, 즉 $PF + GQ = x + 2/x - 2$, $FG^2 = CG^2 + CF^2 = (2-x)^2 + \left(2 - \frac{2}{x}\right)^2 = 4 - 4x + x^2 + 4 - \frac{8}{x} + \frac{4}{x^2} = \left(x + \frac{2}{x} - 2\right)^2 = (PF + GQ)^2$이다.

12.63. 정사각형들의 꼭짓점을 그림 12.7과 같이 표시하자. O를 원의 중심, H를 주어진 현의 중점, K를 선분 AA_1의 중점이라 하자. $\tan AHB = 2 = \tan A_1HD_1$이므로, 점 H는 직선 AA_1에 속한다. $\alpha = \angle AHB = \angle A_1HD_1$이라 하자. 그러면 $AB - A_1D_1 = (AH - A_1H)\sin\alpha = 2KH\sin\alpha = 2OH\sin^2\alpha$이다. $\tan\alpha = 2$, $1 + \cot^2\alpha = 1/\sin^2\alpha$이므로, $\sin^2\alpha = 4/5$이다. 그러므로 정사각형 변들의 차는 $8h/5$이다.

12.64. 삼각형 ABC의 중선 BM이 내접원과 점 K, L에서 교차하고, $BK = KL =$

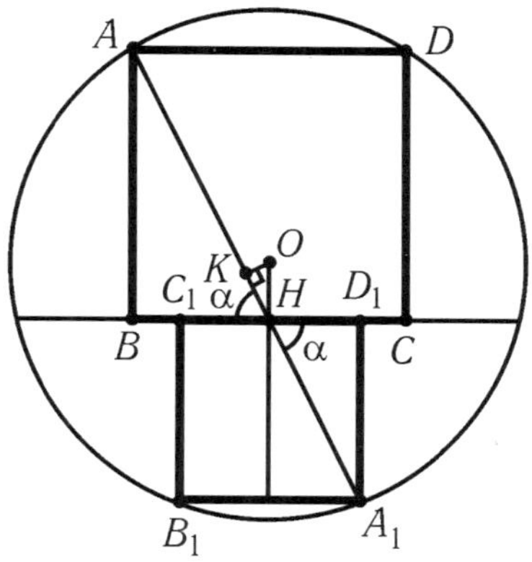

그림 12.7

$LM = x$라 하자. 편의상 내접원과 변 AC의 접점이 선분 MC에 속한다고 하자. 그러면 선분 BM의 수직이등분선에 대한 대칭에 의해 점 B와 M은 서로에게로 보내지며, 내접원은 자신에게 보내지고, 접선 MC는 접선 BC로 보내진다. 결국 $BC = MC = AC/2$, 즉 $b = 2a$이다.

$BM^2 = (2a^2 + 2c^2 - b^2)/4$(문제 12.11(a))이므로, $9x^2 = (2a^2 + 2c^2 - 4a^2)/4 = (c^2 - a^2)/2$이다. P를 내접원과 변 BC의 접점이라 하자. 그러면 $BP = (a + c - b)/2 = (c - a)/2$이다. 한편 접선의 성질에 의해 $BP^2 = BK \cdot BL$, 즉 $BP^2 = 2x^2$이다. 그러므로 $2x^2 = ((c - a)/2)^2$이다. 등식 $9x^2 = (c^2 - a^2)/2$과 $((c - a)/2)^2 = 2x^2$을 서로 곱하면, $(c + a)/(c - a) = 9/4$, 즉 $c : a = 13 : 5$를 얻을 수 있다. 결국 $a : b : c = 5 : 10 : 13$이다.

12.65. $2a$, $2b$를 첫 번째, 두 번째 정사각형의 변의 길이라 하자. 그러면 원의 중심에서 원에 속하는 두 번째 정사각형의 변들까지의 거리는 $\sqrt{(a + 2b)^2 + b^2}$이다. 한편 이 거리는 $\sqrt{2}a$와 같다. 결국 $(a + 2b)^2 + b^2 = 2a^2$, 즉 $a = 2b \pm \sqrt{4b^2 + 5b^2} = (2 \pm 3)b$이다. 여기서 $a = 5b$만이 근이 된다.

12.66. P, Q를 선분 AC, AB의 중점이라 하고, R을 원 S_1의 중심, $a = AC/2, b = BC/2$, x를 원 S_1의 반지름이라 하자. 쉽게 $PR = a + x, QR = a + b - x$, $PQ = b$를 확인할 수 있다. 삼각형 PQR에 높이 RH를 긋자. 점 R에서 직선 CD까지의 거리는 x이므로, $PH = a - x$, 즉 $QH = |b - a + x|$이다. 결국 $(a + x)^2 - (a - x)^2 = RH^2 = (a + b - x)^2 - (b - a + x)^2$, 즉 $ax = b(a - x)$이다. 이로부터, $x = ab/(a + b)$를 얻는다. 원 S_2의 반지름에 대해서도 똑같은 식

을 얻을 수 있다.

12.67. 원 S_1, S_2, 반직선 AB와 접하는 원 S의 반지름을 x라 하고, 원 S_2, S_3, 반직선 BA와 접하는 원 S'의 반지름을 y라 하자. 원 S_1, 반직선 AB에 접하는(각각 원 S_3과 반직선 BA) 원의 위치는 반지름에 의해 유일하게 결정되므로, $x = y$만 확인하면 된다.

원 S의 중심에서 직선 AD까지 거리의 제곱에 대한 식을 서로 등호로 연결하면, $(x+1)^2 - (x-1)^2 = (3+x)^2 - (5-x)^2$, 즉 $x = 4/3$를 얻을 수 있다.

원 S_2와 S_3를 생각하면, 쉽게 $AB^2 = (3+4)^2 - 1^2 = 48$을 확인할 수 있다. 한편 원 S'에서 직선 AD, BC까지 거리의 제곱은 $(y+3)^2 - (5-y)^2 = 16(y-1)$, $(4+y)^2 - (4-y)^2 = 16y$이다. 결국 $4\sqrt{y-1} + 4\sqrt{y} = \sqrt{48}$, 즉 $y = 4/3$이다.

12.68. 만약 삼각형의 각들이 등차수열을 이루면, 이들은 $\alpha - \gamma, \alpha, \alpha + \gamma$(단 $\gamma \geq 0$)가 된다. 삼각형의 각들의 합은 $180°$이므로, $\alpha = 60°$이다. 이 삼각형의 변들은 $2R\sin(\alpha-\gamma), 2R\sin\alpha, 2R\sin(\alpha+\gamma)$가 된다. 큰 각의 맞은 편에 긴 변이 놓여 있으므로, $\sin(\alpha-\gamma) \leq \sin\alpha \leq \sin(\alpha+\gamma)$이다.

(a) 만약 수 $\sin(\alpha-\gamma) \leq \sin\alpha \leq \sin(\alpha+\gamma)$가 등차수열을 이루면, $\sin\alpha = (\sin(\alpha+\gamma) + \sin(\alpha-\gamma))/2 = \sin\alpha\cos\gamma$, 즉 $\cos\gamma = 1$ 또는 $\gamma = 0$이다. 결국 삼각형의 모든 각들은 $60°$이다.

(b) 만약 수 $\sin(\alpha-\gamma) \leq \sin\alpha \leq \sin(\alpha+\gamma)$가 등비수열을 이루면, $\sin^2\alpha = \sin(\alpha-\gamma)\sin(\alpha+\gamma) = \sin^2\alpha\cos^2\gamma - \sin^2\gamma\cos^2\alpha \leq \sin^2\alpha\cos^2\gamma$이다. 그러므로 $\cos\gamma = 1$, 즉 삼각형의 모든 각들은 $60°$이다.

12.69. 삼각형 ABC에 보조선을 그어 평행사변형 $ABCE$을 만들자(그림 12.8). $BC = x$, $AD = y$라 하자. 그러면 $(b-a)h = 2S_{AED} = xy\sin 45°$, $(b-a)^2 = x^2 + y^2 - 2xy\cos 45° = x^2 + y^2 - 2xy\sin 45°$이다. 피타고라스 정리에 의해, $a^2 + b^2 = (AO^2 + BO^2) + (CO^2 + DO^2) = (BO^2 + CO^2) + (DO^2 + AO^2) = x^2 + y^2$이다. 결국 $(b-a)^2 = x^2 + y^2 - 2xy\sin 45° = a^2 + b^2 - 2(b-a)h$, 즉 $h = ab/(b-a)$이다.

12.70. $BK = (a+c-b)/2$, $KC = (a+b-c)/2$(문제 3.2)이므로, $BK \cdot KC = (a^2 - (b-c)^2)/4 = S\tan(\alpha/2)$(문제 12.12)이다.

12.71. $(b+c)/a = \cos((\beta-\gamma)/2)/\sin(\alpha/2)$(문제 12.4)이므로, $\cos((\beta-\gamma)/2) = \cos(\alpha/2)$, 즉 $\beta - \gamma = \pm\alpha$이다. 만약 $\beta = \gamma + \alpha$이면 $\beta = 90°$이고, 만약 $\beta + \alpha = \gamma$이면 $\gamma = 90°$이다.

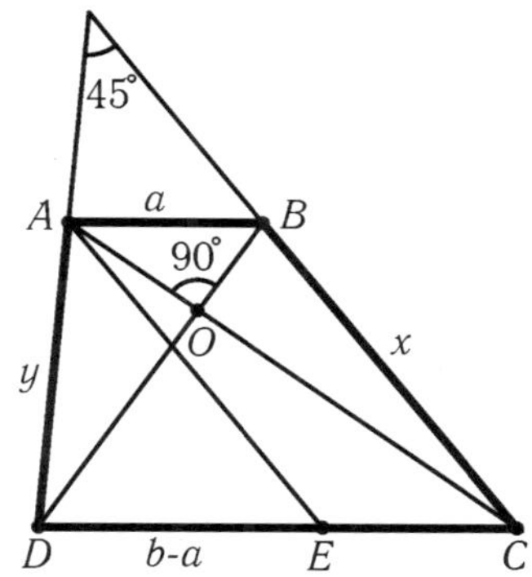

그림 12.8

12.72. $S_{ABC} = 2R^2 \sin\alpha \sin\beta \sin\gamma$가 성립한다는 것을 확인할 수 있다. 유사한 방법으로 등식 $S_{A_1B_1C_1} = 2R^2 \sin((\beta+\gamma)/2)\sin((\alpha+\gamma)/2)\sin((\alpha+\beta)/2) = 2R^2\cos(\alpha/2)\cos(\beta/2)\cos(\gamma/2)$가 성립한다는 것을 증명할 수 있다. 그러므로 $S_{ABC}/S_{A_1B_1C_1} = 8\sin(\alpha/2)\sin(\beta/2)\sin(\gamma/2) = 2r/R$이다(문제 12.36(a)를 참고).

12.73. 삼각형 각들의 코탄젠트의 합은 $(a^2+b^2+c^2)/4S$(문제 12.44(a))이다. 게다가 $m_a^2+m_b^2+m_c^2 = 3(a^2+b^2+c^2)/4$(문제 12.11(b))이고, 삼각형 ABC의 중선들로 만들어진 삼각형의 넓이는 삼각형 ABC의 넓이의 3/4이다(문제 1.37).

12.74. 점 A_i중의 하나는 다른 세 점으로 만들어진 삼각형의 내부에 속하므로, 삼각형 $A_1A_2A_3$는 예각삼각형(또는 직각삼각형)이라 할 수 있다. 수 $\lambda_1, \lambda_2, \lambda_3$는 상응하는 연립방정식에서 쉽게 구할 수 있는데, 실제로 $\lambda_1 = (b^2+c^2-a^2)/2, \lambda_2 = (a^2+c^2-b^2)/2$, $\lambda_3 = (a^2+b^2-c^2)/2$(단 $a = A_2A_3, b = A_1A_3$, $c = A_1A_2$)이다. 문제 5.47(b)에 의해, $A_1A_4^2 = 4R^2 - a^2$이다(단 R은 삼각형 $A_1A_2A_3$의 외접원의 반지름). 그러므로 $\lambda_4 = A_1A_4^2 - \lambda_1 = 4R^2 - (a^2+b^2+c^2)/2 = A_2A_4^2 - \lambda_2 = A_3A_4^2 - \lambda_3$이다.
이제 $\sum 1/\lambda_i = 0$임을 확인하자. $(b^2+c^2-a^2)/2 = bc\cos\alpha = 2S\cot\alpha$이므로, $1/\lambda_1 = \tan\alpha/2S$이다. 이제 $2/(a^2+b^2+c^2-8R^2) = (\tan\alpha+\tan\beta+\tan\gamma)/2S$를 생각하면 된다(문제 12.49).

12.75. $(a_1,b_1),(a_2,b_2)$, (a_3,b_3)을 삼각형 꼭짓점의 좌표라 하자. 삼각형 외접원의 중

심의 좌표는 연립방정식

$$(x-a_1)^2+(y-b_1)^2=(x-a_2)^2+(y-b_2)^2,$$
$$(x-a_1)^2+(y-b_1)^2=(x-a_3)^2+(y-b_3)^2$$

으로부터 얻어진다. 쉽게 이들 연립방식이 선형임을 확인할 수 있다. 즉 이 연립방정식의 해는 유리수이다.

12.76. 선분 AB, CD에 점 K, L를 잡아, 이들 선분을 제시된 비로 나누도록 하자. 이제 직선 AK와 CL의 교점이 원주 S에 속한다는 것을 증명하면 된다. 원점이 원주 S의 중심 O이고 반직선 OB, OD의 방향으로 축 Ox, Oy를 가지는 좌표계를 도입하자. 원주 S의 반지름을 1이라 할 수 있다. 직선 AK와 CL은 방정식 $y=(x+1)/3$, $y=2x-1$에 의해 주어진다. 그러므로 이들의 공통점은 좌표 $x_0=4/5$, $y_0=3/5$을 가진다. 그리고 $x_0^2+y_0^2=1$이다.

12.77. d를 외접원의 중심에서 이 중심닮음변환에 의한 내접원의 중심의 상까지의 거리라 하자. 그러면 $R=d+2r$을 확인하면 된다. $(0,0),(2a,0)$, $(0,2b)$를 주어진 삼각형의 꼭짓점의 좌표라 하자. 그러면 (a,b)는 외접원의 중심의 좌표이고, (r,r)은 내접원의 중심의 좌표이며, $r=a+b-R$이다. 결국 $a^2+b^2=R^2$이므로, $d^2=(2r-a)^2+(2r-b)^2=a^2+b^2-4r(a+b-r)+4r^2=(R-2r)^2$이다.

12.78. 원점이 정사각형의 중심이고 Ox축이 직선 l과 평행한 좌표계를 생각하자. 정사각형의 꼭짓점들이 다음과 같은 좌표를 가진다고 하자: $A(x,y)$, $B(y,-x)$, $C(-x,-y)$, $D(-y,x)$. 그리고 직선 l은 방정식 $y=a$에 의해 주어진다고 하자. 그러면 점 Q의 좌표는 $((x+y)/2,(y-x)/2)$이고, 점 P의 좌표는 $(-y,a)$이다. 결국 구하는 기하학적 위치는 점 $(t,-t+a/2)$(단 $t=(x-y)/4$)들로 구성된다. 이제 $x-y$의 값이 $-\sqrt{2(x^2+y^2)}=-AB$에서 AB까지 변한다는 것만 생각하면 된다.

제 13 장

벡터

바탕 지식들

1. 벡터에 대해 다음 표기를 이용할 것이다.
   (a) $\overrightarrow{AB}$, $\boldsymbol{a}$: 벡터들;
   (b) AB, $|\boldsymbol{a}|$: 벡터의 크기; 가끔 벡터 $\boldsymbol{a}$의 크기를 a로 나타낸다.
   (c) $(\overrightarrow{AB}, \overrightarrow{CD})$, $(\boldsymbol{a}, \boldsymbol{b})$, $(\overrightarrow{AB}, \boldsymbol{a})$: 벡터의 내적;
   (d) (x, y): 좌표가 x, y인 벡터;
   (e) $\overrightarrow{0}$ 또는 $\mathbf{0}$: 영벡터.

2. 영벡터가 아닌 벡터 $\boldsymbol{a}$를 시계 반대방향으로 회전시켜 벡터 $\boldsymbol{b}$와 같은 방향이 되도록 하는 회전각의 크기를 벡터 $\boldsymbol{a}$와 $\boldsymbol{b}$사이의 유향각($\angle(\boldsymbol{a}, \boldsymbol{b})$로 표기한다)이라 부른다. $360°$만큼 차이가 나는 각들은 같은 각으로 간주한다. 쉽게 벡터들 사이의 유향각이 다음 성질을 가진다는 것을 확인할 수 있다.
   (a) $\angle(\boldsymbol{a}, \boldsymbol{b}) = -\angle(\boldsymbol{b}, \boldsymbol{a})$;
   (b) $\angle(\boldsymbol{a}, \boldsymbol{b}) + \angle(\boldsymbol{b}, \boldsymbol{c}) = \angle(\boldsymbol{a}, \boldsymbol{c})$;
   (c) $\angle(-\boldsymbol{a}, \boldsymbol{b}) = \angle(\boldsymbol{a}, \boldsymbol{b}) + 180°$.

3. 벡터 $\boldsymbol{a}$, $\boldsymbol{b}$에 대해 수 $(\boldsymbol{a}, \boldsymbol{b}) = |a| \cdot |b| \cos\angle(\boldsymbol{a}, \boldsymbol{b})$를 벡터 $\boldsymbol{a}$, $\boldsymbol{b}$의 내적이라 부른다(만약 이들 벡터의 하나가 영벡터이면, $(\boldsymbol{a}, \boldsymbol{b}) = 0$이다). 내적에

대한 다음 성질들을 쉽게 확인할 수 있다.

(a) $(\boldsymbol{a}, \boldsymbol{b}) = (\boldsymbol{b}, \boldsymbol{a})$;

(b) $|(\boldsymbol{a}, \boldsymbol{b})| \leq |\boldsymbol{a}| \cdot |\boldsymbol{b}|$;

(c) $(\lambda\boldsymbol{a} + \mu\boldsymbol{b}, \boldsymbol{c}) = \lambda(\boldsymbol{a}, \boldsymbol{c}) + \mu(\boldsymbol{b}, \boldsymbol{c})$;

(d) 만약 $\boldsymbol{a}, \boldsymbol{b} \neq \boldsymbol{0}$이면 $(\boldsymbol{a}, \boldsymbol{b}) = 0$일 필요충분조건은 $\boldsymbol{a} \perp \boldsymbol{b}$이다.

4. 많은 벡터 부등식들은 다음 사실을 이용하여 증명된다.
두 집합의 벡터가 주어지며, 첫 번째 집합의 벡터들을 임의의 직선에 사영시켜 얻어진 크기들의 합이 두 번째 집합의 벡터들을 같은 직선에 사영시켜 얻어진 크기들의 합보다 크지 않다는 것이 알려졌다고 하자. 그러면, 첫 번째 집합의 벡터들의 크기의 합은 두 번째 집합의 벡터들의 크기의 합보다 크지 않다(문제 13.39). 이를 이용하면, 평면에서의 문제가 직선에서의 문제로 귀착되며, 문제해결을 쉽게 할 수 있다.

도입 문제들

1. AA_1을 삼각형 ABC의 중선이라 하자. 이때 $\overrightarrow{AA_1} = (\overrightarrow{AB} + \overrightarrow{AC})/2$를 증명하여라.

2. $|\boldsymbol{a}+\boldsymbol{b}|^2 + |\boldsymbol{a}-\boldsymbol{b}|^2 = 2(|\boldsymbol{a}|^2 + |\boldsymbol{b}|^2)$을 증명하여라.

3. 벡터 $\boldsymbol{a}+\boldsymbol{b}$와 $\boldsymbol{a}-\boldsymbol{b}$가 직교하면, $|\boldsymbol{a}| = |\boldsymbol{b}|$임을 증명하여라.

4. $\overrightarrow{OA} + \overrightarrow{OB} + \overrightarrow{OC} = \overrightarrow{0}$이고, $OA = OB = OC$이다. 삼각형 ABC는 정삼각형임을 증명하여라.

5. M, N을 선분 AB, CD의 중점이라 하자. 이때 $\overrightarrow{MN} = (\overrightarrow{AC} + \overrightarrow{BD})/2$를 증명하여라.

제 1 절 다각형 변들의 벡터

13.1. (a) 삼각형의 중선들로 삼각형을 만들 수 있음을 증명하여라.

(b) 삼각형 ABC의 중선들로 삼각형 $A_1B_1C_1$을 만들고, 삼각형 $A_1B_1C_1$의

중선들로 삼각형 $A_2B_2C_2$를 만들었다. 이때 삼각형 ABC와 $A_2B_2C_2$가 닮음이고, 닮음비는 3/4임을 증명하여라.

13.2. 삼각형 T의 변들이 삼각형 T_1의 중선들과 평행하다. 이때 삼각형 T의 중선들은 삼각형 T_1의 변들과 평행하다는 것을 증명하여라.

13.3. $M_1, M_2, \cdots, M_6$은 볼록육각형 $A_1A_2\cdots A_6$의 변들의 중점이다. 이때 선분 M_1M_2, M_3M_4, M_5M_6에 평행한 변들을 가지는 삼각형이 존재한다는 것을 증명하여라.

13.4. 볼록n각형의 내부에 놓인 점에서 n각형의 변들(또는 연장선)에 직교하는 반직선을 각각 작도하였다. 이들 반직선에 크기가 대응하는 변의 길이와 같은 벡터 $\boldsymbol{a}_1, \cdots, \boldsymbol{a}_n$을 표시하였다. 이때 $\boldsymbol{a}_1 + \cdots + \boldsymbol{a}_n = \mathbf{0}$을 증명하여라.

13.5. 네 개의 단위벡터의 합은 영벡터이다. 이때 이들을 두 쌍의 반대 방향의 벡터들로 나눌 수 있다는 것을 증명하여라.

13.6. E, F는 사각형 $ABCD$의 변 AB, CD의 중점이고, K, L, M, N은 각각 선분 AF, CE, BF, DE의 중점이다. 이때 $KLMN$이 평행사변형임을 증명하여라.

13.7. 합이 영벡터이며 서로 같은 방향이 아닌 n개의 벡터가 주어졌다($n \geq 3$). 변들의 벡터의 모임이 주어진 벡터들의 모임과 일치하는 볼록n각형이 존재한다는 것을 증명하여라.

13.8. 합이 영벡터이며 서로 평행하지 않는 네 벡터가 주어졌다. 이들로 (a) 오목사각형; (b) 자기교차하는 꺾인선을 만들 수 있음을 증명하여라.

13.9. 합이 영벡터이며 서로 평행하지 않는 네 벡터 $\boldsymbol{a}$, $\boldsymbol{b}$, $\boldsymbol{c}$, $\boldsymbol{d}$가 주어졌다. 이때 다음 부등식을 증명하여라.

$$|\boldsymbol{a}| + |\boldsymbol{b}| + |\boldsymbol{c}| + |\boldsymbol{d}| > |\boldsymbol{a} + \boldsymbol{b}| + |\boldsymbol{a} + \boldsymbol{c}| + |\boldsymbol{a} + \boldsymbol{d}|.$$

13.10. 볼록다각형 $ABCDE$에서 변 BC는 대각선 AD와 평행하고, $CD \parallel BE$, $DE \parallel AC$, $AE \parallel BD$이다. 이때 $AB \parallel CE$를 증명하여라.

제 2 절 벡터의 내적, 관계들

13.11. 사각형 $ABCD$의 대각선들이 직교하면, 같은 길이의 변들을 가지는 임의의 다른 사각형의 대각선들도 직교한다는 것을 증명하여라.

13.12. (a) A, B, C, D는 평면의 임의의 점이다. 이때 $(\overrightarrow{AB}, \overrightarrow{CD}) + (\overrightarrow{BC}, \overrightarrow{AD}) + (\overrightarrow{CA}, \overrightarrow{BD}) = 0$을 증명하여라.

(b) 삼각형의 높이들은 한 점에서 만남을 증명하여라.

13.13. O는 삼각형 ABC의 외심이고, H는 $\overrightarrow{OH} = \overrightarrow{OA} + \overrightarrow{OB} + \overrightarrow{OC}$를 만족시킨다. 이때 H는 삼각형 ABC의 높이들의 교점임을 증명하여라.

13.14. $\boldsymbol{a}_1, \cdots, \boldsymbol{a}_n$은 n각형의 변들의 벡터이고, $\varphi_{ij} = \angle(\boldsymbol{a}_i, \boldsymbol{a}_j)$이다. $a_i = |\boldsymbol{a}_i|$일 때, $a_1^2 = a_2^2 + \cdots + a_n^2 + 2 \sum_{i>j>1} a_i a_j \cos\varphi_{ij}$ 임을 증명하여라.

13.15. 사각형 $ABCD$가 주어졌다. $u = AD^2$, $v = BD^2$, $w = CD^2$, $U = BD^2 + CD^2 - BC^2$, $V = AD^2 + CD^2 - AC^2$, $W = AD^2 + BD^2 - AB^2$이다. $uU^2 + vV^2 + wW^2 = UVW + 4uvw$임을 증명하여라(가우스의 정리).

13.16. 점 A, B, C, D는 임의의 점 M에 대해 수 $(\overrightarrow{MA}, \overrightarrow{MB})$, $(\overrightarrow{MC}, \overrightarrow{MD})$가 서로 다른 값을 가지도록 하는 점들이다. 이때 $\overrightarrow{AC} = \overrightarrow{DB}$임을 증명하여라.

13.17. 볼록n각형의 임의의 내부점에서 변들까지의 거리의 합이 일정할 필요충분조건은 단위 외법선 벡터들의 합이 영이라는 것을 증명하여라.

13.18. 볼록사각형에서 꼭짓점에서 변들까지의 거리의 합은 모든 꼭짓점에 대해 일정하다. 이때 그러한 사각형은 평행사변형임을 증명하여라.

제 3 절 부등식

13.19. 점 A, B, C, D가 주어졌다. 이때 $AB^2 + BC^2 + CD^2 + DA^2 \geq AC^2 + BD^2$이 성립하며, 등식은 $ABCD$가 평행사변형인 경우라는 것을 증명하여라.

13.20. 다섯 개의 벡터들 중에서 두 벡터의 합의 크기가 나머지 세 벡터의 합의 크기를 넘지 않도록, 그러한 두 벡터를 항상 잡을 수 있다는 것을 증명하여라.

13.21. 10개의 벡터들 중에서 임의의 9개의 벡터의 합의 크기가 모든 10개 벡터의 합의 크기보다 작다. 이때 10개 벡터 각각을 양의 값이 되도록 사영시킬 수 있는 축이 존재함을 증명하여라.

13.22. 점 $A_1, \cdots, A_n$은 중심이 O인 원에 속하며, $\overrightarrow{OA_1} + \cdots + \overrightarrow{OA_n} = \overrightarrow{0}$이다. R을 원의 반지름이라 하면, 임의의 점 X에 대해 $XA_1 + \cdots + XA_n \geq nR$이 된다는 것을 증명하여라.

13.23. 8개의 실수 a, b, c, d, e, f, g, h가 주어졌다. 6개의 수 $ac + bd$, $ae + bf$, $ag + bh$, $ce + df$, $cg + dh$, $eg + fh$ 중에 적어도 하나는 음이 아니라는 것을 증명하여라.

13.24. 중심이 O이고 반지름이 1인 원에 $2n + 1$개의 점 $P_1, \cdots, P_{2n+1}$이 어떤 지름의 같은쪽에 주어졌다. 이때 $|\overrightarrow{OP}_1 + \cdots + \overrightarrow{OP}_{2n+1}| \geq 1$이라는 것을 증명하여라.

13.25. 크기가 1을 넘지 않는 벡터 $\boldsymbol{a}_1, \boldsymbol{a}_2, \cdots, \boldsymbol{a}_n$이 주어졌다. 합 $\boldsymbol{c} = \pm\boldsymbol{a}_1 \pm \boldsymbol{a}_2 \cdots \pm \boldsymbol{a}_n$에서 $|\boldsymbol{c}| \leq \sqrt{2}$가 되도록 부호들을 선택할 수 있다는 것을 증명하여라.

13.26. 점 O를 시점으로 하는 n개의 단위벡터를 생각하자. 이때 점 O를 지나는 직선에 의해 만들어진 임의의 반평면에 k개보다 적지 않는 벡터들이

놓여있다(경계인 직선은 반평면에 속한다고 가정한다). 이 벡터들의 합의 크기는 $n-2k$를 넘지 않는다는 것을 증명하여라.

제 4 절 벡터의 합

13.27. 점 X가 직선 AB에 속할 필요충분조건은 임의의 점 O와 어떤 t에 대해 $\overrightarrow{OX} = t\overrightarrow{OA} + (1-t)\overrightarrow{OB}$가 성립하는 것임을 증명하여라.

13.28. 몇몇 점들이 주어졌고, 이 점들의 몇몇 쌍 (A, B)에 대해 $\overrightarrow{AB}$를 생각하자. 이때 각 점에 대해 그 점을 끝점으로 하는 벡터의 수와 시점으로 하는 벡터가 수가 같다. 이들 벡터의 합이 $\overrightarrow{0}$와 같다는 것을 증명하여라.

13.29. 삼각형 ABC의 내부에 점 O를 잡았다. 이때 다음 등식을 증명하여라.

$$S_{BOC} \cdot \overrightarrow{OA} + S_{AOC} \cdot \overrightarrow{OB} + S_{AOB} \cdot \overrightarrow{OC} = \overrightarrow{0}$$

13.30. 공통의 시점 O를 가지는 두 반직선을 따라 점 A, B가 $\frac{p}{OA} + \frac{q}{OB}$의 값이 일정하도록 움직이고 있다. 이때 직선 AB가 정점을 지난다는 것을 증명하여라.

13.31. 삼각형 ABC의 중점들의 교점 M을 지나 직선 BC, CA, AB와 점 A_1, B_1, C_1에서 만나는 직선들을 작도하였다. 이때 $(1/\overline{MA_1}) + (1/\overline{MB_1}) + (1/\overline{MC_1}) = 0$임을 증명하여라(선분 MA_1, MB_1, MC_1은 유향선분이라 하자).

13.32. 삼각형 ABC의 변 BC, CA, AB에 점 A_1, B_1, C_1을 잡았다. 선분 BB_1과 CC_1, CC_1과 AA_1, AA_1과 BB_1은 각각 점 A_2, B_2, C_2에서 만난다. 이때 $\overrightarrow{AA_2} + \overrightarrow{BB_2} + \overrightarrow{CC_2} = \overrightarrow{0}$이면, $AB_1 : B_1C = CA_1 : A_1B = BC_1 : C_1A$임을 증명하여라.

13.33. 사각형 $ABCD$는 내접도형이다. H_a는 삼각형 BCD의 수심, M_a는 선분 AH_a의 중점이다. 점 M_b, M_c, M_d를 마찬가지 방법으로 정의하면, 점 M_a, M_b, M_c, M_d가 일치한다는 것을 증명하여라.

13.34. 사각형 $ABCD$가 반지름이 R인 원에 내접한다.

(a) S_a는 중심이 삼각형 BCD의 수심이고 반지름이 R인 원이며, S_b, S_c, S_d도 마찬가지 방법으로 정의하자. 이때 이 네 원은 한 점에서 만난다는 것을 증명하여라.

(b) 삼각형 ABC, BCD, CDA, DAB의 구점원들은 한 점에서 만난다는 것을 증명하여라.

제 5 절 보조사영

13.35. 점 X는 삼각형 ABC의 내부에 속하며, $\alpha = S_{BXC}$, $\beta = S_{CXA}$, $\gamma = S_{AXB}$이다. 점 A, B, C를 임의의 직선 l로 사영시켜 A_1, B_1, C_1이라 하자. 이때 d를 점 X에서 l까지의 거리라 하면, 벡터 $\alpha\overrightarrow{AA_1} + \beta\overrightarrow{BB_1} + \gamma\overrightarrow{CC_1}$의 크기는 $(\alpha + \beta + \gamma)d$라는 것을 증명하여라.

13.36. 볼록$2n$각형 $A_1A_2 \cdots A_{2n}$은 반지름이 1인 원에 내접한다. 이때 다음 부등식을 증명하여라.

$$|\overrightarrow{A_1A_2} + \overrightarrow{A_3A_4} + \cdots + \overrightarrow{A_{2n-1}A_{2n}}| \le 2.$$

13.37. a, b, c를 삼각형 ABC의 변의 길이라 하고, $\boldsymbol{n}_a$, $\boldsymbol{n}_b$, $\boldsymbol{n}_c$를 대응하는 변들과 직교하며 바깥쪽으로 향하는 단위 길이의 벡터들이라 하자. 이때 다음 등식을 증명하여라.

$$a^3\boldsymbol{n}_a + b^3\boldsymbol{n}_b + c^3\boldsymbol{n}_c = 12S \cdot \overrightarrow{MO}.$$

여기서 S는 삼각형 ABC의 넓이, M은 중선들의 교점, O는 삼각형의 외접원의 중심이다.

13.38. O, R은 각각 삼각형 ABC의 외접원의 중심과 반지름이며, Z, r은 내접원의 중심과 반지름이며, 삼각형 ABC의 변들과 내접원의 접점을 꼭짓점으로 하는 삼각형에서 중선들의 교점을 K라 하자. 이때 점 Z가 선분 OK에 속하며, $OZ : ZK = 3R : r$임을 증명하여라.

제 6 절 평균화 방법

13.39. 벡터의 두 모임 $\boldsymbol{a}_1, \cdots, \boldsymbol{a}_n$과 $\boldsymbol{b}_1, \cdots, \boldsymbol{b}_m$이 주어졌다. 첫 번째 모임의 벡터들을 임의의 직선에 사영시켜 얻어진 사영의 길이의 합은 두 번째 모임의 벡터들을 같은 직선에 사영시켜 얻어진 사영의 길이의 합보다 크지 않다. 이때 첫 번째 모임의 벡터들의 크기의 합이 두 번째 모임의 벡터들의 크기의 합보다 크지 않다는 것을 증명하여라.

13.40. 한 볼록다각형이 다른 볼록다각형의 내부에 속하면, 내부의 볼록다각형의 둘레는 외부의 볼록다각형의 둘레보다 크지 않다는 것을 증명하여라.

13.41. 평면에서 몇몇 벡터들의 크기의 합이 L이다. 이 벡터들 중에서 몇몇(하나도 가능)의 합의 크기가 L/π보다 작지 않게 될 수 있도록 벡터들을 잡을 수 있다는 것을 증명하여라.

13.42. 볼록다각형의 모든 변과 대각선의 길이가 d보다 작으면, 다각형의 둘레는 πd보다 작다는 것을 증명하여라.

13.43. 평면에 합이 영벡터인 네 벡터 $\boldsymbol{a}$, $\boldsymbol{b}$, $\boldsymbol{c}$, $\boldsymbol{d}$가 주어졌다. 이때 다음 부등식을 증명하여라.

$$|\boldsymbol{a}| + |\boldsymbol{b}| + |\boldsymbol{c}| + |\boldsymbol{d}| \geq |\boldsymbol{a}+\boldsymbol{d}| + |\boldsymbol{b}+\boldsymbol{d}| + |\boldsymbol{c}+\boldsymbol{d}|.$$

13.44. 볼록n각형 $A_1A_2\cdots A_n$의 내부에 점 O를 $\overrightarrow{OA_1} + \cdots + \overrightarrow{OA_n} = \overrightarrow{0}$이 되도록 잡았다. $d = OA_1 + \cdots + OA_n$이라 하자. 이때 n이 짝수이면 다각형의 둘레는 $4d/n$보다 작지 않고, n이 홀수이면 둘레는 $4dn/(n^2-1)$보다 작지 않다는 것을 증명하여라.

13.45. 닫힌 볼록곡선을 임의의 직선에 사영시켜 얻어진 사영의 길이는 1이다. 이때 닫힌 볼록곡선의 길이가 π임을 증명하여라.

13.46. 몇몇 볼록다각형이 주어졌다. 이때 직선이 어떤 볼록다각형과도 만나지 않아야 하며, 직선을 경계로 하여 양쪽으로 적어도 하나의 다각형이 놓

이는, 그러한 직선은 작도할 수 없다고 한다. 그러면 이 볼록다각형들의 둘레의 합을 넘지 않는 둘레를 가지는 다각형으로 이들 볼록다각형을 둘러쌀 수 있다는 것을 증명하여라.

제 7 절 유사내적

영벡터가 아닌 벡터 $\boldsymbol{a}$, $\boldsymbol{b}$에 대해 수 $c = |\boldsymbol{a}| \cdot |\boldsymbol{b}| \sin \angle(\boldsymbol{a}, \boldsymbol{b})$를 벡터 $\boldsymbol{a}$, $\boldsymbol{b}$의 유사내적이라 부른다. 만약 벡터 $\boldsymbol{a}$, $\boldsymbol{b}$ 중의 적어도 하나가 영벡터이면, $c = 0$이다. 수 c를 $\boldsymbol{a} \vee \boldsymbol{b}$로 나타낸다. 쉽게 $\boldsymbol{a} \vee \boldsymbol{b} = -\boldsymbol{b} \vee \boldsymbol{a}$임을 알 수 있다.

벡터 $\boldsymbol{a}$와 $\boldsymbol{b}$의 유사내적의 절댓값은 이들 벡터에 만들어진 평행사변형의 넓이와 같다. 이것과 관련하여, 수 $S(A, B, C) = (\overrightarrow{AB} \vee \overrightarrow{AC})/2$를 세 점 A, B, C 쌍의 유향넓이라고 부르며, 수 $S(A, B, C)$의 절댓값은 삼각형 ABC의 넓이와 같다.

13.47. 다음 등식을 증명하여라.
(a) $(\lambda\boldsymbol{a}) \vee \boldsymbol{b} = \lambda(\boldsymbol{a} \vee \boldsymbol{b})$;
(b) $\boldsymbol{a} \vee (\boldsymbol{b} + \boldsymbol{c}) = \boldsymbol{a} \vee \boldsymbol{b} + \boldsymbol{a} \vee \boldsymbol{c}$.

13.48. $\boldsymbol{a} = (a_1, a_2)$이고 $\boldsymbol{b} = (b_1, b_2)$라 하자. 이때 $\boldsymbol{a} \vee \boldsymbol{b} = a_1b_2 - a_2b_1$을 증명하여라.

13.49. (a) $S(A, B, C) = -S(B, A, C) = S(B, C, A)$를 증명하여라;
(b) 임의의 A, B, C, D에 대해 $S(A, B, C) = S(D, A, B) + S(D, B, C) + S(D, C, A)$를 증명하여라.

13.50. 세 명의 달리기 선수 A, B, C가 평행한 길을 따라 일정한 속도로 달리고 있다. 출발하는 순간에 삼각형 ABC의 넓이는 2이고, 5초 후에는 3이 되었다. 그러면 5초 후에 삼각형의 넓이는 무엇이 되는가?

13.51. 세 명이 세 개의 직선 길을 따라 일정한 속도로 걸어가고 있다. 출발하는 순간에 이들은 한 직선에 놓여있지 않았다. 이들은 두 번보다 많지

않게 한 직선에 놓일 수 있다는 것을 증명하여라.

13.52. 문제 4.29(b)를 유사내적을 이용하여 풀어라.

13.53. 한 직선에 속하지 않는 점 P_1, P_2, P_3는 볼록$2n$각형 $A_1 \cdots A_{2n}$의 내부에 놓여있다. $i = 1, 2, 3$에 대해 삼각형 $A_1A_2P_i$, $A_3A_4P_i$, $\cdots$, $A_{2n-1}A_{2n}P_i$의 넓이의 합이 모두 c라면, 임의의 내부점 P에 대해 이들 삼각형의 넓이의 합은 c라는 것을 증명하여라.

13.54. 삼각형 ABC와 점 P가 주어졌다. 점 Q는 $CQ \parallel AP$를 만족시키고, 점 R은 $AR \parallel BQ$, $CR \parallel BP$를 만족시킨다. 이때 $S_{ABC} = S_{PQR}$을 증명하여라.

13.55. H_1, H_2, H_3를 삼각형 $A_2A_3A_4$, $A_1A_3A_4$, $A_1A_2A_4$의 수심이라 하자. 이때 삼각형 $A_1A_2A_3$와 $H_1H_2H_3$의 넓이가 같다는 것을 증명하여라.

13.56. 넓이가 S인 볼록오각형 $ABCDE$에서 삼각형 ABC, BCD, CDE, DEA, EAB의 넓이는 a, b, c, d, e이다. 이때 다음 등식을 증명하여라.

$$S^2 - S(a+b+c+d+e) + ab + bc + cd + de + ea = 0.$$

힌트 및 증명

13.1. (a) $\boldsymbol{a} = \overrightarrow{BC}$, $\boldsymbol{b} = \overrightarrow{CA}$, $\boldsymbol{c} = \overrightarrow{AB}$라 하고, AA', BB', CC'을 삼각형 ABC의 중선이라 하자. 그러면 $\overrightarrow{AA'} = (\boldsymbol{c} - \boldsymbol{b})/2$, $\overrightarrow{BB'} = (\boldsymbol{a} - \boldsymbol{c})/2$, $\overrightarrow{CC'} = (\boldsymbol{b} - \boldsymbol{a})/2$가 된다. 그러므로 $\overrightarrow{AA'} + \overrightarrow{BB'} + \overrightarrow{CC'} = \overrightarrow{0}$이다.
(b) $\boldsymbol{a}_1 = \overrightarrow{AA'}$, $\boldsymbol{b}_1 = \overrightarrow{BB'}$, $\boldsymbol{c}_1 = \overrightarrow{CC'}$이라 하자. 그러면 $(\boldsymbol{c}_1 - \boldsymbol{b}_1)/2 = (\boldsymbol{b} - \boldsymbol{a} - \boldsymbol{a} + \boldsymbol{c})/4 = -3\boldsymbol{a}/4$는 삼각형 $A_2B_2C_2$의 변의 벡터이다.

13.2. $\boldsymbol{a}$, $\boldsymbol{b}$, $\boldsymbol{c}$를 삼각형 T의 변들의 벡터라 하자. 그러면 $(\boldsymbol{b} - \boldsymbol{a})/2$, $(\boldsymbol{a} - \boldsymbol{c})/2$, $(\boldsymbol{c} - \boldsymbol{b})/2$는 중선들의 벡터이다. $\boldsymbol{a}$, $\boldsymbol{b}$, $\boldsymbol{c}$를 삼각형 T_1의 중선들의 교점에서 꼭짓점들로 가는 벡터들이라 할 수 있다. 그러면 $\boldsymbol{b} - \boldsymbol{a}$, $\boldsymbol{a} - \boldsymbol{c}$, $\boldsymbol{c} - \boldsymbol{b}$는 삼각형의 변들의 벡터가 된다.

13.3. $2\overrightarrow{M_1M_2} = \overrightarrow{A_1A_2} + \overrightarrow{A_2A_3} = \overrightarrow{A_1A_3}$, $2\overrightarrow{M_3M_4} = \overrightarrow{A_3A_5}$, $2\overrightarrow{M_5M_6} = \overrightarrow{A_5A_1}$이다. 그러므로 $\overrightarrow{M_1M_2} + \overrightarrow{M_3M_4} + \overrightarrow{M_5M_6} = \overrightarrow{0}$이다.

13.4. $90°$만큼 회전시키면, 벡터 $\boldsymbol{a}_1, \cdots, \boldsymbol{a}_n$은 n각형 변들의 벡터로 보내진다.

13.5. 주어진 벡터들로 볼록사각형을 만들 수 있다. 이 사각형의 모든 변들의 길이는 1이므로 사각형은 마름모이고, 대변들의 쌍이 구하는 분할이 된다.

13.6. $\boldsymbol{a} = \overrightarrow{AE}$, $\boldsymbol{b} = \overrightarrow{DF}$, $\boldsymbol{v} = \overrightarrow{AD}$라 하자. 이때 $2\overrightarrow{AK} = \boldsymbol{b} + \boldsymbol{v}$, $2\overrightarrow{AL} = \boldsymbol{a} + \boldsymbol{v} + 2\boldsymbol{b}$이므로, $\overrightarrow{KL} = \overrightarrow{AL} - \overrightarrow{AK} = (\boldsymbol{a} + \boldsymbol{b})/2$이다. 마찬가지로 $\overrightarrow{NM} = (\boldsymbol{a} + \boldsymbol{b})/2$가 된다.

13.7. 한 점에 주어진 벡터들을 놓고, 시계방향으로 $\boldsymbol{a}_1, \cdots, \boldsymbol{a}_n$과 같이 번호를 주자. $\overrightarrow{A_iA_{i+1}} = \boldsymbol{a}_i$를 만족하는 닫힌꺾인선 $A_1 \cdots A_n$을 생각하자. 이제 $A_1 \cdots A_n$이 볼록다각형임을 증명하자. Ox축을 $\boldsymbol{a}_1$의 방향으로 잡고 좌표계를 도입하자. 벡터 $\boldsymbol{a}_2, \cdots, \boldsymbol{a}_k$는 축 Ox에 대해 같은쪽에 놓여있고, 벡터 $\boldsymbol{a}_{k+1}, \cdots, \boldsymbol{a}_n$은 다른 쪽에 놓여있다(만약 $\boldsymbol{a}_1$과 반대방향인 벡터가 있다면, 그 벡터를 이들 두 벡터의 모임 중 임의의 모임으로 가져갈 수 있다). 첫 번째 모임의 벡터들을 Oy축에 사영시키면 같은 부호를 가지며, 두 번째 모임의 벡터들을 사영시키면 다른 부호를 가진다. 그러므로 점들 $A_2, A_3, \cdots, A_{k+1}$과 점들 $A_{k+1}, \cdots, A_n, A_1$의 두 번째 좌표는 단조 변화하는데, 이때 첫 번째 경우에는 0에서 어떤 값 d까지 변화되며, 두 번째 경우에는 d에서 0까지 변화된다. 단조 구간이 오직 두 개이므로, 다각형의 모든 꼭짓점들은 직선 A_1A_2에 대해 한쪽에 놓인다. 다각형의 변들을 지나는 나머지 직선들에 대해서도, 유사하게 증명할 수 있다.

13.8. 문제 13.7에 의해, 주어진 벡터들로 볼록사각형을 만들 수 있다. 이제 그림 13.1로부터 자명하다.

13.9. 문제 13.8(b)에 의해, 주어진 벡터들로 자기교차하는 네 개의 선분을 가지는 꺾인선을 만들 수 있다. 이것을 볼록사각형의 두 대각선과 두 대변으로 생각할 수 있다. 이때 두 가지 경우가 가능하다: 벡터 $\boldsymbol{a}$를 이 사각형의 변 또는 대각선이라 할 수 있다. 그러나 두 가지 경우 모두에서 부등식의 좌변에 있는 합은 두 대변의 길이와 두 대각선의 길이의 합이며, 우변에는 그 대변들의 벡터의 합의 크기와 다른 두 대변의 길이가 포함된다. 이제 두 벡터의 크기의 합이 이들의 합의 크기보다 작지 않고, 볼록사각형의 대각선들 길이의 합이 두 대변의 길이의 합보다 크다는 것을 생각하면 된다(문제 9.14).

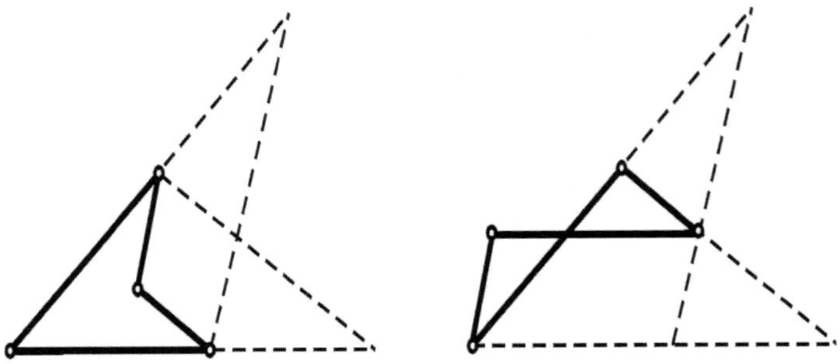

그림 13.1

13.10. 대각선 BE가 대각선 AD, AC와 점 F, G에서 만난다고 하자. 삼각형 AFE와 BCD의 변들은 평행하므로, 이들은 닮음이고 $AF : FE = BC : CD$이다. 결국 $AD : BE = (AF + BC) : (EF + CD) = BC : CD$이다. 마찬가지로 $AE : BD = DE : AC$이다. 삼각형 BED와 EGA의 닮음으로부터, $AE : DB = EG : BE = CD : BE$가 된다. 결국 $\frac{BC}{AD} = \frac{CD}{BE} = \frac{AE}{BD} = \frac{DE}{AC} = \lambda$이다. 그리고 $\overrightarrow{BC} + \overrightarrow{CD} + \overrightarrow{DE} + \overrightarrow{EA} + \overrightarrow{AB} = \overrightarrow{0}$, $\overrightarrow{AD} + \overrightarrow{BE} + \overrightarrow{CA} + \overrightarrow{DB} + \overrightarrow{EC} = \overrightarrow{0}$, $\overrightarrow{BC} = \lambda\overrightarrow{AD}$, $\overrightarrow{CD} = \lambda\overrightarrow{BE}$, $\overrightarrow{DE} = \lambda\overrightarrow{CA}$, $\overrightarrow{EA} = \lambda\overrightarrow{DB}$가 된다. 결국 $\overrightarrow{0} = \lambda(\overrightarrow{AD} + \overrightarrow{BE} + \overrightarrow{CA} + \overrightarrow{DB}) + \overrightarrow{AB} = -\lambda\overrightarrow{EC} + \overrightarrow{AB}$, 즉 $\overrightarrow{AB} = \lambda\overrightarrow{EC}$이다. 그러므로 $AB \parallel EC$가 된다.

13.11. $\boldsymbol{a} = \overrightarrow{AB}$, $\boldsymbol{b} = \overrightarrow{BC}$, $\boldsymbol{c} = \overrightarrow{CD}$, $\boldsymbol{d} = \overrightarrow{DA}$라 하자. $AC \perp BD$일 필요충분조건은 $a^2 + c^2 = b^2 + d^2$임을 확인하면 된다. $d^2 = |\boldsymbol{a} + \boldsymbol{b} + \boldsymbol{c}|^2 = a^2 + b^2 + c^2 + 2[(\boldsymbol{a}, \boldsymbol{b}) + (\boldsymbol{b}, \boldsymbol{c}) + (\boldsymbol{c}, \boldsymbol{a})]$이다. 그러므로 조건 $AC \perp BD$, 즉 $0 = (\boldsymbol{a} + \boldsymbol{b}, \boldsymbol{b} + \boldsymbol{c}) = b^2 + (\boldsymbol{b}, \boldsymbol{c}) + (\boldsymbol{a}, \boldsymbol{c}) + (\boldsymbol{a}, \boldsymbol{b})$는 $d^2 = a^2 + b^2 + c^2 - 2b^2$과 동치이다.

13.12. (a) 제시된 식에 포함된 모든 벡터를 $\overrightarrow{AB}$, $\overrightarrow{BC}$, $\overrightarrow{CD}$로 나타내자. 즉 $\overrightarrow{AD} = \overrightarrow{AB} + \overrightarrow{BC} + \overrightarrow{CD}$, $\overrightarrow{CA} = -\overrightarrow{AB} - \overrightarrow{BC}$, $\overrightarrow{BD} = \overrightarrow{BC} + \overrightarrow{CD}$가 된다. 식을 간단히 하면, 구하는 것을 얻을 수 있다.
(b) D를 삼각형 ABC의 꼭짓점 A, C에서 그은 높이들의 교점이라 하자. 그러면 (a)에서 증명된 식의 처음 두 가수는 영이 되므로, 마지막 가수도 영이 된다. 즉 $BD \perp AC$가 된다.

13.13. $AH \perp BC$를 증명하자. O는 외접원의 중심이고, $\overrightarrow{AH} = \overrightarrow{AO} + \overrightarrow{OH} = \overrightarrow{AO} + \overrightarrow{OA} + \overrightarrow{OB} + \overrightarrow{OC} = \overrightarrow{OB} + \overrightarrow{OC}$, $\overrightarrow{BC} = \overrightarrow{BO} + \overrightarrow{OC} = -\overrightarrow{OB} + \overrightarrow{OC}$이므로, $(\overrightarrow{AH}, \overrightarrow{BC}) = OC^2 - OB^2 = R^2 - R^2 = 0$이 된다. 마찬가지로 $BH \perp AC$, $CH \perp AB$가 증명

된다.

13.14. $\alpha_i = \angle(\boldsymbol{a}_i, \boldsymbol{a}_1)$이라 하자. $\boldsymbol{a}_1$에 평행한 직선과 $\boldsymbol{a}_1$에 직교하는 직선으로의 사영을 생각하면, $a_1 = \sum_{i>1} a_i \cos\alpha_i$, $0 = \sum_{i>1} a_i \sin\alpha_i$를 얻을 수 있다. 이들 등식을 제곱하여 더하면, $a_1^2 = \sum_{i>1} a_i^2(\cos^2\alpha_i + \sin^2\alpha_i) + 2\sum_{i>j>1} a_i a_j(\cos\alpha_i\ \cos\alpha_j + \sin\alpha_i\ \sin\alpha_j) = a_2^2 + \cdots + a_n^2 + 2\sum_{i>j>1} a_i a_j \cos(\alpha_i - \alpha_j)$가 된다. 이제 $\alpha_i - \alpha_j = \angle(\boldsymbol{a}_i, \boldsymbol{a}_1) - \angle(\boldsymbol{a}_j, \boldsymbol{a}_1) = \angle(\boldsymbol{a}_i, \boldsymbol{a}_j) = \varphi_{ij}$를 생각하면 된다.

13.15. $\boldsymbol{a} = \overrightarrow{AD}$, $\boldsymbol{b} = \overrightarrow{BD}$, $\boldsymbol{c} = \overrightarrow{CD}$라 하자. $BC^2 = |\boldsymbol{b} - \boldsymbol{c}|^2 = BD^2 + CD^2 - 2(\boldsymbol{b}, \boldsymbol{c})$이므로, $U = 2(\boldsymbol{b}, \boldsymbol{c})$이다. 마찬가지로 $V = 2(\boldsymbol{a}, \boldsymbol{c})$, $W = 2(\boldsymbol{a}, \boldsymbol{b})$이다. $\alpha = \angle(\boldsymbol{a}, \boldsymbol{b})$, $\beta = \angle(\boldsymbol{b}, \boldsymbol{c})$라 하자. 등식 $\cos^2\alpha + \cos^2\beta + \cos^2(\alpha+\beta) = 2\cos\alpha\ \cos\beta\ \cos(\alpha+\beta) + 1$(문제 12.39(b))의 양변에 $4uvw = 4|a|^2|b|^2|c|^2$을 곱하면, 구하는 것을 얻을 수 있다.

13.16. 임의의 점 O를 잡자. 그리고 $\boldsymbol{m} = \overrightarrow{OM}$, $\boldsymbol{a} = \overrightarrow{OA}, \cdots, \boldsymbol{d} = \overrightarrow{OD}$라고 하자. 그러면 $(\overrightarrow{MA}, \overrightarrow{MB}) - (\overrightarrow{MC}, \overrightarrow{MD}) = (\boldsymbol{a} - \boldsymbol{m}, \boldsymbol{b} - \boldsymbol{m}) - (\boldsymbol{c} - \boldsymbol{m}, \boldsymbol{d} - \boldsymbol{m}) = (\boldsymbol{c} + \boldsymbol{d} - \boldsymbol{a} - \boldsymbol{b}, \boldsymbol{m}) + (\boldsymbol{a}, \boldsymbol{b}) - (\boldsymbol{c}, \boldsymbol{d})$가 된다. 만약 $\boldsymbol{v} = \boldsymbol{c} + \boldsymbol{d} - \boldsymbol{a} - \boldsymbol{b} \neq \boldsymbol{0}$이면, 점 M이 모든 평면을 움직일 때 $(\boldsymbol{v}, \boldsymbol{m})$의 값은 모든 실수값을 가지며, 특히 $(\boldsymbol{c}, \boldsymbol{d}) - (\boldsymbol{a}, \boldsymbol{b})$가 된다. 결국 $\boldsymbol{v} = \boldsymbol{0}$, 즉 $\overrightarrow{OC} + \overrightarrow{OD} = \overrightarrow{OA} + \overrightarrow{OB}$이고, 이것은 $\overrightarrow{AC} = \overrightarrow{DB}$를 의미한다.

13.17. $\boldsymbol{n}_1, \cdots, \boldsymbol{n}_k$를 변들에 대한 단위 외법선이라 하고, $M_1, \cdots, M_k$를 이들 변의 임의의 점이라 하자. 다각형 내부에 속하는 임의의 점 X에 대해, i번째 변까지의 거리는 $(\overrightarrow{XM_i}, \boldsymbol{n}_i)$이다. 그러므로 내부점 A, B로부터 다각형의 변까지의 거리의 합들이 같을 필요충분조건은 $\sum_{i=1}^{k}(\overrightarrow{AM_i}, \boldsymbol{n}_i) = \sum_{i=1}^{k}(\overrightarrow{BM_i}, \boldsymbol{n}_i) = \sum_{i=1}^{k}(\overrightarrow{BA}, \boldsymbol{n}_i) + \sum_{i=1}^{k}(\overrightarrow{AM_i}, \boldsymbol{n}_i)$, 즉 $\left(\overrightarrow{BA}, \sum_{i=1}^{n}\boldsymbol{n}_i\right) = 0$인 것이다. 결국 다각형의 임의의 내부점에서 변까지의 거리가 일정할 필요충분조건은 $\sum \boldsymbol{n}_i = \boldsymbol{0}$이다.

13.18. l을 임의의 직선이라 하고, $\boldsymbol{n}$을 직선 l에 직교하는 단위벡터라 하자. 만약 점 A, B가 직선 l에 의해 주어진 반평면들 중 $\boldsymbol{n}$이 놓인 반평면에 속한다면, $\rho(B, l) - \rho(A, l) = (\overrightarrow{AB}, \boldsymbol{n})$(단 $\rho(X, l)$은 점 X에서 직선 l까지의 거리)이 된다.

$\boldsymbol{n}_1$, $\boldsymbol{n}_2$, $\boldsymbol{n}_3$, $\boldsymbol{n}_4$를 사각형 $ABCD$의 연속되는 변들에 직교하며 내부로 향하는 단위벡터들이라 하자. 점 X에서 사각형 $ABCD$의 변들까지의 거리의 합을 $\sum(X)$라 하자. 그러면 $0 = \sum(B) - \sum(A) = (\overrightarrow{AB}, \boldsymbol{n}_1 + \boldsymbol{n}_2 + \boldsymbol{n}_3 + \boldsymbol{n}_4)$이다. 마

찬가지로 $(\overrightarrow{BC}, \boldsymbol{n}_1 + \boldsymbol{n}_2 + \boldsymbol{n}_3 + \boldsymbol{n}_4) = 0$이다. 점 A, B, C가 한 직선에 속하지 않으므로, $\boldsymbol{n}_1 + \boldsymbol{n}_2 + \boldsymbol{n}_3 + \boldsymbol{n}_4 = \mathbf{0}$이다. 이제 문제 13.5의 결과를 이용하면 된다.

13.19. $\boldsymbol{a} = \overrightarrow{AB}$, $\boldsymbol{b} = \overrightarrow{BC}$, $\boldsymbol{c} = \overrightarrow{CD}$라 하자. 그러면 $\overrightarrow{AD} = \boldsymbol{a} + \boldsymbol{b} + \boldsymbol{c}$, $\overrightarrow{AC} = \boldsymbol{a} + \boldsymbol{b}$, $\overrightarrow{BD} = \boldsymbol{b} + \boldsymbol{c}$이다. 그리고 $|\boldsymbol{a}|^2 + |\boldsymbol{b}|^2 + |\boldsymbol{c}|^2 + |\boldsymbol{a} + \boldsymbol{b} + \boldsymbol{c}|^2 - |\boldsymbol{a} + \boldsymbol{b}|^2 - |\boldsymbol{b} + \boldsymbol{c}|^2 = |\boldsymbol{a}|^2 + 2(\boldsymbol{a}, \boldsymbol{c}) + |\boldsymbol{c}|^2 = |\boldsymbol{a} + \boldsymbol{c}|^2 \geq 0$이다. 등호는 $\boldsymbol{a} = -\boldsymbol{c}$인 경우에, 즉 $ABCD$가 평행사변형인 경우에 성립한다.

13.20. 다섯 개의 벡터 $\boldsymbol{a}_1, \boldsymbol{a}_2, \boldsymbol{a}_3, \boldsymbol{a}_4, \boldsymbol{a}_5$를 생각하고, 이들 중 임의의 두 개의 합의 크기가 나머지 세 개의 합의 크기보다 크다고 가정하자. $|\boldsymbol{a}_1 + \boldsymbol{a}_2| > |\boldsymbol{a}_3 + \boldsymbol{a}_4 + \boldsymbol{a}_5|$이므로, $|\boldsymbol{a}_1|^2 + 2(\boldsymbol{a}_1, \boldsymbol{a}_2) + |\boldsymbol{a}_2|^2 > |\boldsymbol{a}_3|^2 + |\boldsymbol{a}_4|^2 + |\boldsymbol{a}_5|^2 + 2(\boldsymbol{a}_3, \boldsymbol{a}_4) + 2(\boldsymbol{a}_4, \boldsymbol{a}_5) + 2(\boldsymbol{a}_3, \boldsymbol{a}_5)$이다. 모든 열 쌍의 벡터들에 대해 그러한 부등식들을 더하면, $4(|\boldsymbol{a}_1|^2 + \cdots) + 2((\boldsymbol{a}_1, \boldsymbol{a}_2) + \cdots) > 6(|\boldsymbol{a}_1|^2 + \cdots) + 6((\boldsymbol{a}_1, \boldsymbol{a}_2)\cdots)$, 즉 $|\boldsymbol{a}_1 + \boldsymbol{a}_2 + \boldsymbol{a}_3 + \boldsymbol{a}_4 + \boldsymbol{a}_5|^2 < 0$을 얻는다. 이로부터, 모순이 유도된다.

13.21. 주어진 벡터들을 $\boldsymbol{e}_1, \cdots, \boldsymbol{e}_{10}$로 나타내자. $\overrightarrow{AB} = \boldsymbol{e}_1 + \cdots + \boldsymbol{e}_{10}$이라 하자. 반직선 AB가 구하는 축임을 증명하자. $|\overrightarrow{AB} - \boldsymbol{e}_i|^2 = AB^2 - 2(\overrightarrow{AB}, \boldsymbol{e}_i) + |\boldsymbol{e}_i|^2$, 즉 $(\overrightarrow{AB}, \boldsymbol{e}_i) = (AB^2 + |\boldsymbol{e}_i|^2 - |\overrightarrow{AB} - \boldsymbol{e}_i|^2)/2$이다. 조건에 의해, $AB > |\overrightarrow{AB} - \boldsymbol{e}_i|$이므로, $(\overrightarrow{AB}, \boldsymbol{e}_i) > 0$, 즉 벡터 $\boldsymbol{e}_i$의 반직선 AB에 대한 사영은 양의 값이다.

13.22. $\boldsymbol{a}_i = \overrightarrow{OA_i}$, $\boldsymbol{x} = \overrightarrow{OX}$라 하자. 그러면 $|\boldsymbol{a}_i| = R$, $\overrightarrow{XA_i} = \boldsymbol{a}_i - \boldsymbol{x}$이다. 그러므로 $\sum XA_i = \sum |\boldsymbol{a}_i - \boldsymbol{x}| = \sum |\boldsymbol{a}_i - \boldsymbol{x}| \cdot |\boldsymbol{a}_i|/R \geq \sum(\boldsymbol{a}_i - \boldsymbol{x}, \boldsymbol{a}_i)/R = \sum(\boldsymbol{a}_i, \boldsymbol{a}_i)/R - (\boldsymbol{x}, \sum \boldsymbol{a}_i)/R$가 된다. 이제 $(\boldsymbol{a}_i, \boldsymbol{a}_i) = R^2$, $\sum \boldsymbol{a}_i = \mathbf{0}$을 생각하면 된다.

13.23. 평면에 네 벡터 (a, b), (c, d), (e, f), (g, h)를 생각하자. 이들 벡터 사이의 각들 중의 하나는 $360°/4 = 90°$를 넘지 않는다. 만약 벡터들 사이의 각이 $90°$를 넘지 않으면, 이들의 내적은 음이 아니다.
주어진 여섯 개의 수는 네 벡터의 모든 쌍들의 내적이므로, 이들 중 하나는 음이 아니다.

13.24. 수학적 귀납법으로 증명하자. $n = 0$에 대해 명제가 성립한다. $2n + 1$개의 벡터에 대해 명제가 성립한다고 가정하자. $2n + 3$개의 벡터들 중에서 극단적인 두 벡터를 살펴보자(즉 벡터들 사이의 각이 최대가 되는 두 벡터). 편의상 그러한 벡터를 $\overrightarrow{OP_1}$, $\overrightarrow{OP_{2n+3}}$이라 하자. 수학적 귀납법의 가정에 의해, 벡터 $\overrightarrow{OR} = \overrightarrow{OP_2} + \cdots + \overrightarrow{OP_{2n+2}}$의 크기는 1보다 작지 않다. 벡터 $\overrightarrow{OR}$은 각 P_1OP_{2n+3}의 내

부에 속하므로, 이 벡터는 벡터 $\overrightarrow{OS} = \overrightarrow{OP_1} + \overrightarrow{OP_{2n+3}}$과 예각을 이룬다. 결국 $|\overrightarrow{OS} + \overrightarrow{OR}| \geq OR \geq 1$이 된다.

13.25. 우선 $\boldsymbol{a}$, $\boldsymbol{b}$, $\boldsymbol{c}$는 크기가 1을 넘지 않는 벡터라면, 벡터 $\boldsymbol{a} \pm \boldsymbol{b}$, $\boldsymbol{a} \pm \boldsymbol{c}$, $\boldsymbol{b} \pm \boldsymbol{c}$ 중에서 적어도 하나는 1을 넘지 않는 크기를 가진다는 것을 증명하자. 실제로 벡터 $\pm\boldsymbol{a}$, $\pm\boldsymbol{b}$, $\pm\boldsymbol{c}$에서 두 벡터는 $60°$를 넘지 않는 각을 이루므로, 이들 두 벡터의 차는 크기가 1을 넘지 않는다(만약 삼각형에서 $AB \leq 1$, $BC \leq 1$, $\angle ABC \leq 60°$이면, AC는 가장 긴 변이 아니며 $AC \leq 1$이다).
이와 같은 방법으로, 두 벡터 $\boldsymbol{a}$, $\boldsymbol{b}$가 될 때까지 계속할 수 있다. 벡터 $\boldsymbol{a}$와 $\boldsymbol{b}$ 또는 $\boldsymbol{a}$와 $-\boldsymbol{b}$사이의 각은 $90°$를 넘지 않으므로, $|\boldsymbol{a} - \boldsymbol{b}| \leq \sqrt{2}$ 또는 $|\boldsymbol{a} + \boldsymbol{b}| \leq \sqrt{2}$가 된다.

13.26. 주어진 벡터들의 합 $\boldsymbol{a}$는 영벡터가 아니라고 할 수 있다. 왜냐 하면, 그렇지 않으면 명제가 자명해지기 때문이다. Oy축을 벡터 $\boldsymbol{a}$의 방향으로 잡아 좌표계를 도입하자. 아랫쪽 반평면의 벡터들을 시계 방향으로 $\boldsymbol{e}_1, \boldsymbol{e}_2, \cdots$와 같이 번호를 매기자(그림 13.2). 조건에 의해, 이들 벡터의 수는 k개보다 작지 않다. 주어진 벡터들 중에서 임의의 $i = 1, \cdots, k$에 대해 벡터 $\boldsymbol{v}_i + \boldsymbol{e}_i$가 양이 아닌 두 번째 좌표를 가지는 벡터들 $\boldsymbol{v}_1, \cdots, \boldsymbol{v}_k$가 존재함을 증명하자. 그러면 구하는 것이 증명될 것이다. 실제로 모든 주어진 벡터의 합의 크기는 두 번째 좌표들의 합과 같다(그렇게 되도록 좌표계를 도입했다). 벡터 $\boldsymbol{e}_1, \boldsymbol{v}_1, \cdots, \boldsymbol{e}_k, \boldsymbol{v}_k$의 합은 양이 아닌 두 번째 좌표를 가지며, 나머지 $n - 2k$개의 벡터들 중에서 임의의 벡터의 두 번째 좌표는 1을 넘지 않는다. 그러므로 모든 주어진 벡터들의 합의 두 번째 좌표는 $n - 2k$를 넘지 않는다.
벡터 $\boldsymbol{e}_1, \cdots, \boldsymbol{e}_p$가 4사분면에 속한다고 하자. 이들 벡터를 $\boldsymbol{v}_1, \cdots, \boldsymbol{v}_p$와 비교하자. Ox축을 $0°$에서 $90°$까지 회전시키면, 두 번째 좌표가 양이 아닌 점들로 구성된 아랫쪽 반평면이 회전될 것이다. 만약 이와 같이 회전된 반평면에 속하는 두 벡터 중에서 하나가 4사분면에 속하면, 이들의 합은 양이 아닌 두 번째 좌표를 가진다. 평면을 회전시키면 Ox축은 벡터 $\boldsymbol{e}_1$으로 이동하며, 벡터 $\boldsymbol{e}_2, \cdots, \boldsymbol{e}_k$에 적어도 한 벡터가 추가되어야 한다. 그러므로 벡터 $\boldsymbol{e}_k$ 다음에 오는 벡터로 $\boldsymbol{v}_1$을 얻을 수 있다. 마찬가지로 Ox축이 $\boldsymbol{e}_2$로 이동하면, 벡터 $\boldsymbol{v}_2$를 얻을 수 있고 등등. 이러한 생각은 Ox축이 4사분면에 있는 동안에는 성립한다. 3사분면에 속하는 벡터 $\boldsymbol{e}_{p+1}, \cdots, \boldsymbol{e}_k$에 대해서도 유사하게 증명할 수 있다(만약 벡터 $\boldsymbol{e}_{p+1}$가 영인 첫 번째 좌표를 가지면, 우선 이것을 고려의 대상에서 제외시키고 나서 나머지 벡터들 중에서 임의의 벡터를 잡으면 된다).

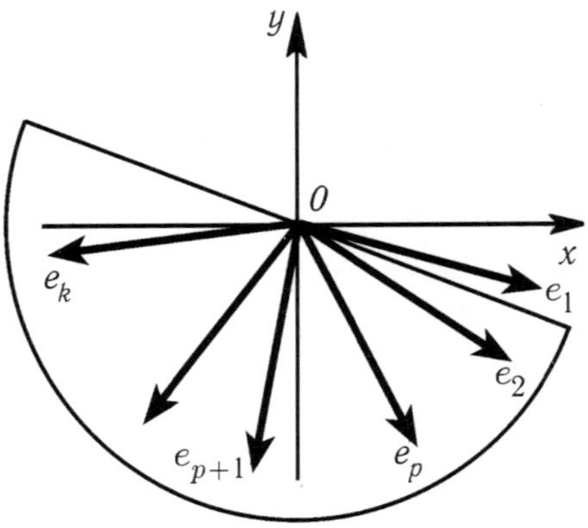

그림 13.2

13.27. 점 X가 직선 AB에 속할 필요충분조건은 $\overrightarrow{AX} = \lambda\overrightarrow{AB}$, $\overrightarrow{OX} = \overrightarrow{OA} + \overrightarrow{AX} = (1-\lambda)\overrightarrow{OA} + \lambda\overrightarrow{OB}$이다.

13.28. 임의의 점 O를 잡고 모든 선택된 벡터를 $\overrightarrow{A_iA_j} = \overrightarrow{OA_j} - \overrightarrow{OA_i}$와 같이 나타낸다. 문제의 조건에 의해, 각각의 벡터 $\overrightarrow{OA_i}$는 선택된 벡터들의 합으로 표현되는데, 이때 플러스와 마이너스 기호가 같은 수만큼 포함된다.

13.29. $\boldsymbol{e}_1$, $\boldsymbol{e}_2$, $\boldsymbol{e}_3$을 벡터 $\overrightarrow{OA}$, $\overrightarrow{OB}$, $\overrightarrow{OC}$와 같은 방향을 가지는 단위벡터라 하고, $\alpha = \angle BOC$, $\beta = \angle COA$, $\gamma = \angle AOB$라 하자. $\boldsymbol{e}_1 \sin\alpha + \boldsymbol{e}_2 \sin\beta + \boldsymbol{e}_3 \sin\gamma = \overrightarrow{0}$을 증명해야 한다. 변들이 직선 OC, OA, OB와 평행한 삼각형 $A_1B_1C_1$을 생각하자. 그러면 $\overrightarrow{0} = \overrightarrow{A_1B_1} + \overrightarrow{B_1C_1} + \overrightarrow{C_1A_1} = \pm 2R(\boldsymbol{e}_1 \sin\alpha + \boldsymbol{e}_2 \sin\beta + \boldsymbol{e}_3 \sin\gamma)$(단 R은 삼각형 ABC의 내접원의 반지름)이다.

13.30. $\boldsymbol{a}$, $\boldsymbol{b}$는 반직선 OA, OB와 방향이 같은 단위벡터들이라 하고, $\lambda = OA$, $\mu = OB$라 하자. 직선 AB는 $\overrightarrow{OX} = t\overrightarrow{OA} + (1-t)\overrightarrow{OB} = t\lambda\boldsymbol{a} + (1-t)\mu\boldsymbol{b}$인 점들 X로 구성되어 있다. 모든 λ와 μ값에 대해 $x_0/\lambda = t = 1 - (y_0/\mu)$를 만족시키는 x_0, y_0를 찾아야 한다. $x_0 = p/c$, $y_0 = q/c$라 두자. 그러면 $p/OA + q/OB = c$이면, 직선 AB가 $\overrightarrow{OX} = (p\boldsymbol{a} + q\boldsymbol{b})/c$를 만족시키는 점 X를 지난다는 것을 알 수 있다.

13.31. $\boldsymbol{a} = \overrightarrow{MA}$, $\boldsymbol{b} = \overrightarrow{MB}$, $\boldsymbol{c} = \overrightarrow{MC}$라 하자. 그러면 $\boldsymbol{e} = \overrightarrow{MC_1} = p\boldsymbol{a} + (1-p)\boldsymbol{b}$, $\overrightarrow{MA_1} = q\boldsymbol{c} + (1-q)\boldsymbol{b} = -q\boldsymbol{a} + (1-2q)\boldsymbol{b}$이다. 한편 $\overrightarrow{MA_1} = \alpha\boldsymbol{e}$이다. 마찬가지로, $\beta\boldsymbol{e} = \overrightarrow{MB_1} = -r\boldsymbol{b} + (1-2r)\boldsymbol{a}$를 알 수 있다. 이제 $1 + (1/\alpha) + (1/\beta) = 0$을

증명하면 된다. $\alpha p\boldsymbol{a} + \alpha(1-p)\boldsymbol{b} = \alpha\boldsymbol{e} = -q\boldsymbol{a} + (1-2q)\boldsymbol{b}$이므로, $\alpha p = -q$, $\alpha(1-p) = 1-2q$, 즉 $1/\alpha = 1-3p$이다. 마찬가지로, $\beta p = 1-2r$, $\beta(1-p) = -r$, 즉 $1/\beta = 3p-2$이다.

13.32. 등식 $\overrightarrow{AA_2} + \overrightarrow{BB_2} + \overrightarrow{CC_2} = \overrightarrow{0}$, $\overrightarrow{A_2B_2} + \overrightarrow{B_2C_2} + \overrightarrow{C_2A_2} = \overrightarrow{0}$을 더하면, $\overrightarrow{AB_2} + \overrightarrow{BC_2} + \overrightarrow{CA_2} = \overrightarrow{0}$이다. 결국 $\overrightarrow{AB_2} = \lambda\overrightarrow{C_2B_2}$, $\overrightarrow{BC_2} = \lambda\overrightarrow{A_2C_2}$, $\overrightarrow{CA_2} = \lambda\overrightarrow{B_2A_2}$이다. E를 $A_2E \parallel AA_1$을 만족시키는 직선 BC의 점이라 하자. 그러면 $\overrightarrow{BA_1} = \lambda\overrightarrow{EA_1}$, $\overrightarrow{EC} = \lambda\overrightarrow{EA_1}$이므로, $\overrightarrow{A_1C} = \overrightarrow{EC} - \overrightarrow{EA_1} = (\lambda-1)\overrightarrow{EA_1}$이다. 결국 $\overline{A_1C}/\overline{BA_1} = (\lambda-1)/\lambda$이 된다. 마찬가지로, $\overline{AB_1}/\overline{B_1C} = \overline{BC_1}/\overline{C_1A} = (\lambda-1)/\lambda$이다.

13.33. O는 주어진 사각형의 외접원의 중심이라 하고, $\boldsymbol{a} = \overrightarrow{OA}$, $\boldsymbol{b} = \overrightarrow{OB}$, $\boldsymbol{c} = \overrightarrow{OC}$, $\boldsymbol{d} = \overrightarrow{OD}$이라 하자. 만약 H_a가 삼각형 BCD의 수심이면, $\overrightarrow{OH_a} = \boldsymbol{b}+\boldsymbol{c}+\boldsymbol{d}$(문제 13.13)이다. 그러므로 $\overrightarrow{OM_a} = (\boldsymbol{a}+\boldsymbol{b}+\boldsymbol{c}+\boldsymbol{d})/2 = \overrightarrow{OM_b} = \overrightarrow{OM_c} = \overrightarrow{OM_d}$이다.

13.34. O를 주어진 사각형의 외접원의 중심이라 하고, $\boldsymbol{a} = \overrightarrow{OA}$, $\boldsymbol{b} = \overrightarrow{OB}$, $\boldsymbol{c} = \overrightarrow{OC}$, $\boldsymbol{d} = \overrightarrow{OD}$라 하자. 만약 H_d가 삼각형 ABC의 수심이면, $\overrightarrow{OH_d} = \boldsymbol{a}+\boldsymbol{b}+\boldsymbol{c}$(문제 13.13)이다.

(a) 점 K를 $\overrightarrow{OK} = \boldsymbol{a}+\boldsymbol{b}+\boldsymbol{c}+\boldsymbol{d}$를 만족하도록 잡자. 그러면 $KH_d = |\overrightarrow{OK} - \overrightarrow{OH_d}| = |\boldsymbol{d}| = R$, 즉 점 K는 원 S_d에 속한다. 같은 방법으로, 점 K가 원 S_a, S_b, S_c에 속함을 증명할 수 있다.

(b) O_d를 삼각형 ABC의 구점원의 중심이라 하자. 즉 선분 OH_d의 중점이라 하자. 그러면 $\overrightarrow{OO_d} = \overrightarrow{OH_d}/2 = (\boldsymbol{a}+\boldsymbol{b}+\boldsymbol{c})/2$이다. 점 X를 $\overrightarrow{OX} = (\boldsymbol{a}+\boldsymbol{b}+\boldsymbol{c}+\boldsymbol{d})/2$가 성립하도록 잡자. 그러면 $XO_d = |\boldsymbol{d}|/2 = R/2$, 즉 점 X는 삼각형 ABC의 구점원에 속한다. 같은 방법으로, 점 X가 삼각형 BCD, CDA, DAB의 구점원에 속한다는 것을 증명할 수 있다.

13.35. X_1을 점 X의 직선 l에 대한 사영이라 하자. 벡터 $\alpha\overrightarrow{AA_1} + \beta\overrightarrow{BB_1} + \gamma\overrightarrow{CC_1}$은 벡터 $\alpha\overrightarrow{AX_1} + \beta\overrightarrow{BX_1} + \gamma\overrightarrow{CX_1}$을 직선 l과 직교하는 직선에 대해 사영시켜 얻은 것이다. $\alpha\overrightarrow{AX_1} + \beta\overrightarrow{BX_1} + \gamma\overrightarrow{CX_1} = \alpha\overrightarrow{AX} + \beta\overrightarrow{BX} + \gamma\overrightarrow{CX} + (\alpha+\beta+\gamma)\overrightarrow{XX_1}$과 $\alpha\overrightarrow{AX} + \beta\overrightarrow{BX} + \gamma\overrightarrow{CX} = \overrightarrow{0}$(문제 13.29)을 감안하면, 구하는 것을 얻을 수 있다.

13.36. $\boldsymbol{a} = \overrightarrow{A_1A_2} + \overrightarrow{A_3A_4} + \cdots + \overrightarrow{A_{2n-1}A_{2n}}$이라 하자(단 $\boldsymbol{a} \neq \boldsymbol{0}$). $\boldsymbol{a}$를 따라 Ox축을 잡아 좌표계를 도입하자. 벡터 $\overrightarrow{A_1A_2}, \overrightarrow{A_3A_4}, \cdots, \overrightarrow{A_{2n-1}A_{2n}}$의 Oy에 대한 사영의 합은 영벡터이므로, 벡터 $\boldsymbol{a}$의 크기는 이들 벡터의 Ox축에 대한 양의 사영의 길이의 합과 음의 사영의 길이의 합의 차와 같다. 결국 벡터 $\boldsymbol{a}$의 크기는 벡

터들의 양의 사영의 길이의 합 또는 이들의 음의 사영의 길이의 합을 넘지 못한다. 쉽게 이들 벡터의 임의의 축에 대한 양의 사영의 길이의 합과 음의 사영의 길이의 합이 원의 지름, 즉 2를 넘지 못함을 확인할 수 있다.

13.37. 벡터들의 등식을 증명하기 위해, 이들의 직선 BC, CA, AB에 대한 사영(부호를 고려하여)의 등식을 확인하면 된다. 예를 들어 직선 BC에 대한 사영에 관련된 증명을 살펴보기로 하자. 반직선 BC의 방향을 양의 방향으로 잡자. P를 점 A의 직선 BC에 대한 사영이라 하고, N은 선분 BC의 중점이라 하자. 그러면 $\overrightarrow{PN} = \overrightarrow{PC} + \overrightarrow{CN} = (b^2 + a^2 - c^2)/2a - (a/2) = (b^2 - c^2)/2a$이다($PC$는 방정식 $AB^2 - BP^2 = AC^2 - CP^2$로부터 얻을 수 있다). $NM : NA = 1 : 3$이므로, 벡터 $\overrightarrow{MO}$의 직선 BC에 대한 사영은 $\overrightarrow{PN}/3 = (b^2 - c^2)/6a$과 같다. 이제 벡터 $a^3\boldsymbol{n}_a + b^3\boldsymbol{n}_b + c^3\boldsymbol{n}_c$의 직선 BC에 대한 사영은 다음과 같다는 것을 생각하면 된다.

$$b^3 \sin\gamma - c^3 \sin\beta = \frac{b^3c - c^3b}{2R} = \frac{abc}{2R} \cdot \frac{b^2 - c^2}{a} = 2S\,\frac{b^2 - c^2}{a}.$$

13.38. 내접원이 변 AB, BC, CA와 점 U, V, W에서 접한다고 하자. 이제 $\overrightarrow{OZ} = \frac{3R}{r}\overrightarrow{ZK}$, 즉 $\overrightarrow{OZ} = \frac{R}{r}(\overrightarrow{ZU} + \overrightarrow{ZV} + \overrightarrow{ZW})$를 증명해야 한다. 예를 들어, 이들 벡터의 직선 BC에 대한 사영(부호를 고려하여)이 같다는 것을 증명하자. 이때 반직선 BC의 방향을 양의 방향으로 하자. N을 점 O의 직선 BC에 대한 사영이라 하자. 그러면 벡터 $\overrightarrow{OZ}$의 직선 BC에 대한 사영은 $\overrightarrow{NV} = \overrightarrow{NC} + \overrightarrow{CV} = (a/2) - (a+b-c)/2 = (c-b)/2$와 같다. 벡터 $\overrightarrow{ZU} + \overrightarrow{ZV} + \overrightarrow{ZW}$를 이 직선에 대해 사영시킨 것은 벡터 $\overrightarrow{ZU} + \overrightarrow{ZW}$의 사영과 같다. 즉 다음과 같다.

$$-r \sin VZU + r \sin VZW = -r \sin B + r \sin C = r(c-b)/2R.$$

13.39. 좌표계 Oxy를 도입하자. l_φ는 점 O를 지나며 축 Ox와 각 φ $(0 < \varphi < \pi)$를 이루는 직선이라 하자. 즉 점 A가 l_φ에 속하고, 점 A의 두 번째 좌표가 양의 값이면, $\angle AOX = \varphi$, $l_0 = l_\pi = Ox$이다.

만약 벡터 $\boldsymbol{a}$가 축 Ox와 각 α를 이루면(각은 Ox축에서 $\boldsymbol{a}$로 시계 반대방향으로 계산한다), 벡터 $\boldsymbol{a}$의 직선 l_φ에 대한 사영의 길이는 $|\boldsymbol{a}| \cdot |\cos(\varphi - \alpha)|$가 된다. 적분 $\int_0^\pi |\boldsymbol{a}| \cdot |\cos(\varphi - \alpha)|\, d\varphi = 2|\boldsymbol{a}|$는 α에 종속되지 않는다.

벡터 $\boldsymbol{a}_1, \cdots, \boldsymbol{a}_n, \boldsymbol{b}_1, \cdots, \boldsymbol{b}_m$이 Ox축과 각 $\alpha_1, \cdots, \alpha_n, \beta_1, \cdots, \beta_m$을 만든다고 하자. 그러면 조건에 의해 임의의 각 φ에 대해 $|\boldsymbol{a}_1| \cdot |\cos(\varphi - \alpha_1)| + \cdots + |\boldsymbol{a}_n| \cdot |\cos(\varphi - \alpha_n)| \le |\boldsymbol{b}_1| \cdot |\cos(\varphi - \beta_1)| + \cdots + |\boldsymbol{b}_m| \cdot |\cos(\varphi - \beta_m)|$이 된다. 이들 부

등식을 φ에서 π까지 적분하면, $|\boldsymbol{a}_1| + \cdots + |\boldsymbol{a}_n| \le |\boldsymbol{b}_1| + \cdots + |\boldsymbol{b}_m|$을 얻는다.

참고. $\frac{1}{b-a}\int\limits_a^b f(x)\,dx$의 값을 구간 $[a,b]$에서 함수 f의 평균값이라 부른다. 등식

$$\int\limits_0^\pi |\boldsymbol{a}|\cdot|\cos(\varphi-\alpha)|\,d\varphi = 2|\boldsymbol{a}|$$

은 벡터 $\boldsymbol{a}$의 사영의 길이의 평균값이 $2|\boldsymbol{a}|/\pi$임을, 좀더 정확히 말하자면 벡터 $\boldsymbol{a}$의 직선 l_φ에 대한 사영과 같은 함수 $f(\varphi)$의 구간 $[0,\pi]$에서의 평균값이 $2|\boldsymbol{a}|/\pi$임을 의미한다.

13.40. 볼록다각형 변들의 임의의 직선에 대한 사영의 길이의 합은 볼록다각형의 이 직선에 대한 사영의 길이의 두 배와 같다. 그러므로 내부 다각형에서 변들의 벡터의 임의의 직선에 대한 사영의 길이의 합은 외부 다각형에 대한 것보다 크지 않다. 결국 문제 13.39에 의해, 내부 다각형의 변들의 벡터의 크기의 합, 즉 둘레는 외부 다각형보다 크지 않다.

13.41. 만약, 벡터들의 크기의 합이 L이면, 문제 13.39의 참고에 의해, 이들 벡터의 사영의 길이의 합의 평균값은 $2L/\pi$과 같다.

구간 $[a,b]$에서 함수 f는 자신의 평균값 c보다 작은 값을 가질 수 없다. 왜냐 하면, 그렇지 않으면, 다음과 같게 된다.

$$c = \frac{1}{b-a}\int\limits_a^b f(x)\,dx < \frac{(b-a)c}{b-a} = c.$$

그러므로 처음 벡터들의 직선 l에 대한 사영의 길이의 합이 $2L/\pi$보다 작지 않게 되는 그러한 직선 l을 찾을 수 있다.

직선 l에 방향을 주자. 그러면 이 방향으로의 양의 사영의 길이의 합 또는 음의 사영의 길이의 합은 L/π보다 적지 않다. 그러므로 양의 사영을 가지는 벡터들의 합의 크기 또는 음의 사영을 가지는 벡터들의 크기의 합은 L/π보다 작지 않다.

13.42. 다각형의 직선 l에 대한 사영을 AB로 나타내자. 그러면 점 A, B는 다각형의 어떤 꼭짓점 A_1, B_1의 사영이다. 그러므로 $A_1B_1 \ge AB$, 즉 다각형의 사영의 길이는 A_1B_1보다 크지 않고, 조건에 의해 $A_1B_1 < d$가 된다. 다각형의 변들의 직선 l에 대한 사영의 길이의 합은 $2AB$이고, 이것은 $2d$를 넘지 않는다.

변들의 사영의 길이의 합의 평균값은 $2P/\pi$이다(단 P는 둘레, 문제 13.39). 평균값은 최댓값을 넘지 않으므로, 결국 $2P/\pi < 2d$, 즉 $P < \pi d$가 된다.

13.43. 문제 13.39에 의해, 부등식 $|\boldsymbol{a}|+|\boldsymbol{b}|+|\boldsymbol{c}|+|\boldsymbol{d}| \geq |\boldsymbol{a}+\boldsymbol{d}|+|\boldsymbol{b}+\boldsymbol{d}|+|\boldsymbol{c}+\boldsymbol{d}|$를 벡터들의 직선에 대한 사영에 대해서 증명하면 된다. 즉 $\boldsymbol{a}$, $\boldsymbol{b}$, $\boldsymbol{c}$, $\boldsymbol{d}$를 어떤 직선에 평행한 벡터들, 즉 수이며 $a+b+c+d=0$이라고 간주할 수 있다. $d \geq 0$이라 하자. 왜냐 하면, 그렇지 않으면 모든 수들의 부호가 바뀔 수 있다.

$a \leq b \leq c$라고 할 수 있다. 세 가지 경우에 대해 살펴보아야 한다: (1) $a,b,c \leq 0$; (2) $a \leq 0$, $b,c \geq 0$; (3) $a,b \leq 0$, $c \geq 0$. 생겨나는 모든 부등식은 쉽게 확인할 수 있다. 세 번째 경우에서는 $|d| \leq |b|$, $|b| \leq |d| \leq |a|$, $|a| \leq |d|$(마지막 경우에서 $|d|=|a|+|b|-|c| \leq |a|+|b|$를 감안해야 한다)를 개별적으로 살펴봐야 한다.

13.44. 문제 13.39에 의해, 부등식을 벡터들의 임의의 직선에 대한 사영에 대해서 증명하면 된다. 벡터 $\overrightarrow{OA_1}, \cdots, \overrightarrow{OA_n}$의 직선 l에 대한 사영(부호를 고려하여)을 $a_1, \cdots, a_n$이라 하자. 수 $a_1, \cdots, a_n$을 두 모임으로 나누자: $x_1 \geq x_2 \geq \cdots \geq x_k \geq 0$과 $y_1' \leq y_2' \leq \cdots \leq y_{n-k}' \leq 0$. $y_i = -y_i'$이라 하자. 그러면 $x_1+\cdots+x_k = y_1+\cdots+y_{n-k} = a$, 즉 $x_1 \geq a/k$, $y_1 \geq a/(n-k)$이다. 수 $2(x_1+y_1)$은 사영에서 둘레에 대응된다. 사영에서 벡터들 $\overrightarrow{OA_i}$의 크기의 합에는 $x_1+\cdots+x_k+y_1+\cdots+y_{n-k}=2a$이 대응된다.

$$\frac{2(x_1+y_1)}{x_1+\cdots+y_{n-k}} \geq \frac{2((a/k)+(a/(n-k)))}{2a} = \frac{n}{k(n-k)}$$

이므로, 짝수인 n에 대해서 $k=n/2$, 홀수인 n에 대해서 $k=(n\pm1)/2$에서 값 $k(n-k)$가 최대가 됨을 생각하면 된다.

13.45. 곡선의 길이는 곡선에 내접한 다각형들의 둘레의 극한이다. 둘레가 P이고 직선 l에 대한 사영의 길이가 d_l인 내접다각형을 생각하자. 임의의 직선 l에 대해 $1-\epsilon < d_l < 1$이라 하자. ϵ이 원하는 만큼 작게 되도록 다각형을 잡을 수 있다. 다각형이 볼록이므로, 다각형 변들의 직선 l에 대한 사영의 길이의 합은 $2d_l$이다.

값 $2d_1$의 평균값은 $2P/\pi$이므로(문제 13.39), $2-2\epsilon < 2P/\pi < 2$, 즉 $\pi-\pi\epsilon < P < \pi$이다. ϵ을 0으로 보내면, 곡선의 길이가 π가 됨을 알 수 있다.

13.46. 주어진 다각형들의 모든 꼭짓점의 볼록 덮개의 둘레는 이들의 둘레의 합을 넘지 못한다. 이를 위해, 조건에 따른 주어진 다각형들의 임의의 직선에 대한 사영이 볼록 덮개의 사영을 덮는다는 것을 생각하면 된다.

13.47. (a) 만약 $\lambda<0$이면, $(\lambda\boldsymbol{a})\vee\boldsymbol{b} = -\lambda|\boldsymbol{a}|\cdot|\boldsymbol{b}|\sin\angle(-\boldsymbol{a},\boldsymbol{b}) = \lambda|\boldsymbol{a}|\cdot|\boldsymbol{b}|\sin\angle(\boldsymbol{a},\boldsymbol{b}) = \lambda(\boldsymbol{a}\vee\boldsymbol{b})$이다. $\lambda>0$인 경우의 증명은 자명하다.

(b) $\boldsymbol{a} = \overrightarrow{OA}$, $\boldsymbol{b} = \overrightarrow{OB}$, $\boldsymbol{c} = \overrightarrow{OC}$라 하자. 반직선 OA를 Oy축으로 하여 좌표계를 도입하자. $A = (0, y_1)$, $B = (x_2, y_2)$, $C = (x_3, y_3)$라 하자. 그러면 $\boldsymbol{a} \vee \boldsymbol{b} = x_2 y_1$, $\boldsymbol{a} \vee \boldsymbol{c} = x_3 y_1$, $\boldsymbol{a} \vee (\boldsymbol{b} + \boldsymbol{c}) = (x_2 + x_3) y_1 = \boldsymbol{a} \vee \boldsymbol{b} + \boldsymbol{a} \vee \boldsymbol{c}$이다.

13.48. $\boldsymbol{e}_1$, $\boldsymbol{e}_2$를 축 Ox, Oy방향의 단위벡터라 하자. 그러면 $\boldsymbol{e}_1 \vee \boldsymbol{e}_2 = -\boldsymbol{e}_2 \vee \boldsymbol{e}_1 = 1$, $\boldsymbol{e}_1 \vee \boldsymbol{e}_1 = \boldsymbol{e}_2 \vee \boldsymbol{e}_2 = 0$이다. 그러므로 $\boldsymbol{a} \vee \boldsymbol{b} = (a_1 \boldsymbol{e}_1 + a_2 \boldsymbol{e}_2) \vee (b_1 \boldsymbol{e}_1 + b_2 \boldsymbol{e}_2) = a_1 b_2 - a_2 b_1$이다.

13.49. (a) $\overrightarrow{AB} \vee \overrightarrow{AC} = \overrightarrow{AB} \vee (\overrightarrow{AB} + \overrightarrow{BC}) = -\overrightarrow{BA} \vee \overrightarrow{BC} = \overrightarrow{BC} \vee \overrightarrow{BA}$이다.
(b) 증명을 위해, $\overrightarrow{AB} \vee \overrightarrow{AC} = (\overrightarrow{AD} + \overrightarrow{DB}) \vee (\overrightarrow{AD} + \overrightarrow{DC}) = \overrightarrow{AD} \vee \overrightarrow{DC} + \overrightarrow{DB} \vee \overrightarrow{AD} + \overrightarrow{DB} \vee \overrightarrow{DC} = \overrightarrow{DC} \vee \overrightarrow{DA} + \overrightarrow{DA} \vee \overrightarrow{DB} + \overrightarrow{DB} \vee \overrightarrow{DC}$를 이용하면 된다.

13.50. 처음 순간에, 즉 $t = 0$일 때, $\overrightarrow{AB} = \boldsymbol{v}$, $\overrightarrow{AC} = \boldsymbol{w}$라 하자. 그러면 순간 t에서 $\overrightarrow{AB} = \boldsymbol{v} + t(\boldsymbol{b} - \boldsymbol{a})$, $\overrightarrow{AC} = \boldsymbol{w} + t(\boldsymbol{c} - \boldsymbol{a})$이다(단 $\boldsymbol{a}$, $\boldsymbol{b}$, $\boldsymbol{c}$는 A, B, C 경주자의 속도 벡터). 벡터 $\boldsymbol{a}$, $\boldsymbol{b}$, $\boldsymbol{c}$는 평행하므로, $(\boldsymbol{b} - \boldsymbol{a}) \vee (\boldsymbol{c} - \boldsymbol{a}) = 0$, 즉 $|S(A, B, C)| = |\overrightarrow{AB} \vee \overrightarrow{AC}|/2 = |x + yt|$이다(단 x, y는 어떤 상수). 연립방정식 $|x| = 2$, $|x + 5y| = 3$을 풀면, 시간 t에 대한 삼각형 ABC의 관계를 나타내는 두 해 $|2 + (t/5)|$, $|2 - t|$를 얻을 수 있다. 그러므로 $t = 10$에서 넓이는 4와 8이다.

13.51. $\boldsymbol{v}(t)$, $\boldsymbol{w}(t)$를 순간 t에서 첫 번째 보행자와 두 번째, 세 번째 보행자를 연결하는 벡터라 하자. $\boldsymbol{v}(t) = t\boldsymbol{a} + \boldsymbol{b}$, $\boldsymbol{w}(t) = t\boldsymbol{c} + \boldsymbol{d}$이다. 보행자들이 한 직선에 속할 필요충분조건은 $\boldsymbol{v}(t) \parallel \boldsymbol{w}(t)$, 즉 $\boldsymbol{v}(t) \vee \boldsymbol{w}(t) = 0$이다. 함수 $f(t) = \boldsymbol{v}(t) \vee \boldsymbol{w}(t) = t^2 \boldsymbol{a} \vee \boldsymbol{c} + t(\boldsymbol{a} \vee \boldsymbol{d} + \boldsymbol{b} \vee \boldsymbol{c}) + \boldsymbol{b} \vee \boldsymbol{d}$는 이차삼항식이고, $f(0) \neq 0$이다. 항상 0이 아닌 이차삼항식은 두 개이하의 근을 가진다.

13.52. $\overrightarrow{OC} = \boldsymbol{a}$, $\overrightarrow{OB} = \lambda \boldsymbol{a}$, $\overrightarrow{OD} = \boldsymbol{b}$, $\overrightarrow{OA} = \mu \boldsymbol{b}$라 하자. 그러면 $\pm 2S_{OPQ} = \overrightarrow{OP} \vee \overrightarrow{OQ} = ((\boldsymbol{a} + \mu \boldsymbol{b})/2) \vee ((\lambda \boldsymbol{a} + \boldsymbol{b})/2) = (1 - \lambda\mu)(\boldsymbol{a} \vee \boldsymbol{b})/4$, $\pm 2S_{ABCD} = \pm 2(S_{COD} - S_{AOB}) = \pm(\boldsymbol{a} \vee \boldsymbol{b} - \lambda \boldsymbol{a} \vee \mu \boldsymbol{b}) = \pm(1 - \lambda\mu) \boldsymbol{a} \vee \boldsymbol{b}$이다.

13.53. $\boldsymbol{a}_j = \overrightarrow{P_1 A_j}$라 하자. 그러면 임의의 내부점 P에 대해 지적된 삼각형들의 넓이의 합의 두 배는

$$(\boldsymbol{x} + \boldsymbol{a}_1) \vee (\boldsymbol{x} + \boldsymbol{a}_2) + (\boldsymbol{x} + \boldsymbol{a}_3) \vee (\boldsymbol{x} + \boldsymbol{a}_4) + \cdots + (\boldsymbol{x} + \boldsymbol{a}_{2n-1}) \vee (\boldsymbol{x} + \boldsymbol{a}_{2n})$$

이다(단 $\boldsymbol{x} = \overrightarrow{PP_1}$). 점 P_1에 대해 이들 삼각형의 넓이의 합의 두 배는 처음 합과 $\boldsymbol{x} \vee (\boldsymbol{a}_1 - \boldsymbol{a}_2 + \boldsymbol{a}_3 - \boldsymbol{a}_4 + \cdots + \boldsymbol{a}_{2n-1} - \boldsymbol{a}_{2n}) = \boldsymbol{x} \vee \boldsymbol{a}$만큼의 차이가 난다. 조

건에 의해, $\boldsymbol{x} = \overrightarrow{P_2P_1}$, $\boldsymbol{x} = \overrightarrow{P_3P_1}$에 대해 $\boldsymbol{x} \vee \boldsymbol{a} = 0$이다. 그리고 이들 벡터는 평행하지 않다. 결국 $\boldsymbol{a} = \boldsymbol{0}$, 즉 임의의 벡터 $\boldsymbol{x}$에 대해, $\boldsymbol{x} \vee \boldsymbol{a} = 0$이다.

13.54. $\boldsymbol{a} = \overrightarrow{AP}$, $\boldsymbol{b} = \overrightarrow{BQ}$, $\boldsymbol{c} = \overrightarrow{CR}$이라 하자. 그러면 $\overrightarrow{QC} = \alpha\boldsymbol{a}$, $\overrightarrow{RA} = \beta\boldsymbol{b}$, $\overrightarrow{PB} = \gamma\boldsymbol{c}$이고, 게다가 $(1+\alpha)\boldsymbol{a} + (1+\beta)\boldsymbol{b} + (1+\gamma)\boldsymbol{c} = \boldsymbol{0}$이다. $\overrightarrow{AB} \vee \overrightarrow{CA} = \overrightarrow{PQ} \vee \overrightarrow{RP}$를 확인하면 된다. 이 값들 사이의 차는 $(\boldsymbol{a} + \gamma\boldsymbol{c}) \vee (\boldsymbol{c} + \beta\boldsymbol{b}) - (\gamma\boldsymbol{c} + \boldsymbol{b}) \vee (\boldsymbol{a} + \beta\boldsymbol{b}) = \boldsymbol{a} \vee \boldsymbol{c} + \beta\boldsymbol{a} \vee \boldsymbol{b} + \boldsymbol{a} \vee \boldsymbol{b} + \gamma\boldsymbol{a} \vee \boldsymbol{c} = \boldsymbol{a} \vee [(1+\gamma)\boldsymbol{c} + (1+\beta)\boldsymbol{b}] = -\boldsymbol{a} \vee (1+\alpha)\boldsymbol{a} = 0$이다.

13.55. $\boldsymbol{a}_i = \overrightarrow{A_4A_i}$, $\boldsymbol{w}_i = \overrightarrow{A_4H_i}$라 하자. 문제 13.49(b)에 의해, $\boldsymbol{a}_1 \vee \boldsymbol{a}_2 + \boldsymbol{a}_2 \vee \boldsymbol{a}_3 + \boldsymbol{a}_3 \vee \boldsymbol{a}_1 = \boldsymbol{w}_1 \vee \boldsymbol{w}_2 + \boldsymbol{w}_2 \vee \boldsymbol{w}_3 + \boldsymbol{w}_3 \vee \boldsymbol{w}_1$임을 확인하면 된다. 벡터 $\boldsymbol{a}_1 - \boldsymbol{w}_2$, $\boldsymbol{a}_2 - \boldsymbol{w}_1$은 벡터 $\boldsymbol{a}_3$와 직교하므로, 이들은 평행하다. 즉 $(\boldsymbol{a}_1 - \boldsymbol{w}_2) \vee (\boldsymbol{a}_2 - \boldsymbol{w}_1) = 0$이다. 이 등식을 등식 $(\boldsymbol{a}_2 - \boldsymbol{w}_3) \vee (\boldsymbol{a}_3 - \boldsymbol{w}_2) = 0$, $(\boldsymbol{a}_3 - \boldsymbol{w}_1) \vee (\boldsymbol{a}_1 - \boldsymbol{w}_3) = 0$과 더하면, 구하는 것을 얻을 수 있다.

13.56. $\boldsymbol{x} = x_1\boldsymbol{e}_1 + x_2\boldsymbol{e}_2$라 하자. 그러면 $\boldsymbol{e}_1 \vee \boldsymbol{x} = x_2(\boldsymbol{e}_1 \vee \boldsymbol{e}_2)$, $\boldsymbol{x} \vee \boldsymbol{e}_2 = x_1(\boldsymbol{e}_1 \vee \boldsymbol{e}_2)$, 즉 다음이 성립한다.

$$\boldsymbol{x} = ((\boldsymbol{x} \vee \boldsymbol{e}_2)\boldsymbol{e}_1 + (\boldsymbol{e}_1 \vee \boldsymbol{x})\boldsymbol{e}_2)/(\boldsymbol{e}_1 \vee \boldsymbol{e}_2).$$

이 식의 오른쪽에 $(\boldsymbol{e}_1 \vee \boldsymbol{e}_2)\boldsymbol{y}$를 곱하면, 다음을 얻을 수 있다.

$$(\boldsymbol{x} \vee \boldsymbol{e}_2)(\boldsymbol{e}_1 \vee \boldsymbol{y}) + (\boldsymbol{e}_1 \vee \boldsymbol{x})(\boldsymbol{e}_2 \vee \boldsymbol{y}) + (\boldsymbol{e}_2 \vee \boldsymbol{e}_1)(\boldsymbol{x} \vee \boldsymbol{y}) = 0. \qquad (1)$$

$\boldsymbol{e}_1 = \overrightarrow{AB}$, $\boldsymbol{e}_2 = \overrightarrow{AC}$, $\boldsymbol{x} = \overrightarrow{AD}$, $\boldsymbol{y} = \overrightarrow{AE}$라 하자. 그러면 $S = a + \boldsymbol{x} \vee \boldsymbol{e}_2 + d = c + \boldsymbol{y} \vee \boldsymbol{e}_2 + a = d + \boldsymbol{x} \vee \boldsymbol{e}_1 + b$, 즉 $\boldsymbol{x} \vee \boldsymbol{e}_2 = S - a - d$, $\boldsymbol{y} \vee \boldsymbol{e}_2 = S - c - a$, $\boldsymbol{x} \vee \boldsymbol{e}_1 = S - d - b$이다. 이들 식을 (1)에 대입하면, 구하는 것을 얻을 수 있다.

제 14 장

무게중심

바탕 지식들

1. 평면에 무게가 놓여진 점들의 체계가 주어졌다고 하자. 즉 평면의 점 X_i, 양수 m_i에 대해 쌍 (X_i, m_i)의 모임이 주어졌다. 등식 $m_1\overrightarrow{OX_1} + \ldots + m_n\overrightarrow{OX_n} = \overrightarrow{0}$ 을 만족시키는 점 O를 무게가 $m_1, \ldots, m_n$인 점들 $X_1, \ldots, X_n$ 체계의 무게중심이라 부른다. 점들의 임의의 체계에서 무게중심은 유일하게 존재한다(문제 14.1).

2. 문제 14.1의 증명을 주의깊게 살펴보면, 양수 m_i가 실제로는 이용되지 않으며, 이들의 합이 0이 아니라는 사실만이 중요하다는 것을 알 수 있다. 가끔 무게의 일부는 양수이고, 일부는 음수인(그러나 합은 0이 아닌) 점들의 체계를 고찰하는 것이 유용할 때가 있다.

3. 무게중심을 이용하는데 바탕이 되는 무게중심의 중요한 성질이 무게의 묶음(grouping)에 대한 정리이다: 만약 점들의 일부를 한 점(이 점은 대치되는 점들의 무게중심에 놓여있으며 대치되는 점들 무게의 합을 무게로 가진다)으로 대치해도, 점들 체계의 무게중심은 변하지 않는다(문제 14.2).

4. $I_M = m_1MX_1^2 + \ldots + m_nMX_n^2$의 값을 점 M에 대한 무게가 $m_1, \ldots, m_n$인

점들 체계 $X_1, \ldots, X_n$의 관성능률이라 부른다. 기하학에서 이 개념의 사용은 관계 $I_M = I_O + mOM^2$(단 O는 체계의 무게중심이며 $m = m_1 + \ldots + m_n$)에 바탕을 둔다(문제 14.19).

제 1 절　무게중심의 기본 성질

14.1. (a) 임의의 점들의 체계에 대해 무게중심은 유일하게 존재한다는 것을 증명하여라.

(b) X를 임의의 점, O를 무게가 $m_1, \ldots, m_n$인 점들 $X_1, \ldots, X_n$의 무게중심이라 하면, $\overrightarrow{XO} = \frac{1}{m_1+\ldots+m_n}(m_1\overrightarrow{XX_1} + \ldots + m_n\overrightarrow{XX_n})$임을 증명하여라.

14.2. 무게가 $a_1, \ldots, a_n$, $b_1, \ldots, b_m$인 점들 $X_1, \ldots, X_n$, $Y_1, \ldots, Y_m$ 체계의 무게중심은 무게 $a_1 + \ldots + a_n$을 가지는 점들의 체계 $X_1, \ldots, X_n$의 무게중심 X와 무게 $b_1 + \ldots + b_m$을 가지는 점들의 체계 $Y_1, \ldots, Y_m$의 무게중심 Y의 무게중심과 일치한다는 것을 증명하여라.

14.3. 무게가 a, b인 점 A, B의 무게중심은 선분 AB에 속하며, 이 선분을 $b : a$의 비로 나눈다는 것을 증명하여라.

제 2 절　무게들의 묶음에 관한 정리

14.4. 삼각형 ABC의 중선들은 한 점에서 만나며, 그 교점은 중선을 꼭짓점으로부터 $2 : 1$로 나눈다는 것을 증명하여라.

14.5. $ABCD$는 볼록사각형이고, K, L, M, N은 변 AB, BC, CD, DA의 중점이다. 이때 선분 KM과 LN의 교점은 이들의 중점이며, 대각선들의 중점을 연결한 선분의 중점이라는 것을 증명하여라.

14.6. $A_1, B_1, \ldots, F_1$은 임의의 육각형의 변 $AB, BC, \ldots, FA$의 중점이다. 이때 삼각형 $A_1C_1E_1$과 $B_1D_1F_1$의 중선들의 교점이 일치한다는 것을 증명하여라.

14.7. 무게들의 묶음을 이용하여 체바의 정리(문제 4.48(b))를 증명하여라.

14.8. 볼록사각형 $ABCD$의 변 AB, BC, CD, DA에 점 K, L, M, N을 각각 잡았으며, $AK : KB = DM : MC = \alpha$, $BL : LC = AN : ND = \beta$이다. P는 선분 KM, LM의 교점이다. 이때 $NP : PL = \alpha$, $KP : PM = \beta$임을 증명하여라.

14.9. 삼각형 ABC의 내부에서 다음 성질을 가지는 점 O를 찾아라: 점 O를 지나며 변 AB, BC와 점 K, L에서 각각 만나는 임의의 직선에 대해, 등식 $p\frac{AK}{KB} + q\frac{CL}{LB} = 1$이 성립한다(단 p, q는 주어진 양수이다).

14.10. 같은 무게를 가진 파리 세 마리가 삼각형의 변들을 따라 기어가는데, 이들의 무게중심이 한 점에 있도록 기어갔다. 만약 파리 한 마리가 삼각형의 모든 변을 기어갔다면, 파리들의 무게중심은 삼각형 ABC의 중선들의 교점과 일치한다는 것을 증명하여라.

14.11. 삼각형 ABC의 변 AB, BC, CA에 점 C_1, A_1, B_1을 직선 CC_1, AA_1, BB_1이 어떤 점 O에서 만나도록 잡았다. 이때 다음을 증명하여라.
(a) $\frac{CO}{OC_1} = \frac{CA_1}{A_1B} + \frac{CB_1}{B_1A}$;
(b) $\frac{AO}{OA_1} \cdot \frac{BO}{OB_1} \cdot \frac{CO}{OC_1} = \frac{AO}{OA_1} + \frac{BO}{OB_1} + \frac{CO}{OC_1} + 2 \geq 8$.

14.12. 삼각형 ABC의 변 BC, CA, AB에 점 A_1, B_1, C_1을 잡아, $BA_1/A_1C = CB_1/B_1A = AC_1/C_1B$이 성립하도록 하자. 삼각형 ABC와 $A_1B_1C_1$의 무게중심이 일치한다는 것을 증명하여라.

14.13. 삼각형 ABC의 변들의 중점에 무게가 변들의 길이와 같도록 점들을 놓았다. 이 점들 체계의 무게중심은 삼각형 ABC의 변들의 중점을 꼭짓점으로 하는 삼각형의 내접원의 중심에 놓여있다는 것을 증명하여라.

참고. 문제 14.13에서 살펴본 점들 체계의 무게중심은 같은 두께를 가지는 세 개의 얇은 기둥으로 된 도형의 무게중심과 일치한다. 실제로 무게중심을 찾을 때, 기둥을 점으로, 즉 이 기둥과 같은 무게를 가지며 기둥의 중심에 위치한 점으로 대치할 수 있다. 한편 기둥의 무게는 기둥의 길이와 비례한다.

14.14. 원주에 n개의 점이 주어졌다. $n-2$개 점들의 무게중심을 지나며 나머지 두 점을 연결한 현에 직교하는 직선을 그었다. 이때 모든 그러한 직선은 한 점에서 만난다는 것을 증명하여라.

14.15. 직선 BC, CA, AB에 점 A_1과 A_2, B_1과 B_2, C_1과 C_2를 $A_1B_2 \| AB$, $B_1C_2 \| BC$, $C_1A_2 \| CA$가 되도록 잡았다. 직선 BB_1과 CC_2, BB_2와 CC_1의 의 교점을 연결한 직선을 l_a라 하고, 직선 l_b와 l_c도 같은 방법으로 정의하자. 이때 직선 l_a, l_b, l_c가 한 점에서 만난다(또는 평행하다)는 것을 증명하여라.

14.16. 삼각형 ABC의 변 BC, CA, AB에 점 A_1, B_1, C_1을 선분 AA_1, BB_1, CC_1이 점 P에서 만나도록 잡았다. l_a, l_b, l_c는 선분 BC와 B_1C_1, CA와 C_1A_1, AB와 A_1B_1의 중점을 연결한 직선이다. 이때 직선 l_a, l_b, l_c는 한 점에서 만나며, 이 교점은 선분 PM에 속한다는 것을 증명하여라(이때 M은 삼각형 ABC의 무게중심이다).

14.17. 삼각형 ABC의 변 BC, CA, AB에 점 A_1, B_1, C_1을 직선 B_1C_1, BB_1, CC_1이 직선 AA_1과 점 M, P, Q에서 각각 만나도록 잡았다. 이때 다음을 증명하여라.

(a) $A_1M/MA = (A_1P/PA) + (A_1Q/QA)$;

(b) 만약 $P = Q$이면, $MC_1 : MB_1 = (BC_1/AB) : (CB_1/AC)$이다.

14.18. 직선 AB에 점 P, P_1을 잡고, 직선 AC에 점 Q, Q_1을 잡았다. 그리고 직선 PQ와 P_1Q_1의 교점과 점 A를 연결한 직선은 직선 BC와 점 D에서 만난다. 이때 다음 등식을 증명하여라.

$$\frac{\overline{BD}}{\overline{CD}} = \frac{(\overline{BP}/\overline{PA}) - (\overline{BP_1}/\overline{P_1A})}{(\overline{CQ}/\overline{QA}) - (\overline{CQ_1}/\overline{Q_1A})}.$$

제 3 절 관성능률

$I_M = m_1MX_1^2 + \ldots + m_nMX_n^2$의 값을 점 M에 대한 무게가 $m_1, \ldots, m_n$인 점들 $X_1, \ldots, X_n$ 체계의 관성능률이라 부른다.

14.19. 무게의 합이 m인 점들 체계의 무게중심을 O라 하자. 점 O와 임의의 점 X에 대해 등식 $I_X = I_O + mXO^2$이 성립함을 증명하여라.

14.20. (a) n은 점들의 개수이고 a_{ij}는 번호가 i, j인 점들 사이의 거리라 하자. 그러면 단위 무게를 가지는 점들 체계의 무게중심에 대한 관성능률은 $\frac{1}{n}\sum_{i<j} a_{ij}^2$임을 증명하여라.
(b) $m = m_1 + \ldots + m_n$이고 a_{ij}는 번호가 i, j인 점들 사이의 거리라 하자. 그러면 무게가 $m_1, \ldots, m_n$인 점들 체계의 무게중심에 대한 관성능률은 $\frac{1}{m}\sum_{i<j} m_im_ja_{ij}^2$임을 증명하여라.

14.21. (a) 삼각형 ABC는 정삼각형이다. 이때 $AX^2 = BX^2 + CX^2$을 만족시키는 점 X의 기하학적 위치를 구하여라.
(b) 얻어진 GLP의 점들에 대해 삼각형 ABC에 대한 수선발삼각형은 직각삼각형임을 증명하여라.

14.22. O는 삼각형 ABC의 외심이고 H는 높이들의 교점이다. 이때 등식 $a^2 + b^2 + c^2 = 9R^2 - OH^2$을 증명하여라.

14.23. 중심이 O인 원의 현 AA_1, BB_1, CC_1은 점 X에서 만난다. $(AX/XA_1) + (BX/XB_1) + (CX/XC_1) = 3$일 필요충분조건은 점 X가 지름이 OM인 원(이때 M은 삼각형 ABC의 무게중심)에 속하는 것임을 증명하여라.

14.24. 삼각형 ABC의 변 AB, BC, CA에 점 A_1과 B_2, B_1과 C_2, C_1과 A_2를 잡아, 선분 A_1A_2, B_1B_2, C_1C_2가 삼각형의 변들과 평행하고 점 P에서 만나도록 하였다. O를 외심이라 할 때, 등식 $PA_1 \cdot PA_2 + PB_1 \cdot PB_2 + PC_1 \cdot PC_2 = R^2 - OP^2$을 증명하여라.

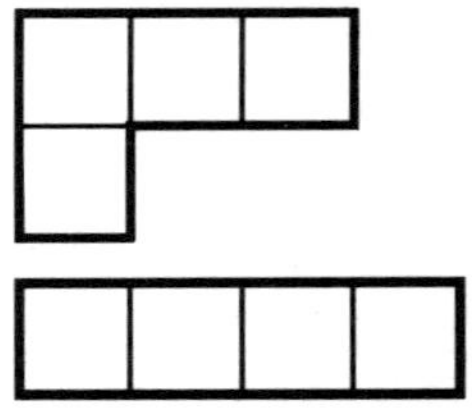

그림 14.1

14.25. 반지름이 R인 원의 내부에 n개의 점이 있다. 이 점들의 쌍 사이의 거리들의 제곱의 합은 n^2R^2을 넘지 않는다는 것을 증명하여라.

14.26. 삼각형 ABC의 내부에 점 P를 잡았다. d_a, d_b, d_c는 점 P에서 삼각형의 변들까지의 거리이고, R_a, R_b, R_c는 점 P에서 꼭짓점들까지의 거리이다. 이때 다음 등식을 증명하여라.

$$3(d_a^2 + d_b^2 + d_c^2) \geq (R_a \sin A)^2 + (R_b \sin B)^2 + (R_c \sin C)^2.$$

14.27. 점 $A_1, \ldots, A_n$은 한 원에 속하며, 이 점들의 무게중심을 M이라 하자. 그리고 직선 $MA_1, \ldots, MA_n$은 이 원과 점 $B_1, \ldots, B_n$($A_1, \ldots, A_n$이 아닌)에서 만난다. 이때 부등식 $MA_1 + \ldots + MA_n \leq MB_1 + \ldots + MB_n$을 증명하여라.

제 4 절 다양한 문제들

14.28. 다각형이 몇 개의 대칭축을 가지면, 이 대칭축들은 한 점에서 만난다는 것을 증명하여라.

14.29. 격자판에 놓인 중심대칭 도형이 그림 14.1과 같은 L자 도형 n개와 1×4인 직사각형 k개로 이루어져 있다. 이때 n이 짝수임을 증명하여라.

14.30. 무게중심을 이용하여 문제 13.44를 풀어라.

14.31. 평행사변형 $ABCD$의 변 BC, CD에 점 K, L을 잡아, $BK : KC = CL :$

LD가 되도록 하였다. 이때 삼각형 AKL의 무게중심은 대각선 BD에 속한다는 것을 증명하여라.

제 5 절 중심좌표

평면에 삼각형 $A_1A_2A_3$가 주어졌다. 이 삼각형의 꼭짓점에 무게 m_1, m_2, m_3가 놓여있으며, 이 삼각형의 무게중심을 X라 하자. 이때 수 $(m_1 : m_2 : m_3)$를 삼각형 $A_1A_2A_3$에 대한 점 X의 중심좌표(barycentric coordinates)라 부른다.

14.32. 삼각형 $A_1A_2A_3$가 주어졌다. 이때 다음을 증명하여라.
(a) 임의의 점 X는 이 삼각형에 대한 몇 개의 중심좌표들을 가진다.
(b) $m_1 + m_2 + m_3 = 1$이면 점 X의 중심좌표는 유일하게 결정된다.

14.33. 삼각형 ABC의 내부점 X의 중심좌표는 $(S_{BCX} : S_{CAX} : S_{ABX})$라는 것을 증명하여라.

14.34. 점 X는 삼각형 ABC의 내부에 속한다. 점 X를 지나며 AC, BC에 평행한 직선들은 변 AB와 점 K, L에서 만난다. 이때 점 X의 중심좌표는 $(BL : AK : LK)$임을 증명하여라.

14.35. 삼각형의 (a) 외심; (b) 내심; (c) 수심의 중심좌표를 구하여라.

14.36. 삼각형 ABC에 대한 점 X의 중심좌표는 $(\alpha : \beta : \gamma)$이며, $\alpha+\beta+\gamma = 1$이다. 이때 $\overrightarrow{XA} = \beta\overrightarrow{BA} + \gamma\overrightarrow{CA}$임을 증명하여라.

14.37. $(\alpha : \beta : \gamma)$는 점 X의 중심좌표이며, $\alpha+\beta+\gamma = 1$이다. 삼각형 ABC의 무게중심을 M이라 할 때, $3\overrightarrow{XM} = (\alpha-\beta)\overrightarrow{AB} + (\beta-\gamma)\overrightarrow{BC} + (\gamma-\alpha)\overrightarrow{CA}$임을 증명하여라.

14.38. 삼각형 ABC의 무게중심은 M이고, X는 임의의 점이다. 직선 BC, CA, AB에 점 A_1, B_1, C_1을 잡아 $A_1X \| AM$, $B_1X \| BM$, $C_1X \| CM$이 되도록

하였다. 이때 삼각형 $A_1B_1C_1$의 무게중심 M_1은 선분 MX의 중점과 일치한다는 것을 증명하여라.

14.39. $A_1A_2A_3$의 외접원의 방정식을 중심좌표로 구하여라.

14.40. (a) 중심좌표가 $(\alpha : \beta : \gamma)$, $(\alpha^{-1} : \beta^{-1} : \gamma^{-1})$인 점들은 삼각형 ABC에 대해 등선분공액이라는 것을 증명하여라.
(b) 삼각형 ABC의 변들의 길이가 a, b, c이다. 이때 중심좌표가 $(\alpha : \beta : \gamma)$, $(a^2/\alpha : b^2/\beta : c^2/\gamma)$인 점들은 삼각형 ABC에 대해 등각공액이라는 것을 증명하여라.

14.41. 직선 AB, BC, CA에 점 C_1과 C_2, A_1과 A_2, B_1과 B_2가 주어졌다. 점 C_1, C_2는 $(1+\gamma_1)\overrightarrow{AC_1} = \overrightarrow{AB}$, $(1+\gamma_2)\overrightarrow{C_2B} = \overrightarrow{AB}$인 수 γ_1, γ_2를 정의하며, 수 α_1, α_2, β_1, β_2도 유사한 방법으로 정의된다. 이때 직선 A_2B_1, B_2C_1, C_2A_1이 한 점에서 만날 필요충분조건은 $\alpha_1\beta_1\gamma_1 + \alpha_2\beta_2\gamma_2 + \alpha_1\alpha_2 + \beta_1\beta_2 + \gamma_1\gamma_2 = 1$임을 증명하여라.

참고. $\alpha_2 = \beta_2 = \gamma_2 = 0$일 때에 점 A_2, B_2, C_2는 B, C, A와 일치하며, 이러한 경우에 체바의 정리를 얻게 된다. $\alpha_1\alpha_2 = \beta_1\beta_2 = \gamma_1\gamma_2 = 1$일 때에 점 A_1과 A_2, B_1과 B_2, C_1과 C_2가 일치한다(실제로 점 A_1과 A_2의 일치는 $\frac{1}{\alpha_1} + \frac{1}{\alpha_2} = 1$과 같으며, 이 등식은 등식 $\alpha_1\alpha_2 = 1$과 같다). 직선 A_1B_1, B_1C_1, C_1A_1이 한 점에서 만날 필요충분조건은 이들이 일치하는 것이다. 이러한 경우에 메넬라우스의 정리를 얻게 된다.

제 6 절 삼선좌표

삼선좌표는 중심좌표와 밀접하게 관련되어 있다. 만약 $(\alpha : \beta : \gamma)$를 ABC에 대한 점 X의 중심좌표라 하면, $(x : y : z) = \left(\frac{\alpha}{a} : \frac{\beta}{b} : \frac{\gamma}{c}\right)$는 이 점의 삼선좌표(trilinear coordinates)이다. 중심좌표와 마찬가지로, 삼선좌표는 비의 수준에서 정의된다.
삼각형 ABC의 내부에 속한 점 X에 대해, 중심좌표로 삼각형들의 넓이 $(S_{BCX} : S_{CAX} : S_{ABX})$를 잡을 수 있다. 이것은 삼선좌표로 점 X에서 삼각형의 변들까지의 거리를 잡을 수 있다는 것을 의미한다. 만약 점 X가 삼각형의 외부에 놓여있으면, 변들까지의 거리는 부호를 고려하여 생각해야 한다. 예를 들어, 점 X와 A가 직선 BC에 대해 같은쪽에 있으면 $x > 0$이며, 다른쪽에 있으면 $x < 0$이다.

삼선좌표에서 등각공액은 식 $(x : y : z) \mapsto (x^{-1} : y^{-1} : z^{-1})$에 의해 주어진다. 그리고 삼선좌표는 등각공액에 관련된 작업에서 자주 이용된다.

14.42. 볼록사각형 $ABCD$의 변들의 연장선이 점 P, Q에서 만난다. 이때 꼭짓점 A와 C, B와 D, P와 Q에서 외각의 이등분선들의 교점은 한 직선에 속한다는 것을 증명하여라.

14.43. 볼록사각형 $ABCD$의 변 AD, DC에 점 P, Q를 잡아 $\angle ABP = \angle CBQ$가 되도록 하였다. 그리고 선분 AQ와 CP는 점 E에서 만난다. 이때 등식 $\angle ABE = \angle CBD$를 증명하여라.

14.44. 브로카르의 점들의 삼선좌표를 구하여라.

14.45. (a) 외접원; (b) 내접원; (c) 방접원의 방정식을 삼선좌표로 나타내라.

14.46. 구점원의 방정식을 삼선좌표로 나타내라.

14.47. (a) 삼선좌표에서 임의의 원은 방정식 $(px + qy + rz)(x \sin\alpha + y \sin\beta + z \sin\gamma) = yz \sin\alpha + xz \sin\beta + xy \sin\gamma$에 의해 주어진다는 것을 증명하여라.

(b) 그러한 방정식에 의해 주어진 두 원의 근축은 방정식 $p_1x+q_1y+r_1z = p_2x + q_2y + r_2z$에 의해 주어진다는 것을 증명하여라.

14.48. 점 $(x_0 : y_0 : z_0)$에서 내접원에 대한 접선은 다음 방정식에 의해 주어진다는 것을 증명하여라.

$$\frac{x}{\sqrt{x_0}} \cos\frac{\alpha}{2} + \frac{y}{\sqrt{y_0}} \cos\frac{\beta}{2} + \frac{z}{\sqrt{z_0}} \cos\frac{\gamma}{2} = 0.$$

14.49. 내접원이 구점원과 접한다는 것을 증명하여라(포이어바흐의 정리). 접점의 삼선좌표를 구하여라.

14.50. (a) 브로카르 삼각형의 꼭짓점들의 삼선좌표를 구하여라.

(b) 슈타이너 점의 삼선좌표를 구하여라(문제 19.58 참고).

힌트 및 증명

14.1. X, O는 임의의 점이다. 그러면 $m_1\overrightarrow{OX_1}+\ldots+m_n\overrightarrow{OX_n} = (m_1+\ldots+m_n)\overrightarrow{OX}+m_1\overrightarrow{XX_1}+\ldots+m_n\overrightarrow{XX_n}$이므로, 점 O가 주어진 점들 체계의 무게중심일 필요충분조건은 $(m_1+\ldots+m_n)\overrightarrow{OX}+m_1\overrightarrow{XX_1}+\ldots+m_n\overrightarrow{XX_n} = \overrightarrow{0}$, 즉 $\overrightarrow{XO} = \frac{1}{m_1+\ldots+m_n}(m_1\overrightarrow{XX_1}+\ldots+m_n\overrightarrow{XX_n})$이다. 이로부터 두 문제의 풀이가 얻어진다.

14.2. Z는 임의의 점이며, $a = a_1+\ldots+a_n$, $b = b_1+\ldots+b_m$이라 하자. 그러면 $\overrightarrow{ZX} = (a_1\overrightarrow{ZX_1}+\ldots+a_n\overrightarrow{ZX_n})/a$이고 $\overrightarrow{ZY} = (b_1\overrightarrow{ZY_1}+\ldots+b_m\overrightarrow{ZY_m})/b$이다. 만약 O가 무게가 a인 점 X와 무게가 b인 점 Y의 무게중심이라 하면, $\overrightarrow{ZO} = (a\overrightarrow{ZX}+b\overrightarrow{ZY})/(a+b) = (a_1\overrightarrow{ZX_1}+\ldots+a_n\overrightarrow{ZX_n}+b_1\overrightarrow{ZY_1}+\ldots+b_m\overrightarrow{ZY_m})/(a+b)$, 즉 O는 무게가 $a_1,\ldots,a_n$, $b_1,\ldots,b_m$인 점들 체계 $X_1,\ldots,X_n$, $Y_1,\ldots,Y_m$의 무게중심이다.

14.3. O를 주어진 체계의 무게중심이라 하자. 그러면 $a\overrightarrow{OA}+b\overrightarrow{OB} = \overrightarrow{0}$이므로, 점 O는 선분 AB에 속하며, $aOA = bOB$, 즉 $AO : OB = b : a$이다.

14.4. 점 A, B, C에 단위 무게를 놓고, O를 이 점들의 무게중심이라 하자. 그러면 점 O는 무게가 1인 점 A와 무게가 2인 점 A_1의 무게중심이다(점 A_1은 무게가 1인 점 B, C의 무게중심, 즉 선분 BC의 중점이다). 그러므로 점 O는 중선 AA_1에 속하며, 이 중선을 $AO : OA_1 = 2 : 1$로 나눈다. 같은 방법으로, 나머지 중선들이 점 O를 지나며 이 점에 의해 $2 : 1$로 나뉘어진다는 것을 증명할 수 있다.

14.5. 사각형 $ABCD$의 꼭짓점에 단위 무게를 놓고, O를 이 점들의 무게중심이라 하자. 이제 점 O가 선분 KM과 LN의 중점이며, 대각선들의 중점을 연결한 선분의 중점이라는 것을 증명하면 된다. K는 점 A와 B의 무게중심이고, M은 점 C와 D의 무게중심이다. 그러므로 점 O는 무게가 2인 점 K와 M의 무게중심이다. 즉 O는 선분 KM의 중점이다. 같은 방법으로, O가 선분 LN의 중점이라는 것을 알 수 있다. 점들의 쌍 (A, C)와 (B, D)의 무게중심을 생각하면, 점 O가 대각선들의 중점을 연결한 선분의 중점이라는 것을 알 수 있다.

14.6. 육각형의 꼭짓점에 단위 무게를 놓고, O를 이 점들의 무게중심이라 하자. 점 A_1, C_1, E_1은 점들의 쌍 (A, B), (C, D), (E, F)의 무게중심이므로, 점 O는 무게가 2인 점 A_1, C_1, E_1의 무게중심이다. 즉 O는 삼각형 $A_1C_1E_1$의 중선들의 교점이다(문제 14.4의 풀이 참고). 같은 방법으로, 점 O가 삼각형 $B_1D_1F_1$의 중선들의 교점이라는 것을 증명할 수 있다.

14.7. 직선 AA_1과 CC_1이 점 O에서 만나며, $AC_1 : C_1B = p$, $BA_1 : A_1C = q$라고 하자. 이제 직선 BB_1이 점 O를 지날 필요충분조건은 $CB_1 : B_1A = 1 : pq$임을 증명하자.
점 A, B, C에 무게 1, p, pq를 각각 놓자. 그러면 점 C_1은 점 A와 B의 무게중심이며, 점 A_1은 점 B와 C의 무게중심이다. 그러므로 주어진 무게를 가지는 점 A, B, C의 무게중심은 직선 CC_1과 AA_1의 교점 O이다. 다른 한편으로, 점 O는 A와 C의 무게중심과 점 B를 연결하는 선분에 속한다. 만약 B_1이 무게가 1, pq인 점 A와 C의 무게중심이면, $AB_1 : B_1C = pq : 1$이다. 이제 선분 AC에 $AB_1 : B_1C$로 나누는 점이 유일하게 존재한다는 것을 생각하면 된다.

14.8. 점 A, B, C, D에 무게 1, α, $\alpha\beta$, β를 놓자. 그러면 점 K, L, M, N은 점들의 쌍 (A, B), (B, C), (C, D), (D, A)의 무게중심이다. 점 O를 점 A, B, C, D의 무게중심이라 하자. 그러면 O는 선분 NL에 속하며, $NO : OL = (\alpha\beta+\alpha) : (1+\beta) = \alpha$이다. 점 O는 선분 KM에 속하며, $KO : OM = (\beta + \alpha\beta) : (1 + \alpha) = \beta$이다. 그러므로 O는 선분 KM과 LN의 교점이며, $O = P$이고 $NP : PL = NO : OL = \alpha$, $KP : PM = \beta$이다.

14.9. 꼭짓점 A, B, C에 무게 p, 1, q를 놓고, O를 이 점들의 무게중심이라 하자. 무게가 1인 점을 무게가 x_a, x_c(이때 $x_a + x_c = 1$)인 두 겹치는 점으로 생각할 것이다. K는 무게가 p, x_a인 점 A, B의 무게중심이라 하고, L은 무게가 q, x_c인 점 C, B의 무게중심이라 하자. 그러면 $AK : KB = x_a : p$, $CL : LB = x_c : q$이며, 무게가 $p + x_a$, $q + x_c$인 점 K, L의 무게중심인 O는 직선 KL에 속한다. x_a를 0에서 1까지 변화시키면, 점 O를 지나며 변 AB, BC와 만나는 모든 직선을 얻을 수 있다. 그러므로 모든 이들 직선에 대해 등식 $\frac{pAK}{KB} + \frac{qCL}{LB} = x_a + x_c = 1$이 성립한다.

14.10. 파리들의 무게중심을 O라 하자. 파리 한 마리가 꼭짓점 A에 있고, A_1은 나머지 두 마리의 무게중심이라 하자. 그러면 A_1은 삼각형의 내부에 속하며, 점 O는 선분 AA_1에 속하고 $AO : OA_1 = 2 : 1$이 성립한다. 그러므로 점 O는 계수가

2/3이고 중심이 A인 중심닮음변환에 의해 삼각형 ABC로부터 얻어진 삼각형에 속한다. 모든 세 꼭짓점에 대해 그러한 삼각형들을 생각하면, 유일한 공통인 점은 삼각형 ABC의 중선들의 교점이라는 것을 알 수 있다. 파리 한 마리가 모든 세 꼭짓점에 있었으므로, 이때 점 O는 한 위치에 있고, 점 O는 이들 모든 세 삼각형에 속해야 한다. 즉 O는 삼각형 ABC의 중선들의 교점과 일치한다.

14.11. (a) $AB_1 : B_1C = 1 : p$, $BA_1 : A_1C = 1 : q$라고 하자. 점 A, B, C에 무게 p, q, 1을 놓자. 그러면 점 A_1과 B_1은 점들의 쌍 (B, C), (A, C)의 무게중심이다. 그러므로 점 A, B, C의 무게중심은 선분 AA_1, 선분 BB_1에 속한다. 즉 점 O와 일치한다. 결국 점 C_1은 점 A, B의 무게중심이며, $CO/OC_1 = p + q = (CB_1/B_1A) + (CA_1/A_1B)$이다.
(b) (a)에 의해, $\frac{AO}{OA_1} \cdot \frac{BO}{OB_1} \cdot \frac{CO}{OC_1} = \frac{1+q}{p} \cdot \frac{1+p}{q} \cdot \frac{p+q}{1} = p+q+(p/q)+(q/p)+(1/p)+(1/q)+2 = \frac{AO}{OA_1} + \frac{BO}{OB_1} + \frac{CO}{OC_1} + 2$이다. 그리고 $p + (1/p) \geq 2$, $q + (1/q) \geq 2$, $(p/q) + (q/p) \geq 2$이다.

14.12. M을 삼각형 ABC의 무게중심이라 하자. 그러면 $\overrightarrow{MA} + \overrightarrow{MB} + \overrightarrow{MC} = \overrightarrow{0}$이다. 게다가 $\overrightarrow{AB_1} + \overrightarrow{BC_1} + \overrightarrow{CA_1} = k(\overrightarrow{AC} + \overrightarrow{BA} + \overrightarrow{CB}) = \overrightarrow{0}$이다. 이들 등식을 더하면, $\overrightarrow{MB_1} + \overrightarrow{MC_1} + \overrightarrow{MA_1} = \overrightarrow{0}$이다. 즉 M은 삼각형 $A_1B_1C_1$의 무게중심이다.

참고. 임의의 n각형에 대해서도 유사한 명제가 증명될 수 있다.

14.13. A_1, B_1, C_1을 변 BC, CA, AB의 중점이라 하자. 점 B_1과 C_1의 무게중심은 점 K에 있으며, $B_1K : KC_1 = c : b = B_1A_1 : A_1C_1$이다. 그러므로 A_1K는 각 $B_1A_1C_1$의 이등분선이다.

14.14. M_1을 $n-2$개 점들의 무게중심, K를 나머지 두 점을 연결하는 현의 무게중심, O를 원의 중심, M을 주어진 모든 점들의 무게중심이라 하자. 만약 직선 OM이 점 M_1을 지나는 직선과 점 P에서 만난다고 하면, $\overline{OM}/\overline{MP} = \overline{KM}/\overline{MM_1} = (n-2)/2$이며, 점 P의 위치는 점 O와 M의 위치에 의해 유일하게 결정된다(만약 $M = O$이면, $P = O$이다).

14.15. 직선 A_1B_2와 AB의 평행성으로부터, 만약 B_2가 무게 1, γ인 점 A와 C의 무게중심이면, 무게가 1과 γ인 점 B와 C의 무게중심은 A_1이라는 것을 알 수 있다. 수 α, β를 유사한 방법으로 정의하자.
직선 BB_1과 CC_2는 무게가 α, 1, 1인 점 A, B, C의 무게중심에서 만난다. 직선 BB_2와 CC_1는 무게가 1, β, γ인 점 A, B, C의 무게중심에서 만난다. 그러

므로 직선 l_a는 무게가 $1+\alpha$, $1+\beta$, $1+\gamma$인 점 A, B, C의 무게중심을 지난다. 같은 방법으로, 직선 l_b, l_c가 이 점을 지난다는 것이 증명된다. 만약 무게의 합이 0이면, 무게중심은 무한히 떨어진 점이며, 이 경우에 직선 l_a, l_b, l_c는 평행하다.

14.16. P는 무게가 a, b, c인 점 A, B, C의 무게중심, M은 무게가 $a+b+c$인 점들 A, B, C의 무게중심, Q는 두 점들 체계의 무게중심이라 하자. 선분 AB의 중점은 무게가 $a+b+c-(ab/c)$, $a+b+c-(ab/c)$, 0인 점 A, B, C의 무게중심이며, 선분 A_1B_1의 중점은 무게가 $a(b+c)/c$, $b(a+c)/c$, $(b+c)+(a+c)$인 점 A, B, C의 무게중심이다. 이들 두 체계의 무게중심은 점 Q이다.

14.17. (a) 점 B, C, A에 무게 β, γ, $b+c$를 놓아, 등식 $CA_1 : BA_1 = \beta : \gamma$, $BC_1 : AC_1 = b : \beta$, $AB_1 : CB_1 = \gamma : c$가 성립하도록 하자. 그러면 M은 이 체계의 무게중심이며, $A_1M/AM = (b+c)/(\beta+\gamma)$이다. 점 P는 무게가 c, β, γ인 점 A, B, C의 무게중심이므로, $A_1P/PA = c/(\beta+\gamma)$가 된다. 같은 방법으로, $A_1Q/AQ = b/(\beta+\gamma)$가 됨을 알 수 있다.
(b) 문제 (a)와 같은 방법으로, $MC_1/MB_1 = (c+\gamma)/(b+\beta)$, $BC_1/AB = b/(b+\beta)$, $AC/CB_1 = (c+\gamma)/c$를 얻을 수 있다. 게다가 $b=c$이다. 왜냐 하면 직선 AA_1, BB_1, CC_1가 한 점에서 만나기 때문이다(문제 14.7을 참고).

14.18. 직선 PQ와 P_1Q_1의 교점은 무게가 a, b, c인 점 A, B, C의 무게중심이다. 이때 점 P는 무게가 $a-x$, b인 점 A와 B의 무게중심이고, Q는 무게가 x, c인 점 A와 C의 무게중심이다. $p = \overline{BP}/\overline{PA} = (a-x)/b$, $q = \overline{CQ}/\overline{QA} = x/c$라 하자. 그러면 $pb+qc=a$이다. 같은 방법으로, $p_1b+q_1c=a$를 알 수 있다. 결국 $\overline{BD}/\overline{CD} = -c/b = (p-p_1)/(q-q_1)$이다.

14.19. 주어진 체계의 점들에 번호를 붙이자. $\boldsymbol{x}_i$는 시점이 O이고 끝이 번호 i인 점(무게가 m_i인)으로 된 벡터라 하자. 그러면 $\sum m_i\boldsymbol{x}_i = \boldsymbol{0}$이다. 그리고 $\boldsymbol{a} = \overrightarrow{XO}$라 하자. 그러면 $I_O = \sum m_i\boldsymbol{x}_i^2$, $I_M = \sum m_i(\boldsymbol{x}_i+a)^2 = \sum m_i\boldsymbol{x}_i^2 + 2(\sum m_i\boldsymbol{x}_i, \boldsymbol{a}) + \sum m_i\boldsymbol{a}^2 = I_O + m\boldsymbol{a}^2$이다.

14.20. (a) $\boldsymbol{x}_i$는 시점이 O이고 끝이 번호 i인 점으로 된 벡터라 하자. 그러면 $\sum\limits_{i,j}(\boldsymbol{x}_i - \boldsymbol{x}_j)^2 = \sum\limits_{i,j}(\boldsymbol{x}_i^2+\boldsymbol{x}_j^2) - 2\sum\limits_{i,j}(\boldsymbol{x}_i, \boldsymbol{x}_j)$이다(이때 모든 가능한 점들의 쌍에 대해 합을 한다). $\sum\limits_{i,j}(\boldsymbol{x}_i^2+\boldsymbol{x}_j^2) = 2n\sum\limits_i \boldsymbol{x}_i^2 = 2nI_O$, $\sum\limits_{i,j}(\boldsymbol{x}_i,\boldsymbol{x}_j) = \sum\limits_i(\boldsymbol{x}_i, \sum\limits_j \boldsymbol{x}_j) = 0$이다.

그러므로 $2nI_O = \sum_{i,j}(\boldsymbol{x}_i - \boldsymbol{x}_j)^2 = 2\sum_{i<j} a_{ij}^2$이다.

(b) $\boldsymbol{x}_i$는 시점이 무게중심 O이고 끝이 번호 i인 점으로 된 벡터라 하자. 그러면 $\sum_{i,j} m_i m_j(\boldsymbol{x}_i - \boldsymbol{x}_j)^2 = \sum_{i,j} m_i m_j(\boldsymbol{x}_i^2 + \boldsymbol{x}_j^2) - 2\sum_{i,j} m_i m_j(\boldsymbol{x}_i, \boldsymbol{x}_j)$이다. 그리고 $\sum_{i,j} m_i m_j(\boldsymbol{x}_i^2 + \boldsymbol{x}_j^2) = \sum_i m_i \sum_j (m_j \boldsymbol{x}_i^2 + m_j \boldsymbol{x}_j^2) = \sum_i m_i(m\boldsymbol{x}_i^2 + I_O) = 2mI_O$, $\sum_{i,j} m_i m_j(\boldsymbol{x}_i, \boldsymbol{x}_j) = \sum_i m_i(\boldsymbol{x}_i, \sum_j m_j \boldsymbol{x}_j) = 0$이다. 그러므로 $2mI_O = \sum_{i,j} m_i m_j(\boldsymbol{x}_i - \boldsymbol{x}_j)^2 = 2\sum_{i<j} m_i m_j a_{ij}^2$이다.

14.21. (a) M이 직선 BC에 대해 점 A와 대칭이라고 하자. 그러면 점 M은 무게가 -1, 1, 1인 점 A, B, C의 무게중심이며, $-AX^2 + BX^2 + CX^2 = I_X = I_M + (-1 + 1 + 1)MX^2 = (-3 + 1 + 1)a^2 + MX^2$이다(이때 a는 삼각형 ABC의 변이다). 결국 구하는 GLP는 중심이 M이고 반지름이 a인 원이다.

(b) 점 X를 직선 BC, CA, AB에 사영시켜 A', B', C'이라 하자. 점 B'과 C'은 지름이 AX이 원에 속하므로, $B'C' = AX \sin B'AC' = \sqrt{3}AX/2$이다. 같은 방법으로, $C'A' = \sqrt{3}BX/2$, $A'B' = \sqrt{3}CX/2$가 됨을 알 수 있다. 결국 $AX^2 = BX^2 + CX^2$이면, $\angle B'A'C' = 90°$가 된다.

14.22. M은 단위 무게를 가지는 ABC의 꼭짓점들의 무게중심이라 하자. 그러면 $I_O = I_M + 3MO^2 = (a^2 + b^2 + c^2)/3 + 3MO^2$이다(문제 14.19와 14.29(a)를 참고). $OA = OB = OC = R$이므로, $I_O = 3R^2$이다. 이제 $OH = 3OM$(문제 5.116)을 생각하면 된다.

14.23. $AX/XA_1 = AX^2/AX \cdot XA_1 = AX^2/(R^2 - OX^2)$이다. 그러므로 $AX^2 + BX^2 + CX^2 = 3(R^2 - OX^2)$일 필요충분조건은 $AX^2 + BX^2 + CX^2 = I_X = I_M + 3MX^2 = I_O - 3MO^2 + 3MX^2 = 3(R^2 - MO^2 + MX^2)$이라는 것을 확인하면 된다.

14.24. P를 무게가 α, β, γ인 점 A, B, C의 무게중심이라 하고, ?$\alpha + \beta + \gamma = 1$이라고 생각할 수 있다. 만약 K가 직선 CP와 AB의 교점이면, 다음 등식이 성립한다.

$$\frac{BC}{PA_1} = \frac{CK}{PK} = \frac{CP + PK}{PK} = 1 + \frac{CP}{PK} = 1 + \frac{\alpha + \beta}{\gamma} = \frac{1}{\gamma}.$$

같은 방법으로, 고찰하는 값이 $\beta\gamma a^2 + \gamma\alpha b^2 + \alpha\beta c^2 = I_P$와 같다는 것을 보일 수 있다(문제 14.20(b)를 참고). $I_O = \alpha R^2 + \beta R^2 + \gamma R^2 = R^2$이므로, $I_P = I_O - OP^2 = R^2 - OP^2$이다.

14.25. 주어진 점들에 단위 무게를 놓자. 문제 14.20(a)의 결과로부터, 이 점들의 쌍들 사이의 거리의 제곱의 합은 nI와 같다(이때 I는 무게중심에 대한 점들 체계의 관성능률이다). 이제 원의 중심 O에 대한 체계의 관성능률을 살펴보자. 한편으론 $I \le I_O$이다(문제 14.19를 참고). 다른 한편으론 점 O에서 주어진 임의의 점까지의 거리가 R을 넘지 않으므로, $I_O \le nR^2$이다. 그러므로 $nI \le n^2R^2$이며, 등호는 $I = I_O$(즉 무게중심이 원의 중심과 일치)와 $I_O = nR^2$(즉 모든 점이 주어진 원에 놓임)일 때에 성립한다.

14.26. P를 변 BC, CA, AB에 사영시켜 A_1, B_1, C_1이라 하고, M을 삼각형 $A_1B_1C_1$의 무게중심이라 하자. 그러면 $3(d_a^2 + d_b^2 + d_c^2) = 3I_P \ge 3I_M = A_1B_1^2 + B_1C_1^2 + C_1A_1^2 = (R_c \sin C)^2 + (R_a \sin A)^2 + (R_b \sin B)^2$이다. 왜냐 하면, 예를 들어 선분 A_1B_1이 지름이 CP인 원의 현이기 때문이다.

14.27. O를 주어진 원의 중심이라 하자. 만약 현 AB가 점 M을 지나면, $AM \cdot BM = R^2 - d^2$이다(이때 $d = MO$이다). 점 X에 대한 $A_1, \ldots, A_n$의 관성능률을 I_X로 나타내자. 그러면 $I_O = I_M + nd^2$이다(문제 14.19를 참고). 한편으론 $OA_i = R$이므로, $I_O = nR^2$이다. 그러므로 $A_iM \cdot B_iM = R^2 - d^2 = \frac{1}{n}(A_1M^2 + \ldots + A_nM^2)$이다. 이와 같이, 만약 표기 $a_i = A_iM$을 도입하면, 고찰하는 부등식을 $a_1 + \ldots + a_n \le \frac{1}{n}(a_1^2 + \ldots + a_n^2)\left(\frac{1}{a_1} + \ldots + \frac{1}{a_n}\right)$인 꼴로 다시 쓸 수 있다. 이 부등식을 증명하려면, 부등식 $x + y \le (x^2/y) + (y^2/x)$을 이용해야 한다(마지막 부등식은 부등식 $xy \le x^2 - xy + y^2$의 양변에 $\frac{x+y}{xy}$를 곱해서 얻어진다).

14.28. 다각형의 꼭짓점들에 단위 무게를 놓자. 대칭축에 대해 대칭시키면, 이 점들의 체계는 자신으로 보내지므로, 점들 체계의 무게중심도 자신으로 보내진다. 결국 모든 대칭축은 꼭짓점들의 무게중심을 지난다.

14.29. L자 도형과 직사각형을 구성하는 격자판의 각 정사각형의 중심에 단위 무게를 놓자. 각 정사각형을 네 개의 정사각형으로 자르자. 쉽게 L자 도형의 무게중심은 작은 정사각형의 중심에 있고, 직사각형의 무게중심은 작은 정사각형의 꼭짓점에 있다는 것을 확인할 수 있다(그림 14.2). 도형의 무게중심은 그 도형의 대칭의 중심과 일치하고, 처음 정사각형들로 이루어진 도형의 대칭의 중심은 새로운 작은 정사각형의 꼭짓점에만 위치할 수 있다. L자 도형들과 직사각형들의 무게가 같으므로, 도형의 무게중심을 시점으로 하고 모든 L자 도형과 직사각형의 무게중심을 끝점으로 하는 벡터들의 합은 영이다. 만약 L자 도형의 개수가 홀수이면, 벡터들의 합은 정수가 아닌 좌표를 가지며 0이 될 수 없다.

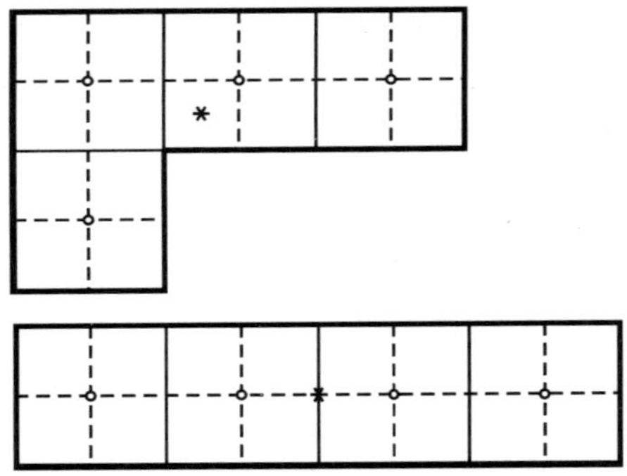

그림 14.2

결국 L자 도형의 개수는 짝수이다.

14.30. 다각형 $A_1 \dots A_n$의 꼭짓점들에 단위 무게를 놓자. 그러면 O는 주어진 점들 체계의 무게중심이다. 그러므로 $\overrightarrow{A_iO} = (\overrightarrow{A_iA_1} + \dots + \overrightarrow{A_iA_n})/n$이고 $A_iO \le (A_iA_1 + \dots + A_iA_n)/n$이다. 결국 $d = A_1O + \dots + A_nO \le \frac{1}{n} \sum_{i,j=1} A_iA_j$가 된다. 수 n을 $n = 2m$인 꼴이나 $n = 2m+1$인 꼴로 쓸 수 있다. P를 다각형의 둘레라고 하자. $A_1A_2 + \dots + A_nA_1 = P$, $A_1A_3 + A_2A_4 + \dots + A_nA_2 \le 2P, \dots$, $A_1A_{m+1} + A_2A_{m+2} + \dots + A_nA_m \le mP$가 성립하며, 이들 부등식의 좌변에는 모든 변들과 대각선들이 포함되어 있다. 합 $\sum_{i,j=1}^{n} A_iA_j$에 이들 모두가 두 번씩 포함되므로, 다음이 성립한다.

$$d \le \frac{1}{n} \sum_{i,j=1}^{n} A_iA_j \le \frac{2}{n}(P + 2P + \dots + mP) = \frac{m(m+1)}{n} P.$$

짝수인 n에 대해, 합 $A_1A_{m+1} + \dots + A_nA_{m+n}$에 각각의 대각선이 두 번씩 포함된다는 것을 감안하면, mP 대신에 $mP/2$를 잡을 수 있다. 즉 짝수인 n에 대해, 다음이 성립한다.

$$d \le \frac{2}{n}\Big(P + 2P + \dots + (m-1)P + \frac{m}{2}P\Big) = \frac{m^2}{n} P.$$

이와 같이 짝수인 n에 대해 $d \le \frac{m^2}{n} P = \frac{n}{4}P$이고, 홀수인 n에 대해 $d \le \frac{m(m+1)}{n} P = \frac{n^2-1}{4n} P$이다.

14.31. $k = BK/BC = 1 - (DL/DC)$이라 하자. 대각선 BD와 직교하는 직선에 사영시키면 점 A, B, K, L은 점 A', B', K', L'으로 보내지며 $B'K' + B'L' =$

$kA'B' + (1-k)A'B' = A'B'$이 성립한다. 결국 점 A', K', L'의 무게중심은 점 B'과 일치한다. 이제 사영에서 무게중심은 무게중심으로 보내진다는 것을 생각하면 된다.

14.32. 표기 $\boldsymbol{e}_1 = \overrightarrow{A_3A_1}$, $\boldsymbol{e}_2 = \overrightarrow{A_3A_2}$, $\boldsymbol{x} = \overrightarrow{XA_3}$을 도입하자. 점 X가 무게가 m_1, m_2, m_3인 삼각형 $A_1A_2A_3$의 꼭짓점들의 무게중심일 필요충분조건은 $m_1(\boldsymbol{x}+\boldsymbol{e}_1)+m_2(\boldsymbol{x}+\boldsymbol{e}_2)+m_3\boldsymbol{x} = \boldsymbol{0}$, 즉 $m\boldsymbol{x} = -(m_1\boldsymbol{e}_1+m_2\boldsymbol{e}_2)$이다(이때 $m = m_1+m_2+m_3$이다). $m = 1$이라고 생각하자. 평면에서 임의의 벡터 $\boldsymbol{x}$를 $\boldsymbol{x} = -m_1\boldsymbol{e}_1 - m_2\boldsymbol{e}_2$인 꼴로 나타낼 수 있으며, 이때 수 m_1과 m_2는 유일하게 결정된다. 수 m_3는 식 $m_3 = 1 - m_1 - m_2$에 의해 얻어진다.

14.33. 이 문제는 문제 13.29의 변형이다.

참고. 만약 삼각형 BCX, CAX, ABX의 넓이를 유향넓이로 생각하면, 문제가 삼각형 외부에 놓인 점들에 대해서도 성립한다.

14.34. 직선 BC와 평행한 직선 AB에 사영시키면 벡터 $\boldsymbol{u} = \overrightarrow{XA}\cdot BL + \overrightarrow{XB}\cdot AK + \overrightarrow{XC}\cdot LK$는 벡터 $\overrightarrow{LA}\cdot BL + \overrightarrow{LB}\cdot AK + \overrightarrow{LB}\cdot LK$로 보내진다. $\overrightarrow{LA} = \overrightarrow{LK} + \overrightarrow{KA}$이므로, 마지막 벡터는 영벡터이다. 직선 AC와 평행인 직선 AB로의 사영을 생각하면, $\boldsymbol{u} = \boldsymbol{0}$을 얻을 수 있다.

14.35. 문제 14.33의 결과를 이용하면, 쉽게 답이 (a) $(\sin 2\alpha : \sin 2\beta : \sin 2\gamma)$; (b) $(a : b : c)$; (c) $(\tan\alpha : \tan\beta : \tan\gamma)$가 됨을 알 수 있다.
중심좌표의 합을 1로 하면, 답은 (a) $\left(\frac{\cos\alpha}{2\sin\beta\sin\gamma} : \dots\right)$; (c) $(\cot\beta\cot\gamma : \dots)$가 된다.

14.36. 등식 $\alpha\overrightarrow{XA} + \beta\overrightarrow{XB} + \gamma\overrightarrow{XC} = \overrightarrow{0}$의 양변에 벡터 $(\beta+\gamma)\overrightarrow{XA}$를 더하면, $\overrightarrow{XA} = (\beta+\gamma)\overrightarrow{XA} + \beta\overrightarrow{BX} + \gamma\overrightarrow{CX} = \beta\overrightarrow{BA} + \gamma\overrightarrow{CA}$를 얻을 수 있다.

14.37. 문제 14.1(b)에 의해, $3\overrightarrow{XM} = \overrightarrow{XA}+\overrightarrow{XB}+\overrightarrow{XC}$이다. 그리고 $\overrightarrow{XA} = \beta\overrightarrow{BA}+\gamma\overrightarrow{CA}$, $\overrightarrow{XB} = \alpha\overrightarrow{AB} + \gamma\overrightarrow{CB}$, $\overrightarrow{XC} = \alpha\overrightarrow{AC} + \beta\overrightarrow{BC}$이다(문제 14.36을 참고).

14.38. 점 X를 지나 AC, BC와 평행인 직선들이 직선 AB와 점 K, L에서 만난다고 하자. 만약 $(\alpha : \beta : \gamma)$가 점 X의 중심좌표이고 $\alpha+\beta+\gamma = 1$이면, $2\overrightarrow{XC_1} = \overrightarrow{XK} + \overrightarrow{XL} = \gamma\overrightarrow{CA} + \gamma\overrightarrow{CB}$이다(문제 14.34의 풀이를 참고). 그러므로 $3\overrightarrow{XM_1} = \overrightarrow{XA_1}+\overrightarrow{XB_1}+\overrightarrow{XC_1} = (\alpha(\overrightarrow{AB}+\overrightarrow{AC})+\beta(\overrightarrow{BA}+\overrightarrow{BC})+\gamma(\overrightarrow{CA}+\overrightarrow{CB}))/2 = 3\overrightarrow{XM}/2$이다(문제 14.37을 참고).

14.39. X를 임의의 점, O를 주어진 삼각형의 외심, $\boldsymbol{e}_i = \overrightarrow{OA_i}$, $\boldsymbol{a} = \overrightarrow{XO}$라 하자. 만약 점 X의 중심좌표가 $(x_1 : x_2 : x_3)$이면, $\sum x_i(\boldsymbol{a} + \boldsymbol{e}_i) = \sum x_i \overrightarrow{XA_i} = \boldsymbol{0}$이다. 왜냐 하면, X는 무게가 x_1, x_2, x_3인 점 A_1, A_2, A_3의 무게중심이기 때문이다. 그러므로 $(\sum x_i)\boldsymbol{a} = -\sum x_i \boldsymbol{e}_i$이다. 점 X가 삼각형의 외접원에 놓여있을 필요충분조건은 $|\boldsymbol{a}| = XO = R$이다(여기서 R은 이 원의 반지름이다). 이와 같이, 삼각형의 외접원은 중심좌표로 $R^2(\sum x_i)^2 = (\sum x_i \boldsymbol{e}_i)^2$, 즉 $R^2 \sum x_i^2 + 2R^2 \sum_{i<j} x_i x_j = R^2 \sum x_i^2 + 2 \sum_{i<j} x_i x_j (\boldsymbol{e}_i, \boldsymbol{e}_j)$에 의해 주어진다(왜냐하면 $|\boldsymbol{e}_i| = R$이다). 이 방정식을 $\sum_{i<j} x_i x_j (R^2 - (\boldsymbol{e}_i, \boldsymbol{e}_j)) = 0$과 같이 다시 쓸 수 있다. 이제 $2(R^2 - (\boldsymbol{e}_i, \boldsymbol{e}_j)) = a_{ij}^2$(이때 a_{ij}는 변 A_iA_j의 길이)을 생각하면 된다. 실제로 $a_{ij}^2 = |\boldsymbol{e}_i - \boldsymbol{e}_j|^2 = |\boldsymbol{e}_i|^2 + |\boldsymbol{e}_j|^2 - 2(\boldsymbol{e}_i, \boldsymbol{e}_j) = 2(R^2 - (\boldsymbol{e}_i, \boldsymbol{e}_j))$이다. 결국 삼각형 $A_1A_2A_3$의 외접원은 중심좌표로 $\sum_{i<j} x_i x_j a_{ij}^2 = 0$에 의해 주어진다는 것을 알 수 있다(이때 a_{ij}는 변 A_iA_j의 길이).

14.40. (a) X, Y는 중심좌표가 $(\alpha : \beta : \gamma)$, $(\alpha^{-1} : \beta^{-1} : \gamma^{-1})$인 점이며, 직선 CX와 CY는 직선 AB와 점 X_1, Y_1에서 만난다고 하자. 그러면 $\overline{AX_1} : \overline{BX_1} = \beta : \alpha = \alpha^{-1} : \beta^{-1} = \overline{BY_1} : \overline{AY_1}$이다. 직선 AX, BX에 대해 같은 방법으로, 점 X와 Y가 삼각형 ABC에 대해 등선분공액이라는 것을 보일 수 있다.
(b) X의 중심좌표가 $(\alpha : \beta : \gamma)$라 하자. 그리고 $\alpha + \beta + \gamma = 1$이라 생각할 수 있다. 그러면 문제 14.36에 의해 $\overrightarrow{AX} = \beta\overrightarrow{AB} + \gamma\overrightarrow{AC} = \beta c(\overrightarrow{AB}/c) + \gamma b(\overrightarrow{AC}/b)$이다. Y를 각 A의 이등분선에 대해 점 X와 대칭이라 하고, $(\alpha' : \beta' : \gamma')$을 Y의 중심좌표라 하자. 이제 $\beta' : \gamma' = (b^2/\beta) : (c^2/\gamma)$을 확인하면 된다. 각 A의 이등분선에 대한 대칭에서 단위벡터 $\overrightarrow{AB}/c$, $\overrightarrow{AC}/b$는 서로 서로에게로 보내지므로, $\overrightarrow{AY} = \beta c(\overrightarrow{AC}/b) + \gamma b(\overrightarrow{AB}/c)$이다. 결국 $\beta' : \gamma' = (\gamma b/c) : (\beta c/b) = (b^2/\beta) : (c^2/\gamma)$이다.

14.41. 점 A_2, B_1의 중심좌표가 $(0 : 1 : \alpha_2)$, $(1 : 0 : \beta_1)$이므로, 중심좌표 $(\alpha : \beta : \gamma)$에서 직선 A_2B_1은 방정식 $\alpha\beta_1 + \beta\alpha_2 = \gamma$에 의해 주어진다. 직선 B_2C_1, C_2A_1은 방정식 $\beta\gamma_1 + \gamma\beta_2 = \alpha$, $\gamma\alpha_1 + \alpha\gamma_2 = \beta$에 의해 주어진다. 이들 직선이 한 점에서 만날 필요충분조건은 다음과 같다.

$$\begin{vmatrix} \beta_1 & \alpha_2 & -1 \\ -1 & \gamma_1 & \beta_2 \\ \gamma_2 & -1 & \alpha_1 \end{vmatrix} = 0.$$

14.42. 직선 $l_1 = AB$, $l_2 = BC$, $l_3 = CD$, $l_4 = AD$를 생각하자. x_i는 점 X에서 직선

l_i까지 부호를 생각한 거리이다(만약 점 X와 사각형 $ABCD$가 직선 l_i의 같은 쪽에 놓여있으면 양의 부호를 가진다). 이와 같이 $(x_1 : x_2 : x_3)$는 직선 l_1, l_2, l_3에 의해 만들어진 삼각형에 대한 점 X의 삼선좌표이다.
꼭짓점 A, C에서 외각의 이등분선은 방정식 $x_1 + x_4 = 0$, $x_2 + x_3 = 0$에 의해 주어지며, 꼭짓점 B, D에서는 방정식 $x_1 + x_2 = 0$, $x_3 + x_4 = 0$에 의해 주어지며, 꼭짓점 P, Q에서는 방정식 $x_1 + x_3 = 0$, $x_2 + x_4 = 0$에 의해 주어진다. 그러므로 방정식 $x_1 + x_2 + x_3 + x_4 = 0$은 직선이 된다는 것을 확인하면 된다.
만약 직교좌표계에서 직선 l_i가 방정식 $x\cos\varphi + y\sin\varphi = d$에 의해 주어지면, $x_i = \pm(x\cos\varphi + y\sin\varphi - d)$이다. 그러므로 x_1, x_2, x_3, x_4는 x, y를 이용하여 선형적으로 표현된다.

14.43. $(x : y : z)$를 삼각형 ABC에 대한 삼선좌표라 하자. 등식 $\angle ABP = \angle CBQ$로부터 P와 Q가 $(p : u : q)$, $(q : v : p)$인 꼴의 삼선좌표를 가진다는 것이 유도된다. 직선 AP와 CQ는 방정식 $y : z = u : q$, $x : y = q : v$에 의해 주어지므로, 이들의 교점 D는 삼선좌표 $\left(\frac{1}{v} : \frac{1}{q} : \frac{1}{u}\right)$을 가진다. 직선 AQ와 CP는 방정식 $y : z = v : p$, $x : y = p : u$에 의해 주어지므로, 이들의 교점 E는 삼선좌표 $\left(\frac{1}{u} : \frac{1}{p} : \frac{1}{v}\right)$을 가진다. 점 D와 E의 삼선좌표로부터 $\angle CBD = \angle ABE$가 됨을 알 수 있다.

14.44. $(x : y : z)$를 첫 번째 브로카르 점 P의 삼선좌표라 하자. 그러면 $x : y : z = CP : AP : BP$이다. 그리고 $AP/\sin\varphi = AB/\sin\alpha = 2Rc/a$이다(이때 φ는 브로카르의 각). 마찬가지로 $BP = 2R\sin\varphi\, a/b$, $CP = 2R\sin\varphi\, b/c$이다. 이와 같이 첫 번째 브로카르의 점은 삼선좌표 $(\frac{b}{c} : \frac{c}{a} : \frac{a}{b})$를 가진다. 그리고 두 번째 브로카르의 점은 삼선좌표 $(\frac{c}{b} : \frac{a}{c} : \frac{b}{a})$를 가진다.

14.45. (a) 외접원은 방정식 $ayz + bxz + cxy = 0$, 즉 $\frac{a}{x} + \frac{b}{y} + \frac{c}{z} = 0$에 의해 주어진다(여기서 a, b, c는 삼각형의 변의 길이). 이 명제에 대한 한 가지 증명이 문제 5.11의 풀이에 포함되어 있으며, 다른 증명은 문제 14.39의 풀이에 포함되어 있다. 다른 한 가지의 증명이 외접원은 방정식 $ax + by + cz = 0$에 의해 주어지는 무한히 먼 직선과 등선분공액이라는 것을 이용하여 얻어질 수 있다.
(b) 내접원은 방정식 $\cos\frac{\alpha}{2}\sqrt{x} + \cos\frac{\beta}{2}\sqrt{y} + \cos\frac{\gamma}{2}\sqrt{z} = 0$, 즉

$$\cos^4\frac{\alpha}{2}x^2 + \cos^4\frac{\beta}{2}y^2 + \cos^4\frac{\gamma}{2}z^2 = \\ = 2\left(\cos^2\frac{\beta}{2}\cos^2\frac{\gamma}{2}yz + \cos^2\frac{\alpha}{2}\cos^2\frac{\beta}{2}xy + \cos^2\frac{\alpha}{2}\cos^2\frac{\gamma}{2}xz\right)$$

에 의해 주어진다. 이 방정식을 얻으려면 삼각형 ABC의 내접원은 삼각형 $A_1B_1C_1$의 외접원이라는 것을 이용하면 된다(이때 A_1, B_1, C_1은 접점). $(x_1 : y_1 : z_1)$을 삼각형 $A_1B_1C_1$의 외접원의 점의 삼선좌표라 하자. 그러면 삼각형 $A_1B_1C_1$의 각들이 $\frac{\beta+\gamma}{2}$, $\frac{\alpha+\gamma}{2}$, $\frac{\alpha+\beta}{2}$이므로, 다음이 성립한다.

$$\sin\frac{\beta+\gamma}{2}y_1z_1+\sin\frac{\alpha+\gamma}{2}x_1z_1+\sin\frac{\alpha+\beta}{2}x_1y_1=0.$$

문제 2.59(b)에 의해 $xy=z_1^2$이다. 그리고 $\sin\frac{\beta+\gamma}{2}=\cos\frac{\alpha}{2}$이다.
(c) 변 BC와 접하는 방접원은 방정식 $\cos\frac{\alpha}{2}\sqrt{-x}+\cos\frac{\beta}{2}\sqrt{y}+\cos\frac{\gamma}{2}\sqrt{z}=0$, 즉

$$\begin{aligned}\cos^4\frac{\alpha}{2}x^2+\cos^4\frac{\beta}{2}y^2+\cos^4\frac{\gamma}{2}z^2=\\ =2\left(\cos^2\frac{\beta}{2}\cos^2\frac{\gamma}{2}yz-\cos^2\frac{\alpha}{2}\cos^2\frac{\beta}{2}xy-\cos^2\frac{\alpha}{2}\cos^2\frac{\gamma}{2}xz\right)\end{aligned}$$

에 의해 주어진다. 이것의 증명은 내접원에 대한 증명과 유사하다.

14.46. 구점원은 삼선좌표에서 다음 방정식에 의해 주어진다.

$$x^2\sin\alpha\cos\alpha+y^2\sin\beta\cos\beta+z^2\sin\gamma\cos\gamma=yz\sin\alpha+xz\sin\beta+xy\sin\gamma.$$

이를 증명하기 위해, 이 방정식에 의해 주어지는 곡선이 삼각형의 변들과 만나는 점이 각 변의 중점, 수선의 발이라는 것을 확인하면 된다(이차 곡선은 다섯 개의 점에 의해 주어지며, 우리는 여섯 개의 점을 얻는다). 변 BC의 중점의 삼선좌표는 $(0 : \sin\gamma : \sin\beta)$이며, 이 변에 그은 수선의 발의 삼선좌표는 $(0 : \cos\gamma : \cos\beta)$이다. 쉽게 이들 점이 주어진 곡선에 속한다는 것을 확인할 수 있다.

14.47. 방정식 $yz\sin\alpha+xz\sin\beta+xy\sin\gamma=0$은 삼각형의 외접원이다. 직교좌표계에서 임의의 원의 방정식은 고정된 원의 방정식으로부터 어떤 선형함수를 빼면 얻을 수 있다. 삼선좌표계에서 동차성을 보존하기 위해 선형함수 $px+qy+rz$에 상수 $x\sin\alpha+y\sin\beta+z\sin\gamma$를 곱해야 한다($x$, y, z가 삼각형의 변들까지의 거리이면 이 값은 상수이며, 이들은 거리에 비례하는 수는 아니다).
(b) 문제 3.53에 의해 직교좌표계에서 원 $(x-a)^2+(y-b)^2=R^2$에 대한 점 (x_0, y_0)의 차수는 $(x_0-a)^2+(y_0-b)^2-R^2$이다. 그러므로 직교좌표계에서 방정식 $x^2+y^2+P_1x+Q_1y+R_1=0$, $x^2+y^2+P_2x+Q_2y+R_2=0$에 의해 주어지는 원들의 근축은 방정식 $P_1x+Q_1y+R_1=P_2x+Q_2y+R_2$에 의해 주어진다. 이것은 원의 고정된 방정식에 첨가된 선형함수들에 대해서도 성립한다.

14.48. 점 $(x_0 : y_0 : z_0)$, $(x_1 : y_1 : z_1)$은 내접원에 속한다. 그러면 이들 점을 지나는 직선은 다음 방정식에 의해 주어진다.

$$x(\sqrt{y_0 z_1}+\sqrt{y_1 z_0})\cos\frac{\alpha}{2}+y(\sqrt{x_0 z_1}+\sqrt{x_1 z_0})\cos\frac{\beta}{2}+z(\sqrt{x_0 y_1}+\sqrt{x_1 y_0})\cos\frac{\gamma}{2}=0.$$

예를 들어, 점 $(x_0 : y_0 : z_0)$이 이 직선에 속한다는 것을 확인하자. 이를 위해 다음 항등식을 이용한다.

$$x(\sqrt{y_0 z_1}+\sqrt{y_1 z_0})\cos\frac{\alpha}{2}+\ldots=$$
$$=(\sqrt{x_0 y_0 z_1}+\sqrt{x_0 y_1 z_0}+\sqrt{x_1 y_0 z_0})(\sqrt{x_0}\cos\frac{\alpha}{2}+\ldots)-\sqrt{x_0 y_0 z_1}(\sqrt{x_1}\cos\frac{\alpha}{2}+\ldots).$$

점 $(x_0 : y_0 : z_0)$, $(x_1 : y_1 : z_1)$은 내접원에 속하므로, 문제 14.45(b)에 의해 $\sqrt{x_0}\cos\frac{\alpha}{2}+\ldots=0$?$\sqrt{x_1}\cos\frac{\alpha}{2}+\ldots=0$이다.
점 $(x_0 : y_0 : z_0)$에서 접선의 방정식을 얻으려면, $x_1=x_0$, $y_1=y_0$, $z_1=z_0$이라 놓으면 된다. $2\sqrt{x_0 y_0 z_0}$로 나누면, 방정식은 원하는 형태가 된다.

14.49. 내접원의 방정식은 다음과 같은 형태로 쓸 수 있다.

$$\left(x\frac{\cos^4\frac{\alpha}{2}}{\sin\alpha}+\ldots\right)(x\sin\alpha+\ldots)=\frac{4\cos^2\frac{\alpha}{2}\cos^2\frac{\beta}{2}\cos^2\frac{\gamma}{2}}{\sin\alpha\sin\beta\sin\gamma}(yz\sin\alpha+\ldots).$$

그리고 구점원의 방정식은 $(x\cos\alpha+\ldots)\times(x\sin\alpha+\ldots)=2(yz\sin\alpha+\ldots)$ 과 같은 형태로 쓸 수 있다. 그러므로 문제 14.47(b)에 의해, 이들의 근축은 다음 방정식에 의해 주어진다.

$$2\cos^2\frac{\alpha}{2}\cos^2\frac{\beta}{2}\cos^2\frac{\gamma}{2}(x\cos\alpha+\ldots)=\sin\alpha\sin\beta\sin\gamma\left(x\frac{\cos^4\frac{\alpha}{2}}{\sin\alpha}+\ldots\right).$$

양변을 $2\cos\frac{\alpha}{2}\cos\frac{\beta}{2}\cos\frac{\gamma}{2}$로 약분하자. 그리고

$$2\cos^3\frac{\alpha}{2}\cos\frac{\beta}{2}\cos\frac{\gamma}{2}-\cos\frac{\alpha}{2}\cos\frac{\beta}{2}\cos\frac{\gamma}{2}\cos\alpha=\cos\frac{\alpha}{2}\sin\frac{\alpha-\beta}{2}\sin\frac{\alpha-\gamma}{2}$$

을 고려하면, 얻어진 방정식을 다음과 같이 쓸 수 있다.

$$\frac{x\cos\frac{\alpha}{2}}{\sin\frac{\beta-\gamma}{2}}+\frac{y\cos\frac{\beta}{2}}{\sin\frac{\alpha-\gamma}{2}}+\frac{z\cos\frac{\gamma}{2}}{\sin\frac{\alpha-\beta}{2}}=0.$$

문제 14.48에 의해, 이 방정식은 점 $(\sin^2\frac{\beta-\gamma}{2} : \sin^2\frac{\alpha-\gamma}{2} : \sin^2\frac{\alpha-\beta}{2})$에서 내접원에 대한 접선의 방정식이다(쉽게 이 점이 내접원에 놓여있다는 것을 확인할 수 있다). 만약 두 원의 근축이 이들 원의 하나와 어떤 점에서 접한다면, 원들은 바로 그 점에서 접한다.

14.50. (a) 문제 19.56의 풀이로부터, 브로카르 삼각형의 꼭짓점 A_1이 직선 CP와 BQ의 교점이라는 것이 유도된다(이때 P, Q는 첫 번째, 두 번째 브로카르의 점이다). 그러므로 점 A_1은 다음과 같은 삼선좌표를 가진다.

$$\left(1 : \frac{c^2}{ab} : \frac{b^2}{ac}\right) = (abc : c^3 : b^3).$$

이 점의 중심좌표는 $(a^2 : c^2 : b^2)$이다.

(b) 중심좌표에서 계산하는 것이 편리하다. 중심좌표 $(\alpha : \beta : \gamma)$에서 직선 B_1C_1은 다음 방정식에 의해 주어진다.

$$0 = \begin{vmatrix} \alpha & \beta & \gamma \\ c^2 & b^2 & a^2 \\ b^2 & a^2 & c^2 \end{vmatrix} = \alpha(b^2c^2 - a^4) + \beta(a^2b^2 - c^4) + \gamma(a^2c^2 - b^4).$$

그리고 $\alpha + \beta + \gamma = 1$이다. 그러므로 점 A를 지나며 직선 B_1C_1에 평행한 직선은 다음 방정식에 의해 주어진다.

$$\beta(a^2b^2 - c^4 + a^4 - b^2c^2) + \gamma(a^2c^2 - b^4 + a^4 - b^2c^2) = 0.$$

즉 $(a^2 + b^2 + c^2)\big(\beta(a^2 - c^2) + \gamma(a^2 - b^2)\big) = 0$이다. 그러므로 $\beta : \gamma = \frac{1}{c^2 - a^2} : \frac{1}{a^2 - b^2}$이다. 이와 같이 슈타이너의 점은 중심좌표 $\left(\frac{1}{b^2 - c^2} : \frac{1}{c^2 - a^2} : \frac{1}{a^2 - b^2}\right)$을 가진다. 슈타이너 점의 삼선좌표는 다음과 같다.

$$\left(\frac{1}{a(b^2 - c^2)} : \frac{1}{b(c^2 - a^2)} : \frac{1}{c(a^2 - b^2)}\right).$$

제 15 장

평행이동

바탕 지식들

1. 점 X를 $\overrightarrow{XX'} = \overrightarrow{AB}$인 점 X'으로 보내는 변환을 벡터 AB만큼의 평행이동이라 부른다.

2. 두 평행이동의 합성(즉 순차적인 수행)은 평행이동이다.

도입 문제들

1. 평행이동에 의해 원은 원으로 보내진다는 것을 증명하여라.

2. 반지름이 R인 두 원이 점 K에서 접한다. 이들 중 한 원에 점 A를 잡고 다른 원에 점 B를 잡았으며, $\angle AKB = 90°$이다. 이때 $AB = 2R$을 증명하여라.

3. 반지름이 R인 두 원이 점 M, N에서 교차한다. 선분 MN의 수직이등분선과 이 원들과의 교점 중에서 직선 MN의 같은쪽에 놓여있는 점을 A, B라 하자. 이때 $MN^2 + AB^2 = 4R^2$을 증명하여라.

4. 직사각형 $ABCD$의 내부에 점 M을 잡았다. 이때 직교하는 대각선으로 AB, BC를 가지며 변이 AM, BM, CM, DM인 볼록사각형이 존재한다

는 것을 증명하여라.

제 1 절 평행이동이 문제해결을 돕는다

15.1. A, B마을 사이를 흐르는 강이 있다. A마을에서 B마을로 이 강을 지나는 길 $AMNB$를 만들려고 한다. 경로 $AMNB$가 최소가 되려면, 다리 MN을 어디에 세워야 하는가? 이때 강뚝은 평행한 직선이며 다리는 강뚝과 직교한다.

15.2. 삼각형 ABC가 주어졌다. 삼각형의 내부에 놓인 점 M을 변 BC와 평행하게 변 CA와 만날 때까지 이동하며, 그런 다음 AB와 평행하게 BC와 만날 때까지 이동하며, 그런 다음 AC와 평행하게 AB와 만날 때까지 이동하며, 이와 같은 방법으로 계속 점 M을 이동하였다. 그러면 점 M의 이동의 자취는 닫힌선이 된다는 것을 증명하여라.

15.3. 볼록사각형 $ABCD$의 변 AB, BC, CD, DA의 중점을 K, L, M, N이라 하자.
(a) 부등식 $KM \le (BC + AD)/2$가 성립하며, 등호는 $BC \| AD$인 경우에 성립한다는 것을 증명하여라.
(b) 사각형 $ABCD$의 변의 길이를 고정시킬 때, 선분 KM, LN의 길이의 최댓값을 구하여라.

15.4. 사다리꼴 $ABCD$의 변 BC, AD는 평행하며, M은 각 A, B의 이등분선의 교점이며 점 N은 각 C, D의 이등분선의 교점이다. 이때 $2MN = |AB + CD - BC - AD|$를 증명하여라.

15.5. 평행사변형 $ABCD$의 꼭짓점 B로부터 높이 BK, BH를 작도하였으며, $KH = a$, $BD = b$이다. 점 B로부터 삼각형 BKH의 높이의 교점까지의 거리를 구하여라.

15.6. 평행사변형의 각 변에 점을 하나씩 잡았다. 공통의 꼭짓점을 가지는 변들에서 잡은 점들을 연결하였다. 이때 얻어진 네 삼각형의 외심은 어떤

평행사변형의 꼭짓점들이라는 것을 증명하여라.

15.7. 한 변이 1인 정사각형에 어떤 도형을 넣었는데, 도형의 임의의 두 점 사이의 거리는 0.001과 같지 않다. 이 도형의 넓이는 (a) 0.34; (b) 0.287을 넘지 않는다는 것을 증명하여라.

제 2 절 작도, 점들의 기하학적 위치

15.8. 각 ABC와 직선 l이 주어졌다. 직선 l과 평행하며 각 ABC의 변들과 만나 길이가 a인 선분을 만드는 직선을 작도하여라.

15.9. 두 원 S_1, S_2, 직선 l이 주어졌다. 직선 l과 평행하며, 다음을 만족시키는 직선 l_1을 작도하여라.
(a) l_1과 원 S_1, S_2의 교점사이의 거리가 주어진 값 a이다;
(b) S_1, S_2가 직선 l_1과 만나 합동인 현들을 만든다;
(c) S_1, S_2가 직선 l_1과 만나 길이의 합(또는 차)가 주어진 값 a인 현들을 만든다.

15.10. 원의 교차하지 않는 현 AB, CD가 주어졌다. 현 AX, BX가 현 CD와 만나 주어진 길이의 선분 EF가 만들어지도록, 원의 점 X를 작도하여라.

15.11. 네 각과 변의 길이 $AB = a$, $CD = b$가 주어진 사각형 $ABCD$를 작도하여라.

15.12. 원 S_1, S_2와 점 A가 주어졌다. 점 A를 지나며 원 S_1, S_2와 합동인 현을 만드는 직선 l을 작도하여라.

15.13. (a) 점 A, B에서 교차하는 원 S_1, S_2가 주어졌다. 점 A를 지나는 직선 l을 작도하여, S_1과 S_2에 의해 둘러싸인 직선 l의 부분이 주어진 길이를 가지도록 하여라.

(b) 주어진 삼각형 ABC에 주어진 삼각형 PQR과 합동인 삼각형을 내접시켜라.

15.14. 각들과 대각선들이 주어진 사각형을 작도하여라.

15.15. 어떤 점에서 주어진 두 직선까지의 거리의 (a) 합; (b) 차가 주어진 값이 되도록 하는, 그러한 점들의 기하학적 위치를 구하여라.

15.16. 투명한 재질로 만들어진 각이 주어졌다. 두 개의 교차하지 않는 원이 각의 변과 안쪽에서 접하도록 각을 움직인다. 이때 두 원의 호가 각의 변과 접하도록, 주어진 두 원과 같은 원들을 작도할 수 있는 점이 각의 내부에 있다는 것을 증명하여라.

힌트 및 증명

15.1. 벡터 $\overrightarrow{MN}$만큼의 평행이동에서 점 A의 상을 A'이라 하자. 그러면 $A'N = AM$이므로, 경로 $AMNB$의 길이는 $A'N + NB + MN$과 같다. 선분 MN의 길이는 일정하므로, 합 $A'N + NB$의 값이 최소가 되도록 하는 점 N을 찾아야 한다. 점 N이 선분 $A'B$에 놓여있을 때, 즉 점 N이 점 B에 인접한 강뚝과 선분 $A'B$의 교점일 때 이 합은 최소가 된다.

15.2. 삼각형의 변들에 놓인 점들의 순차적인 자취를 A_1, B_1, B_2, C_2, C_3, A_3, A_4, $B_4, \ldots$로 나타내자(그림 15.1). $A_1B_1 \| AB_2$, $B_1B_2 \| CA_1$, $B_1C \| B_2C_2$이므로, 삼각형 AB_2C_2는 삼각형 A_1B_1C로부터 평행이동에 의해 얻어진다. 같은 방법으로, 삼각형 A_3BC_3은 삼각형 AB_2C_2로부터 평행이동에 의해 얻어지며, 삼각형 A_4B_4C는 삼각형 A_3BC_3으로부터 얻어진다. 삼각형 A_1B_1C는 삼각형 A_3BC_3으로부터 평행이동에 의해 얻어진다. 그러므로 $A_1 = A_4$이며, 7단계를 거친 후에 자취는 닫힌선이 된다(그 이전에 닫힌선이 될 수도 있다).

15.3. (a) 주어진 삼각형 CBD에 보조선을 그어 평행사변형 $CBDE$를 만들자. 그러면 $2KM = AE \le AD + DE = AD + BC$이고, 등호는 $AD \| BC$인 경우에 성립한다.

(b) $a = AB$, $b = BC$, $c = CD$, $d = DA$라 하자. 만약 $|a - c| = |b - d| \neq 0$이면, 문제 (a)에 의해 최댓값은 모든 점 A, B, C, D가 한 직선에 놓이는 경우에

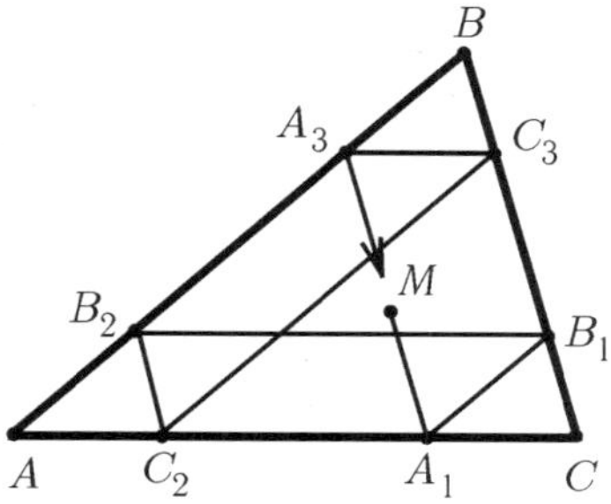

그림 15.1

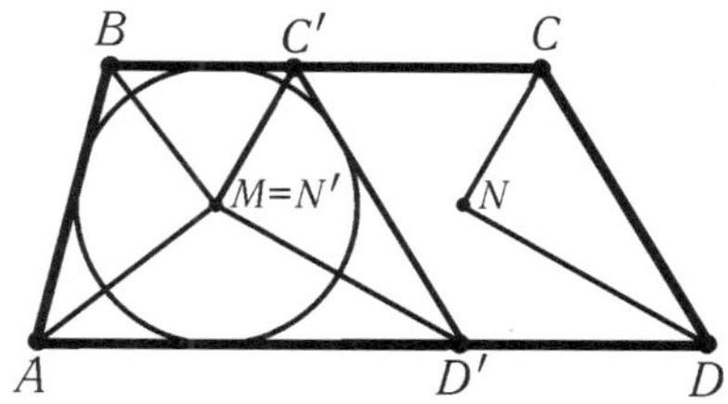

그림 15.2

가진다. 이제 예를 들어, $|a-c| < |b-d|$라 가정하자. 삼각형 ABL, LCD에 보조선을 그어 평행사변형 $ABLP$, $LCDQ$를 만들자. 그러면 $PQ \geq |b-d|$이고, $LN^2 = (2LP^2 + 2LQ^2 - PQ^2)/4 \leq (2(a^2+c^2) - (b-d)^2)/4$이다. 그리고 문제 (a)에 의해 $KM \leq (b+d)/2$이다. 등호들은 $ABCD$가 밑변이 AD, BC인 사다리꼴일 때에 성립한다.

15.4. 변 AB, 반직선 BC, AD와 접하는 원 S를 작도하고, 삼각형 CND를 평행이동하여(밑변 BC, AD의 방향으로) 점 N'이 점 M과 포개지도록, 즉 변 $C'D'$이 원 S와 접하도록 한다(그림 15.2). 외접사다리꼴 $ABC'D'$에 대해 $N' = M$이므로, 등식 $2MN' = |AB + C'D' - BC' - AD'|$이 성립한다. 사다리꼴 $ABC'D'$에서 사다리꼴 $ABCD$로 옮겨갈 때에 이 등식의 좌변에 $2N'N$이 첨가되며 우변에는 $CC' + DD' = 2NN'$이 첨가된다. 그러므로 등식은 그대로 보존된다.

15.5. 삼각형 BKH의 높이들의 교점을 H_1이라 하자. $HH_1 \perp BK$, $KH_1 \perp BH$이므로, $HH_1 \| AD$, $KH_1 \| DC$이며 H_1HDK는 평행사변형이다. 그러므로 벡터 $\overrightarrow{H_1H}$만큼의 평행이동에서 점 K는 점 D로 보내지고 점 B는 어떤 점 P로 보내진다(그림 15.3). $PD \| BK$이므로, $BPDK$는 직사각형이고 $PK = BD = b$이다. 그리고 $BH_1 \perp KH$이므로, $PH \perp KH$이다. 그리고 $PH = BH_1$이다.
직각삼각형 PKH에서 빗변 $KP = b$와 밑변 $KH = a$가 알려졌으므로, $BH_1 = PH = \sqrt{b^2 - a^2}$이다.

15.6. 삼각형들의 변의 수직이등분선을 그림 15.4와 같이 나타내자. 모든 직선 l_{ij}는 평행하며 직선 l_{11}과 l_{12}사이의 거리는 직선 l_{21}과 l_{22}사이의 거리와 같다(이것은 평행사변형의 변의 길이의 절반과 같다). 그러므로 l_{11}을 l_{12}로 보내는 평행이동은 l_{21}을 l_{22}로 보내며, l_{11}을 l_{21}로 보내는 평행이동은 l_{12}를 l_{22}로 보낸다. 결국 직선 l_{11}과 m_{11}의 교점을 직선 l_{12}와 m_{21}의 교점으로 보내는 평행이동은

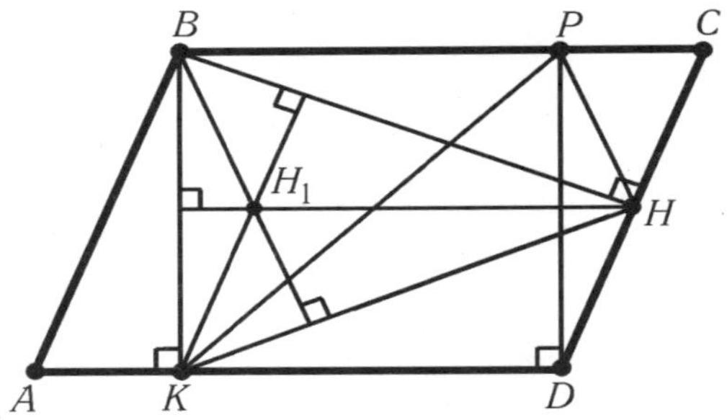

그림 15.3

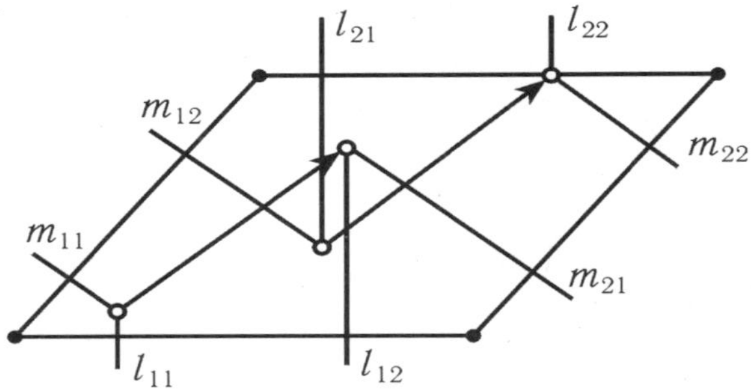

그림 15.4

직선 l_{21}과 m_{12}의 교점을 l_{22}와 m_{22}의 교점으로 보낸다.

15.7. (a) 한 변이 1인 정사각형 $ABCD$의 내부에 놓인 도형을 F라 하고, 이것의 넓이를 S라 하자. 두 벡터 $\overrightarrow{AA_1}$, $\overrightarrow{AA_2}$를 생각하자. 이때 점 A_1은 변 AD에 속하며 $AA_1 = 0.001$이며, 점 A_2는 각 BAD의 내부에 속하며 $\angle A_2AA_1 = 60°$, $AA_2 = 0.001$이다(그림 15.5).
벡터 $\overrightarrow{AA_1}$, $\overrightarrow{AA_2}$만큼의 평행이동에 의한 점 F의 상을 F_1, F_2라 하자. 도형 F, F_1, F_2는 공통인 점을 가지지 않으며 한 변이 1.001인 정사각형의 내부에 놓여 있다. 그러므로 $3S < 1.001^2$, $S < 0.335 < 0.34$이다.
(b) 벡터 $\overrightarrow{AA_3} = \overrightarrow{AA_1} + \overrightarrow{AA_2}$를 생각하자. 벡터 $\overrightarrow{AA_3}$를 점 A의 둘레로 회전시켜(시계 반대방향으로 예각만큼) 점 A_3가 점 A_4로 이동해 $A_3A_4 = 0.001$이 되도록 하자. 이제 크기가 0.001이며 $\overrightarrow{AA_4}$와 30°를 이루며, 이 벡터의 다른쪽에 놓인 벡터 $\overrightarrow{AA_5}$, $\overrightarrow{AA_6}$을 생각하자(그림 15.5). $\overrightarrow{AA_i}$만큼의 평행이동에서 점 F의 상을 F_i이라 하자. 편의상 $S(F_4 \cap F) \le S(F_3 \cap F)$라 하자. 그러면 $S(F_4 \cap F) \le S/2$이므로, $S(F_4 \cup F) \ge 3S/2$이다. 도형 F_5와 F_6은 서로 서로, 그

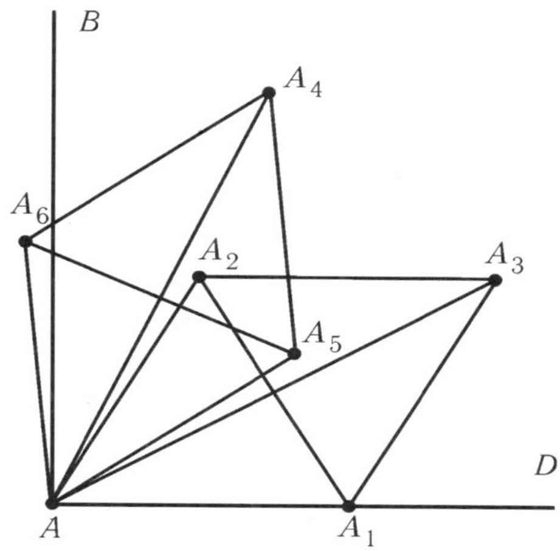

그림 15.5

리고 도형 F, F_4와도 교차하지 않으므로, $S(F \cup F_4 \cup F_5 \cup F_6) \geq 7S/2$이다. 만약 $S(F_3 \cap F) \leq S(F_4 \cap F)$이면, 도형 F_5, F_6 대신에 도형 F_1, F_2를 잡아야 한다. 벡터 $\overrightarrow{AA_i}$의 크기가 $0.001\sqrt{3}$을 넘지 않으므로, 살펴본 모든 도형은 한 변이 $1 + 0.002\sqrt{3}$인 정사각형의 내부에 속한다. 그러므로 $7S/2 \leq (1 + 0.002\sqrt{3})^2$, $S < 0.287$이다.

참고. $S(A \cup B)$는 도형 A와 B의 결합의 넓이이며, $S(A \cap B)$는 도형들의 교집합의 넓이이다.

15.8. 직선 l에 평행하며 크기가 a인 두 벡터 $\pm\boldsymbol{a}$가 있다. 이들 벡터만큼의 평행이동에서 반직선 BC의 상을 생각하자. 반직선 BA와 이들의 교점은 구하는 직선에 속한다(만약 이들이 만나지 않으면, 문제의 해는 존재하지 않는다).

15.9. (a) 크기가 a이고 직선 l에 평행한 벡터만큼의(그러한 벡터는 두 개가 있다) 평행이동에 의한 원 S_1의 상을 S_1'이라 하자. 구하는 직선은 원 S_1'과 S_2의 교점을 지난다.

(b) 원 S_1과 S_2의 중심을 직선 l에 사영시켜 O_1, O_2라 하고, 벡터 $\overrightarrow{O_1O_2}$만큼의 평행이동에 의한 원 S_1의 상을 S_1'이라 하자. 그러면 구하는 직선은 원 S_1'과 S_2의 교점을 지난다.

(c) 직선 l에 평행한 어떤 벡터만큼의 평행이동에 의한 원 S_1의 상을 S_1'이라 하자. 그러면 직선 l_1에 의해 원 S_1, S_1'에서 잘린 현들의 길이는 서로 같다. 만약 원 S_1', S_2의 중심을 직선 l에 사영시켜 얻어진 점들 사이의 거리가 $a/2$이면, l과

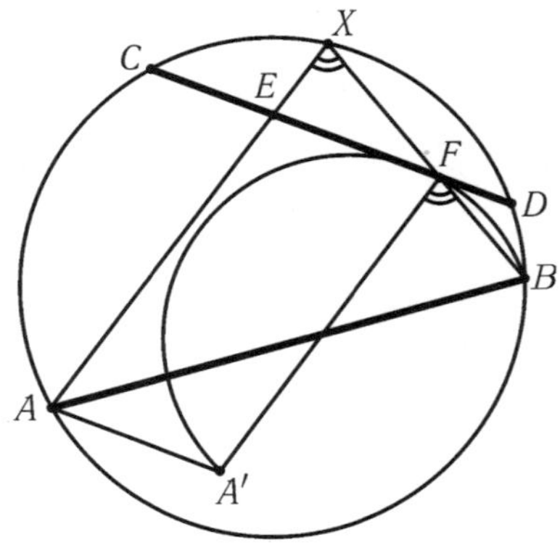

그림 15.6

평행하며 원 S_1'과 S_2의 교점을 지나는 직선에 의해 잘린 현들의 길이의 합 또는 차는 a이다. 구하는 원 S_1'을 쉽게 작도할 수 있다.

15.10. 점 X가 작도되었다고 가정하자. 점 A를 벡터 $\overrightarrow{EF}$만큼 평행이동하여 $\overrightarrow{EF} = \overrightarrow{AA'}$인 점 A'을 작도하자. 크기가 a이고 CD와 평행인 벡터 $\overrightarrow{EF}$가 알려졌으므로, 이러한 작도는 가능하다.
$AX \| A'F$이므로, $\angle A'FB = \angle AXB$이며 각 $A'FB$는 알 수 있다. 이와 같이, 점 F는 선분 CD와 호(선분 $A'B$와 각 AXB를 이루는 호)의 교집합에 놓여있다(그림 15.6).

15.11. 사각형 $ABCD$가 작도되었다고 가정하자. 벡터 $\overrightarrow{CB}$만큼의 평행이동에 의한 점 D의 상을 D_1이라 하자. 삼각형 ABD_1에서 AB, BD_1, $\angle ABD_1$이 알려졌다. 이로부터 다음 작도가 가능하다. 임의의 반직선 BC'을 작도하고, 반직선 BD_1', BA'을 $\angle D_1'BC' = 180° - \angle C$, $\angle A'BC' = \angle B$가 되도록 작도한다. 이때 이들 각은 반직선 BC'에 대해 같은쪽에 놓인다. 반직선 BA', BD_1'에 선분 $BA = a$, $BD_1 = b$를 표시한다. 반직선 AD'을 그어, $\angle BAD' = \angle A$이며 반직선 BC', AD'이 직선 AB에 대해 같은쪽에 놓이도록 한다. 꼭짓점 D는 반직선 AD'과 점 D_1으로부터 BC'에 평행하게 그은 반직선의 교점이다. 꼭짓점 C는 반직선 BC'과 점 D으로부터 반직선 D_1B에 평행하게 그은 반직선의 교점이다.

15.12. 직선 l과 원 S_2의 교점 M, N이 작도되었다고 가정하자. O_1, O_2는 원 S_1, S_2의 중심이며, O_1'은 평행이동에 의한 점 O_1의 상이다. 이때 이 평행이동에서는 직선 l을 따라 이동하며, $O_1'O_2 \perp MN$을 만족시킨다. 이 평행이동에 의한 원

S_1의 상을 S_1'이라 하자. 원 S_1', S_2에 접선 AP, AQ를 긋자. 그러면 $AQ^2 = AM \cdot AN = AP^2$이며, $O_1'A^2 = AP^2 + R^2$이다(이때 R은 원 S_1'의 반지름이다). 선분 AP를 작도할 수 있으므로, 선분 AO_1'도 작도할 수 있다. 이제 점 O_1'이 반지름이 AO_1'이며 중심이 A인 원에, 그리고 지름이 O_1O_2인 원에 놓여있다는 것을 생각하면 된다.

15.13. (a) 점 A를 지나는 직선 PQ를 작도하자(P는 원 S_1에, Q는 원 S_2에 놓여있다). 원 S_1, S_2의 중심 O_1, O_2로부터 직선 PQ에 수선 O_1M, O_2N을 작도하자. 선분 MN을 평행하게 벡터 $\overrightarrow{MO_1}$만큼 이동시키자. 이 평행이동에 의한 점 N의 상을 C라 하자.

삼각형 O_1CO_2는 직각삼각형이고 $O_1C = MN = PQ/2$이다. 결국 $PQ = a$인 직선 PQ를 작도하려면, 주어진 빗변 O_1O_2와 밑변 $O_1C = a/2$를 가지는 삼각형 O_1CO_2를 작도하고, 그런 다음 점 A를 지나며 O_1C에 평행한 직선을 작도해야 한다.

(b) 다음과 같은 역문제를 풀면 된다: 주어진 삼각형 PQR의 둘레에 주어진 삼각형 ABC와 합동인 삼각형을 외접시킨다. 변들이 주어진 점 P, Q, R을 지나는 삼각형 ABC를 작도하였다고 가정하자. 선분 RP, QP와 각 A, B를 이루는 원들의 호를 작도하자. 점 A, B는 이들 호에 놓여있으며, 선분 AB의 길이는 알려졌다. 문제 (a)에 의해 점 P를 지나며 원 S_1과 S_2에 의해 잘린 내부 선분이 주어진 길이를 가지는 그러한 직선 AP를 작도할 수 있다. 직선 AR, BQ를 작도하면, 주어진 삼각형과 합동인 삼각형 ABC을 얻을 수 있다. 왜냐 하면, 이들 삼각형은 작도에 의해 한 변과 이 변에 인접한 각들이 같기 때문이다.

15.14. 구하는 사각형 $ABCD$를 작도하였다고 가정하자. 벡터 $\overrightarrow{AC}$, $\overrightarrow{CA}$만큼의 평행이동에 의한 점 D의 상을 D_1, D_2라 하자. 삼각형 DCD_1, DAD_2에 원 S_1, S_2를 외접시키자. 직선 BC, BA와 원 S_1, S_2의 교점을 M, N이라 하자(그림 15.7). 이때 $\angle DCD_1 = \angle DAD_2 = \angle D$, $\angle DCM = 180° - \angle C$, $\angle DAN = 180° - \angle A$이다.

이로부터 다음 작도를 얻을 수 있다. 임의의 직선 l에 점 D를 잡고, 직선 l에 점 D_1, D_2을 $DD_1 = DD_2 = AC$가 되도록 잡자. 직선 l에 의해 주어진 반평면들 중의 하나를 생각하여 π라 하고, 점 B가 반평면 π에 속한다고 하자. 원 S_1을 작도하자. 이때 π에 속한 이 원의 점들은 선분 DD_1과 각 D를 이루도록 해야 한다. 유사한 방법으로, 원 S_2를 작도한다. S_1에 점 M을 작도하여, π에 속한 S_1의 모든 점들이 선분 DM과 $180° - \angle C$를 이루도록 하자. 유사한 방법으로 점 N을 작도한다. 선분 MN은 점 B와 각 B를 이룬다. 즉 B는 선분 MN과 각

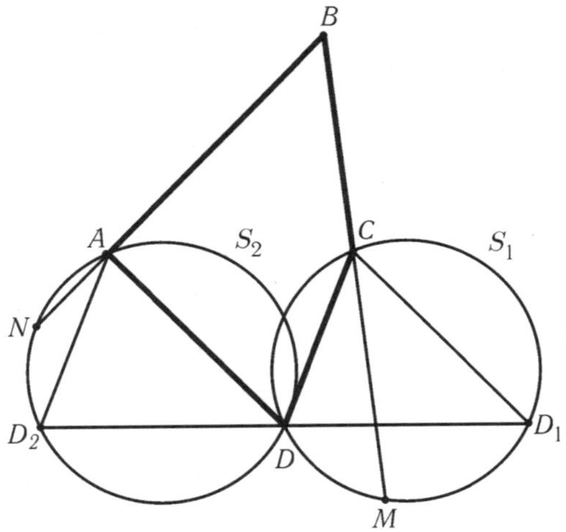

그림 15.7

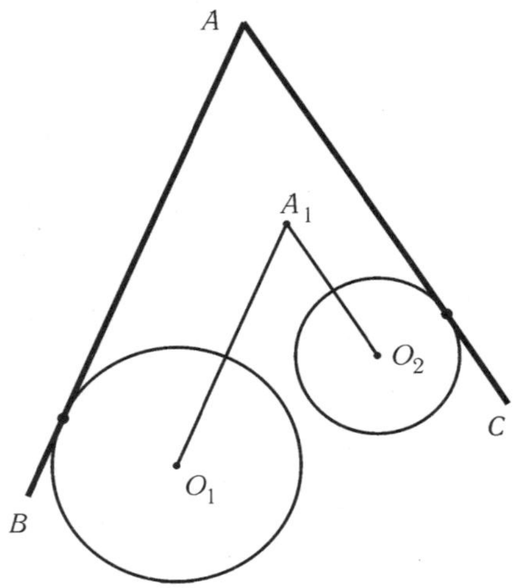

그림 15.8

B를 이루는 원의 호(이 호는 π에 속한다)와 중심이 D이고 반지름이 DB인 원의 교점이다. 점 C와 A는 직선 BM, BN과 원 S_1, S_2의 교점이다.

15.15. 점 X에서 주어진 직선 l_1, l_2로 수선 XA_1, XA_2를 긋자. 반직선 A_1X에 점 B를 잡아, $A_1B = a$가 되도록 하자. 그러면 $XA_1 \pm XA_2 = a$인 경우에 $XB = XA_2$를 얻는다. 벡터 $\overrightarrow{A_1B}$만큼의 평행이동에 의한 직선 l_1의 상을 l_1'이라 하고, M은 직선 l_1'과 l_2의 교점이라 하자. 그러면 살펴본 경우에서 반직선 MX는 각 A_2MB의 이등분선이 될 것이다. 결국 다음과 같은 답을 얻게 된다. 직선 l_1, l_2와 평행하고 이들로부터 a만큼 떨어진 직선들과 직선 l_1, l_2의 교점이 직사각형 $M_1M_2M_3M_4$를 만든다고 하자. 문제 (a)에서 구하는 GLP는 이 직사각형의 변들이고, 문제 (b)에서는 변들의 연장선이다.

15.16. 각 BAC의 변 AB는 반지름이 r_1이고 중심이 O_1인 원에 접하며, 변 AC는 반지름이 r_2이고 중심이 O_2인 원에 접한다고 하자. 직선 AB를 각 BAC의 내부에서 평행하게 r_1만큼 이동시키고, 직선 AC를 r_2만큼 이동시키자. A_1을 평행이동된 직선들의 교점이라 하자(그림 15.8). 그러면 $\angle O_1A_1O_2 = \angle BAC$이다. 정해진 각 $O_1A_1O_2$는 부동의 선분 O_1O_2에 근거하며, 점 A_1이 구하는 점이다.

제 16 장

중심대칭

바탕 지식들

1. 선분 XX'의 중점이 점 A가 되도록 점 X를 점 X'으로 보내는 평면의 변환을 점 A에 대한 대칭이라고 말한다. 이 변환을 중심이 A인 중심대칭 또는 간단히 중심이 A인 대칭이라고 부른다.
   중심이 A인 대칭은 다른 두 변환의 부분적인 경우이다. 즉 이 대칭은 중심이 A인 180°만큼의 회전, 그리고 중심이 A이고 계수가 -1인 중심닮음변환이다.

2. 점 A에 대한 대칭에서 어떤 도형이 자신으로 보내지면, A를 이 도형의 대칭의 중심이라 부른다.

3. 이 장에서는 변환에 대해 다음 표기를 사용할 것이다:
   S_A는 중심이 A인 대칭이다;
   $T_{\boldsymbol{a}}$는 벡터 $\boldsymbol{a}$만큼의 평행이동이다.

4. 점 A와 B에 대한 임의의 대칭의 합성을 $S_B \circ S_A$로 나타내는데, 이때 대칭 S_A를 먼저 수행하고 대칭 S_B를 수행한다. 변환을 수행하는 그러한 자연스럽지 않는 순서는 항등식 $(S_B \circ S_A)(X) = S_B(S_A(X))$와 관련하여 설명될 수 있을 것이다.

임의의 사상의 합성은 결합적인 성질을 가진다: $F\circ(G\circ H) = (F\circ G)\circ H$. 그러므로 합성을 수행하는 순서는 중요하지 않으며 보통 $F \circ G \circ H$와 같이 나타낸다.

5. 두 중심대칭의 합성 또는 대칭과 평행이동의 합성은 다음 공식에 따라 수행된다(문제 16.9를 참고):
   (a) $S_B \circ S_A = T_{2\overrightarrow{AB}}$;
   (b) $T_{\boldsymbol{a}} \circ S_A = S_B$, $S_B \circ T_{\boldsymbol{a}} = S_A$이다. 이때 $\boldsymbol{a} = 2\overrightarrow{AB}$이다.

도입 문제들

1. 중심대칭에서 원은 원으로 보내진다는 것을 증명하여라.

2. 대칭의 중심을 가지는 사각형은 평행사변형임을 증명하여라.

3. 볼록육각형의 대변들이 쌍으로 서로 같고 평행하다. 볼록육각형이 대칭의 중심을 가진다는 것을 증명하여라.

4. 평행사변형 $ABCD$와 점 M이 주어졌다. 점 A, B, C, D를 지나 직선 MC, MD, MA, MB에 각각 평행한 직선을 작도하였다. 이때 이들은 한 점에서 만난다는 것을 증명하여라.

5. 삼각형의 변들과 내접원에 대한 접선들(변들에 평행한)로 만들어진 육각형의 대변들은 서로 같다는 것을 증명하여라.

제 1 절 대칭이 문제해결을 돕는다

16.1. 삼각형에서 중선과 각의 이등분선이 일치하면, 삼각형은 이등변삼각형임을 증명하여라.

16.2. 두 사람이 번갈아 직사각형 모양의 책상에 5원짜리 동전을 놓고 있다. 동전은 책상의 빈 곳에만 놓을 수 있다. 자신의 차례에서 더 이상 동전

을 놓지 못하는 사람이 진다. 이때 첫 번째 사람이 항상 이길 수 있다는 것을 증명하여라.

16.3. 원이 삼각형 ABC의 변 BC, CA, AB와 A_1과 A_2, B_1과 B_2, C_1과 C_2에서 각각 만난다. 만약 점 A_1, B_1, C_1을 지나는 삼각형의 변들에 대한 수선이 한 점에서 만나면, A_2, B_2, C_2를 지나는 삼각형의 변들에 대한 수선도 한 점에서 만난다는 것을 증명하여라.

16.4. 내접사각형의 변들의 중점을 지나며 대변에 직교하는 직선들은 한 점에서 만난다는 것을 증명하여라.

16.5. 볼록사각형 $ABCD$의 변 AB의 중점을 P라 하자. 만약 삼각형 PCD의 넓이가 사각형 $ABCD$의 넓이의 절반과 같으면, $BC \| AD$임을 증명하여라.

16.6. 반지름이 1인 원 S_1, S_2는 점 A에서 접하고, 반지름이 2인 원 S의 중심 O는 S_1에 속한다. 그리고 원 S_1은 원 S와 점 B에서 접한다. 이때 직선 AB는 원 S_2와 S의 교점을 지난다는 것을 증명하여라.

16.7. 삼각형 ABC에 중선 AF, CE를 그었다. 만약 $\angle BAF = \angle BCE = 30^\circ$이면, 삼각형 ABC는 정삼각형임을 증명하여라.

16.8. 서로 평행하지 않는 변들을 가지는 볼록 n각형과 그 내부점 O가 주어졌다. 이때 점 O를 지나며 n각형의 넓이를 이등분하는 직선을 n개보다 많이는 그을 수 없다는 것을 증명하여라.

제 2 절 대칭의 성질

16.9. (a) 두 중심대칭의 합성은 평행이동이라는 것을 증명하여라.
(b) 평행이동과 중심대칭의 합성(임의의 순서로)은 중심대칭이라는 것을 증명하여라.

16.10. 어떤 점을 점 O_1, O_2, O_3에 대해 대칭시키고, 그런 다음 이 점들에 대해 다시 대칭시키면, 그 점은 자신의 위치로 돌아온다는 것을 증명하여라.

16.11. (a) 경계지어진 도형은 한 개보다 많은 대칭의 중심을 가질 수 없다는 것을 증명하여라.

(b) 어떤 도형도 정확히 두 개의 대칭의 중심을 가질 수 없다는 것을 증명하여라.

(c) 평면에서 점들의 유한집합을 M이라 하자. M에서 한 점을 버린 다음 점 O가 나머지 집합의 대칭의 중심이면, 점 O를 집합 M의 대칭의 개중심이라 부른다. M은 대칭의 개중심을 몇 개 가질 수 있는가?

16.12. 선분 AB의 중점에 대해 대칭인 점들의 쌍 n개가 선분 AB에 주어졌으며, 이 중에서 n개의 점은 푸른색으로, 나머지 점들은 붉은색으로 칠을 했다. A에서 푸른색 점들까지의 거리의 합은 B에서 붉은색 점들까지 거리의 합과 같다는 것을 증명하여라.

제 3 절 대칭이 작도문제의 해결을 돕는다

16.13. 원 S_1과 S_2의 공통점 A를 지나며, 이들 원에 의해 합동인 현이 잘려지는 직선을 작도하여라.

16.14. 주어진 점 A를 지나는 직선을 작도하려 한다. 이때 이 직선과 주어진 직선, 주어진 원과의 교점으로 만들어진 선분이 점 A에 의해 이등분되어야 한다. 그러한 직선을 작도하여라.

16.15. 각 ABC와 내부점 D가 주어졌다. 끝점이 주어진 각의 변에 각각 속하며 중점이 점 D인 선분을 작도하여라.

16.16. 각과 그 내부에 점 A, B가 주어졌다. 점 A, B가 마주보는 꼭짓점이며 나머지 두 꼭짓점은 각의 변들에 속하는 평행사변형을 작도하여라.

16.17. 서로 평행하지 않는 네 직선과 이들 직선에 속하지 않는 점 O가 주어졌

다. 중심이 O이며 꼭짓점들이 주어진 직선에 각각 속하는(한 직선에 한 꼭짓점씩) 평행사변형을 작도하여라.

16.18. 동심원 S_1, S_2가 주어졌다. 이들 원이 어떤 직선에서 세 개의 합동인 선분을 잘라내도록, 그러한 직선을 작도하여라.

16.19. 서로 교차하지 않는 원의 현 AB, CD와 현 CD의 점 J가 주어졌다. 현 AX와 BX가 J에 의해 이등분되는 선분 EF를 현 CD에서 잘라내도록, 원에 점 X를 작도하여라.

16.20. 원 S_1, S_2의 공통점 A를 지나는 직선 l을 작도하려 한다. 직선 l이 원 S_1, S_2를 잘라 만들어지는 현들의 길이의 차가 주어진 값 a가 되도록 해야 한다. 그러한 직선 l을 작도하여라.

16.21. m각형의 변들의 중점인 $m = 2n + 1$개의 점이 주어졌다. m각형의 꼭짓점들을 작도하여라.

힌트 및 증명

16.1. 삼각형 ABC에서 중선 BD가 각의 이등분선이라 하자. 점 D에 대해 점 B와 대칭인 점 B_1을 생각하자. D는 선분 AC의 중점이므로, 사각형 $ABCB_1$은 평행사변형이다. $\angle ABB_1 = \angle B_1BC = \angle AB_1B$이므로, 삼각형 B_1AB는 이등변 삼각형이고 $AB = AB_1 = BC$이다.

16.2. 첫 번째 사람이 5원짜리 동전을 책상의 중앙에 놓고, 그 다음에 책상의 중앙에 대해 두 번째 사람의 동전과 대칭이 되도록 동전을 놓는다. 이와 같은 방법에서 첫 번째 사람은 항상 자신의 동전을 놓을 수 있는 가능성을 가지게 된다. 그리고 게임은 유한 번의 단계를 거쳐 종결된다.

16.3. 점 A_1, B_1, C_1을 지나는 변들에 대한 수선들은 점 M에서 만난다. 원의 중심을 O라고 하자. 점 A_1을 지나는 변 BC에 대한 수선은 점 O에 대해 변 BC의 수선(점 A_2를 지나는)과 대칭이다. 그러므로 점 A_2, B_2, C_2를 지나는 변들에 대한 수선들은 한 점에서 만나는데, 이 점은 점 O에 대해 M과 대칭이다.

16.4. 변 AB, BC, CD, DA의 중점을 P, Q, R, S라 하고, 선분 PR과 QS의 교점을 M이라 하고(즉 이들 선분의 중점, 문제 14.5를 참고), O를 외접원의 중심, O'을 점 M에 대해 점 O와 대칭인 점이라 하자. 이제 문제의 조건에서의 직선들이 점 O'을 지난다는 것을 증명하자. 실제로 $O'POR$은 평행사변형이므로 $O'P \| OR$이고, R이 현 CD의 중점이므로 $OR \perp CD$, 즉 $O'P \perp CD$이다. 직선 $O'Q$, $O'R$, $O'S$에 대해서도 유사하게 증명된다.

16.5. 점 D'과 D는 점 P에 대해서 대칭이다. 만약 삼각형 PCD의 넓이가 사각형 $ABCD$ 넓이의 절반과 같다면, 이것은 삼각형 PBC과 PAD의 넓이의 합, 즉 삼각형 PBC와 PBD'의 넓이의 합과 같다. P는 선분 DD'의 중점이므로, $S_{PCD'} = S_{PCD} = S_{PBC} + S_{PBD'}$이며, 점 B는 선분 $D'C$에 속한다. 이제 $D'B \| AD$를 생각하면 된다.

16.6. 원 S_1과 S_2는 점 A에 대해 대칭이다. OB는 원 S_1의 지름이므로, $\angle BAO = 90°$이다. 그러므로 점 A에 대한 대칭에 의해 점 B는 다시 원 S 위로 보내진다. 결국 A에 대한 대칭에 의해 점 B는 원 S_2와 S의 교점으로 보내진다.

16.7. $\angle EAF = \angle ECF = 30°$이므로, 점 A, E, F, C는 한 원 S에 놓여있으며, O를 이 원의 중심이라 하면 $\angle EOF = 60°$이다. 점 B와 A는 점 E에 대해 대칭이므로, 이 점은 원 S_1(점 E에 대해 원 S와 대칭인)에 속한다. 마찬가지로 점 B가 원 S_2(점 F에 대해 원 S와 대칭인)에 속한다. 삼각형 EOF는 정삼각형이므로, 원 S, S_1, S_2의 중심은 변이 $2R$인 정삼각형을 만든다(이때 R은 이들 원의 반지름이다). 그러므로 원 S_1과 S_2는 하나의 공통점 B를 가지며, 삼각형 BEF는 정삼각형이다. 결국 삼각형 ABC는 정삼각형이다.

16.8. 처음 다각형과 점 O에 대해 대칭인 다각형을 생각하자. 다각형의 변들은 쌍으로 평행하지 않으므로, 이들 다각형은 공통인 선분을 가질 수 없으며, 오직 공통인 점을 가질 수 있다. 다각형들이 볼록이고 각각의 변에 두 개보다 많지 않은 교점이 놓여있으므로, $2n$개보다 많지 않은 교점을 가진다(정확히 말하면, 점 O에 대해 대칭인 n개의 쌍들).
l_1, l_2는 점 O를 지나며 처음 다각형의 넓이를 이등분하는 직선이라고 하자. 이제 이들 직선이 평면을 나누어 생기는 네 부분 각각의 내부에 교점이 있다는 것을 증명하자. 부분들 중의 하나에서 직선 l_1과 l_2사이에 그러한 점이 존재하지 않는다고 가정하자. 직선 l_1, l_2와 다각형의 변들과의 교점을 그림 16.1과 같이 표시하자. 점 A', B', C', D'은 점 O에 대해 점 A, B, C, D와 대칭이라고

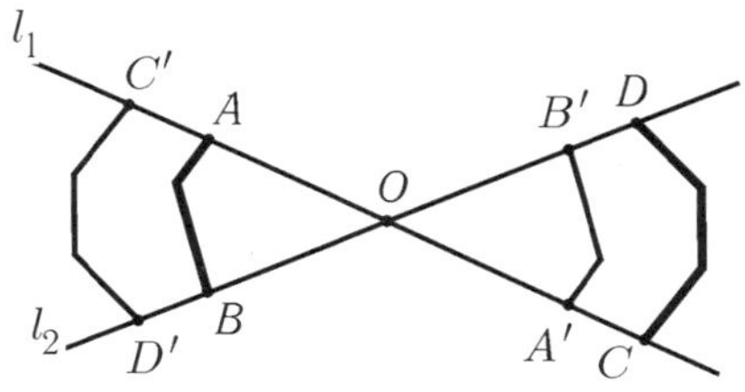

그림 16.1

하자. 편의상 점 A는 점 C'보다 점 O에 더 가까이 있다고 하자. 선분 AB와 $C'D'$은 교차하지 않으므로, 점 B는 점 D'보다 점 O에 더 가깝다. 그러므로 $S_{ABO} < S_{C'D'O} = S_{CDO}$이다(이때 ABO는 A, B사이에 있는 n각형의 경계 부분과 선분 AO, BO에 의해 둘러싸인 볼록도형이다).

한편으론 $S_{ABO} = S_{CDO}$이다. 왜냐하면 직선 l_1, l_2가 다각형의 넓이를 이등분하기 때문이다. 이로부터 모순이 얻어진다. 그러므로 넓이를 이등분하는 직선들의 각 쌍사이에 대칭인 교점들의 쌍이 놓여있으며, 그러한 직선은 n을 넘지 않는다.

16.9. (a) 점 O_1에 대한 중심대칭에 의해 점 A가 점 A_1으로 보내지며, O_2에 대한 대칭에 의해 점 A_1은 A_2로 보내진다고 하자. 그러면 O_1O_2는 삼각형 AA_1A_2의 중간선이고, $\overrightarrow{AA_2} = 2\overrightarrow{O_1O_2}$이다.

(b) $\boldsymbol{a}/2$만큼의 평행이동에 의한 점 O_1의 상을 O_2라 하자. 문제 (a)에 의해 $S_{O_2} \circ S_{O_1} = T_{\boldsymbol{a}}$이다. 이 등식에 오른쪽으로부터 S_{O_1}을 곱하거나 왼쪽으로부터 S_{O_2}을 곱하고 $S_X \circ S_X$가 항등변환임을 감안하면, $S_{O_1} = S_{O_2} \circ T_{\boldsymbol{a}}$, $S_{O_2} = T_{\boldsymbol{a}} \circ S_{O_1}$을 얻을 수 있다.

16.10. 앞 문제에 의해 $S_B \circ S_A = T_{2\overrightarrow{AB}}$이다. 그러므로 $S_{O_3} \circ S_{O_2} \circ S_{O_1} \circ S_{O_3} \circ S_{O_2} \circ S_{O_1} = T_{2(\overrightarrow{O_2O_3}+\overrightarrow{O_3O_1}+\overrightarrow{O_1O_2})}$는 항등변환이다.

16.11. (a) 경계지어진 도형이 두 개의 대칭의 중심 O_1과 O_2를 가지고 있다고 가정하자. 반직선 O_1O_2를 가로좌표 축으로 가지는 좌표계를 생각하자. $S_{O_2} \circ S_{O_1} = T_{2\overrightarrow{O_1O_2}}$이므로, $2\overrightarrow{O_1O_2}$만큼의 이동에서 도형은 자신에게로 보내진다. 경계지어진 도형은 이러한 성질을 가질 수 없다. 왜냐하면, 가장 큰 가로좌표를 가지는 점의 상이 도형에 속하지 않기 때문이다.

(b) $O_3 = S_{O_2}(O_1)$이라 하자. 쉽게 $S_{O_3} = S_{O_2} \circ S_{O_1} \circ S_{O_2}$를 확인할 수 있다. 그러므로 만약, O_1과 O_2가 도형의 대칭의 중심이면, O_3는 대칭의 중심이고,

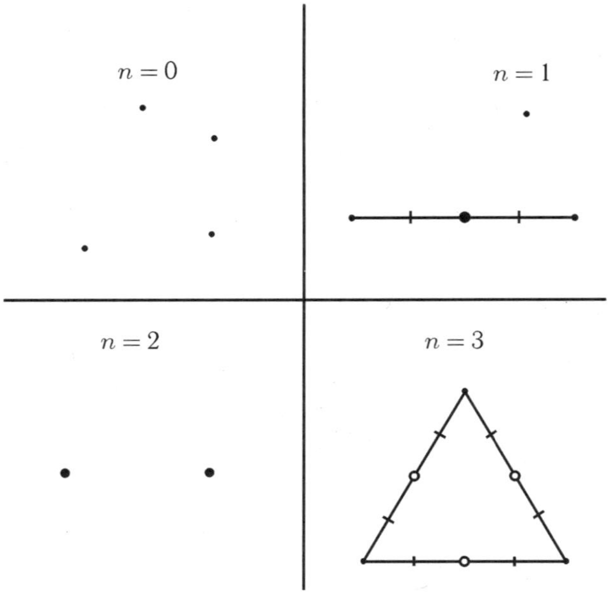

그림 16.2

$O_3 \neq O_1$, $O_3 \neq O_2$이다.

(c) 유한집합은 오직 0, 1, 2, 3개의 대칭의 개중심을 가진다는 것을 보이자. 대응하는 예들이 그림 16.2에 제시되어 있다. 이제 유한집합은 세 개보다 많은 대칭의 개중심을 가질 수 없다는 것을 증명하면 된다.

대칭의 개중심은 유한개이다. 왜냐하면, 이들은 집합의 점들을 연결하는 선분의 중점들이기 때문이다. 그러므로 어떤 직선을 잡아, 이 직선에 대한 대칭의 개중심들의 사영이 중복되지 않도록 할 수 있다. 결국 한 직선에 놓인 점들에 대해 증명을 수행하면 된다.

직선에 좌표가 $x_1 < x_2 < \ldots < x_{n-1} < x_n$인 n개의 점이 주어졌다고 하자. 만약 점 x_1을 버리면 오직 점 $(x_2 + x_n)/2$만이 남은 집합의 대칭의 중심이 될 수 있고, 만약 x_n을 버리면 점 $(x_1 + x_{n-1})/2$이 될 수 있으며, 만약 임의의 다른 점을 버리면 점 $(x_1 + x_n)/2$이 될 수 있다. 그러므로 대칭의 개중심은 세 개보다 많을 수 없다.

16.12. 만약 대칭인 점들의 쌍이 다른 색으로 칠해져 있으면, 이 쌍들을 단순히 고려의 대상에서 배제시킬 수 있다. 그러한 쌍들을 모두 버리자. 남은 점들의 모임에서 푸른색 쌍의 개수는 붉은색 쌍의 개수와 같다. 그리고 점 A에서와 점 B에

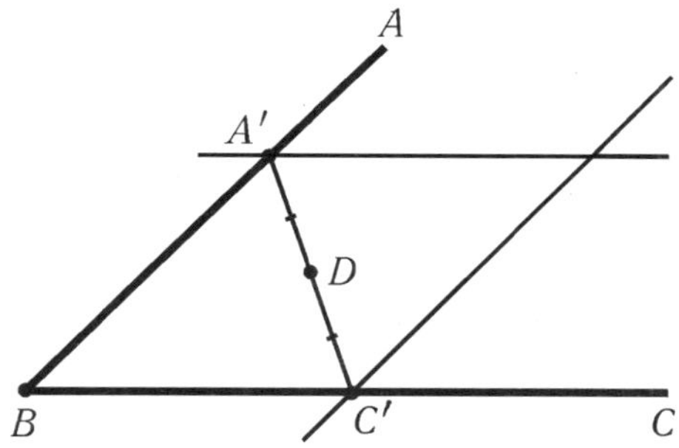

그림 16.3

서 대칭인 점들의 임의의 쌍까지의 거리의 합은 선분 AB의 길이와 같다.

16.13. 점 A에 대해 원 S_1과 대칭인 원 S_1'을 생각하자. 구하는 직선은 S_1'과 S_2의 교점을 지난다.

16.14. 점 A에 대한 대칭에서 직선 l의 상을 l'이라 하자. 구하는 직선은 직선 l'과 원 S의 교점과 점 A를 지난다.

16.15. 점 D에 대해 BC, AB와 대칭인 직선들과 직선 AB, BC의 교점 A', C'을 작도하자(그림 16.3). 점 A'과 C'이 D에 대해 대칭이므로, 점 D는 작도된 선분 $A'C'$의 중점이다.

16.16. O를 선분 AB의 중점이라 하자. 이제 각의 변들에 C, D를 작도하여, 점 O가 선분 CD의 중점이 되도록 해야 한다. 이러한 작도는 앞 문제의 풀이에 제시되어 있다.

16.17. 우선 직선들을 쌍으로 나누자. 이것은 세 가지 방법으로 할 수 있다. 평행사변형 $ABCD$의 마주보는 꼭짓점 A, C가 한 쌍의 직선에 놓여있으며, B, D가 다른 쌍에 놓여있다고 하자. 문제 16.15의 풀이에 제시된 것과 같이, 첫 번째 쌍의 직선에 의해 만들어진 각을 생각하여 점 A, C를 작도한다. 유사한 방법으로 점 B, D를 작도할 수 있다.

16.18. 작은 원 S_1에 임의의 점 X를 잡는다. 점 X에 대한 대칭에서 S_1의 상을 S_1'이라 하고, Y는 원 S_1'과 S_2의 교점이라 하자. 그러면 XY가 구하는 직선이다.

16.19. 점 X가 작도되었다고 가정하자. 점 J에 대한 대칭에서 점 A, B, X의 상을 A',

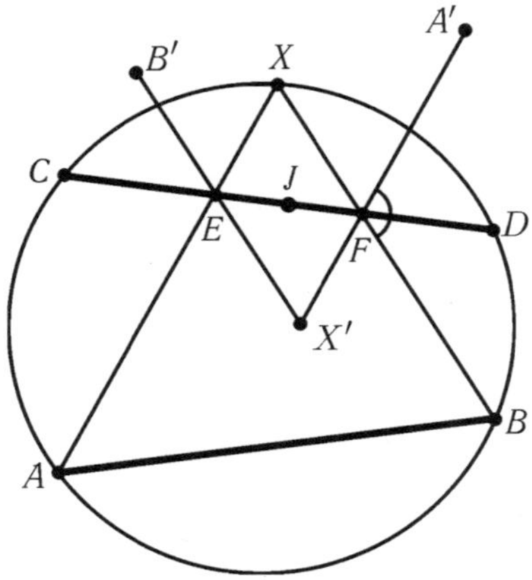

그림 16.4

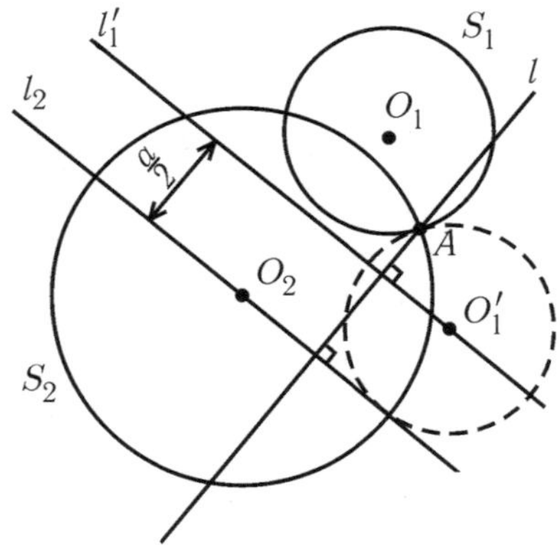

그림 16.5

B', X'이라 하자(그림 16.4). 각 $\angle A'FB = 180° - \angle AXB$가 알려졌으므로, 점 F는 선분 CD와 원의 호와의 교점이다(이 호는 선분 BA'과 각 $180° - \angle AXB$를 이룬다). 점 X는 직선 BF와 주어진 원의 교점이다.

16.20. 직선 l이 작도되었다고 가정하자. 점 A에 대해 원 S_1과 대칭인 원을 S_1'이라 가정하자. O_1, O_1', O_2는 원 S_1, S_1', S_2의 중심이라 하자(그림 16.5). 점 O_1', O_2를 지나 직선 l에 직교하는 직선 l_1', l_2를 작도하자. 직선 l_1'와 l_2사이의 거리는 원 S_1, S_2에서 직선 l에 의해 잘린 현의 차의 절반과 같다. 그러므로 직선 l을 작도하려면, 반지름이 $a/2$이고 중심이 O_1'인 원을 작도해야 하며, l_2는 이 원에 대한 접선이 될 것이다. 직선 l_2를 작도한 다음, 점 A로부터 이 직선에 수선을 내려 직선 l을 얻는다.

16.21. $B_1, B_2, \ldots, B_m$을 다각형 $A_1A_2\ldots A_m$의 변 $A_1A_2, A_2A_3, \ldots, A_mA_1$의 중점이라 하자. 그러면 $S_{B_1}(A_1) = A_2$, $S_{B_2}(A_2) = A_3, \ldots$, $S_{B_m}(A_m) = A_1$이다. 그러므로 $S_{B_m} \circ \ldots \circ S_{B_1}(A_1) = A_1$이며, A_1은 대칭의 합성 $S_{B_m} \circ S_{B_{m-1}} \circ \ldots \circ S_{B_1}$에서 부동점이다. 문제 16.9에 의해 중심대칭 홀수 개의 합성은 중심대칭이 된다. 즉 유일한 부동점을 가진다. 이 점은 점 X와 $S_{B_m} \circ S_{B_{m-1}} \circ \ldots \circ S_{B_1}(X)$를 연결하는 선분의 중점으로써 작도할 수 있다(이때 X는 임의의 점이다).

제 17 장

축대칭

바탕 지식들

1. l이 선분 XX'의 수직이등분선이 되도록 점 X를 점 X'으로 보내는 평면의 변환을 직선 l에 대한 대칭(S_l로 나타낸다)이라 부른다. 이 변환을 축대칭이라고도 부르며, l은 대칭축이다.

2. 직선 l에 대한 대칭에 의해 어떤 도형이 자신으로 보내지면, l을 이 도형의 대칭축이라 부른다.

3. 만약 두 대칭축이 평행하면 이 축대칭의 합성은 평행이동이며, 만약 평행하지 않으면 회전이다(문제 17.22).

   축대칭은 모든 다른 평면의 이동들을 만드는 벽돌이라고 할 수 있다: 임의의 이동은 세 개보다 많지 않은 축대칭의 합성이다(문제 17.35). 그러므로 축대칭의 합성은 중심대칭의 합성보다 더 강력한 문제해결의 방법이 될 수 있다. 게다가 회전을 두 대칭의 합성으로 분해하는 것이 편리할 때가 있는데, 축들의 하나로 회전의 중심을 지나는 임의의 직선을 잡을 수 있다.

도입 문제들

1. 축대칭에 의해 원은 원으로 보내진다는 것을 증명하여라.

2. 사각형이 대칭축을 가진다. 이 사각형은 등변사다리꼴이거나 대각선에 대해 대칭이라는 것을 증명하여라.

3. 다각형의 대칭축이 변들과 점 A, B에서 만난다. 이때 점 A는 다각형의 꼭짓점이거나 대칭축에 직교하는 변의 중점이라는 것을 증명하여라.

4. 어떤 도형이 두 개의 직교하는 대칭축을 가지면, 그 도형은 대칭의 중심을 가진다는 것을 증명하여라.

제 1 절 대칭이 문제해결을 돕는다

17.1. 점 M이 원의 지름 AB에 속한다. 현 CD는 M을 지나며, AB와 $45°$로 만난다. 이때 합 $CM^2 + DM^2$은 점 M의 선택에 종속되지 않는다는 것을 증명하여라.

17.2. 합동인 원 S_1, S_2는 원 S와 A_1, A_2에서 접한다. 원 S의 임의의 점 C를 A_1, A_2와 선분으로 연결하였다. 이 선분들은 S_1, S_2와 B_1, B_2에서 만난다. 이때 $A_1A_2 \| B_1B_2$를 증명하여라.

17.3. 이등변삼각형 ABC의 밑변 AB의 점 M을 지나 옆변 CA, CB(또는 연장선)와 A_1, B_1에서 만나는 직선을 그었다. 이때 $A_1A : A_1M = B_1B : B_1M$을 증명하여라.

제 2 절 작도

17.4. 사각형 $ABCD$에서 변들의 길이가 주어졌으며, 대각선 AC가 각 A의 이등분선이다. 이때 사각형 $ABCD$를 작도하여라.

17.5. 사각형 $ABCD$에서 변 AB, AD의 중점, 꼭짓점 B, D에서의 각들이 주어졌다. 사각형 $ABCD$에 원을 내접시킬 수 있을 때, 사각형 $ABCD$를 작도하여라.

17.6. a, b, 각 A와 B의 차가 주어진 삼각형 ABC를 작도하여라.

17.7. c, 높이 h_c, 각 A와 B의 차가 주어진 삼각형 ABC를 작도하여라.

17.8. (a) c, $a-b(a>b)$, 각 C; (b) c, $a+b$, 각 C가 주어진 삼각형 ABC를 작도하여라.

17.9. 직선 l과 직선 l의 같은쪽에 놓인 점 A, B가 주어졌다. a를 주어진 값이라 할 때, $AX+XB=a$를 만족하는 직선 l의 점 X를 작도하여라.

17.10. 예각 MON과 각의 내부에 점 A, B가 주어졌다. Y, Z는 직선 XA, XB와 ON의 교점이다. 이때 삼각형 XYZ가 $XY=XZ$인 이등변삼각형이 되도록 각의 변 OM에 점 X를 작도하여라.

17.11. 직선 MN과 직선 MN의 같은쪽에 놓인 점 A, B가 주어졌다. $\angle AXM = 2\angle BXN$이 성립하도록 직선 MN에 점 X를 작도하여라.

17.12. 한 점에서 만나는 세 직선 l_1, l_2, l_3가 주어졌고, 직선 l_1에 점 A_1이 주어졌다. A_1이 변 BC의 중점, 직선 l_1, l_2, l_3가 변들의 수직이등분선이 되도록 삼각형 ABC를 작도하여라.

17.13. 점 A, B와 각 C의 이등분선을 지나는 직선이 주어졌다. 이때 삼각형 ABC를 작도하여라.

17.14. 한 점에서 만나는 세 직선 l_1, l_2, l_3가 주어졌고, 직선 l_1의 점 A가 주어졌다. 점 A가 삼각형의 꼭짓점이 되고 삼각형의 각의 이등분선들이 직선 l_1, l_2, l_3에 속하도록 삼각형 ABC를 작도하여라.

17.15. 두 변의 중점, 이들 변 중의 하나에 그은 각의 이등분선을 지나는 직선이 주어졌다. 이때 삼각형을 작도하여라.

제 3 절 부등식과 극값

17.16. 삼각형 ABC의 각 C의 외각의 이등분선에 점 M을 잡았다(C가 아닌). 이때 부등식 $MA + MB > CA + CB$를 증명하여라.

17.17. 삼각형 ABC에 중선 AM을 그었다. 부등식 $2AM \geq (b+c)\cos(\alpha/2)$를 증명하여라.

17.18. 삼각형 ABC의 내접원이 변 AC, BC와 B_1, A_1에서 만난다. 이때 $AC > BC$이면 $AA_1 > BB_1$이라는 것을 증명하여라.

17.19. 임의의 볼록사각형의 넓이는 대변들의 곱의 합의 절반을 넘지 않는다는 것을 증명하여라.

17.20. 직선 l과 직선 l의 같은쪽에 놓인 점 A, B가 주어졌다. 꺾인선 AXB의 길이가 최소가 되도록 직선 l에 점 X를 작도하여라.

17.21. 주어진 예각삼각형에 최소의 둘레를 가지는 삼각형을 내접시켜라.

제 4 절 대칭의 합성

17.22. (a) 직선 l_1과 l_2가 평행하다. $T_{\boldsymbol{a}}$는 l_1을 l_2로 보내는 평행이동이며 $\boldsymbol{a} \perp l_1$이다. 이때 $S_{l_1} \circ S_{l_2} = T_{2\boldsymbol{a}}$라는 것을 증명하여라.
(b) 직선 l_1과 l_2는 점 O에서 만난다. R_O^α는 l_1을 l_2로 보내는 회전이다. 이때 $S_{l_2} \circ S_{l_1} = R_O^{2\alpha}$라는 것을 증명하여라.

17.23. 평면에 직선 a, b, c가 주어졌고, $T = S_a \circ S_b \circ S_c$라 하자. 이때 $T \circ T$는 평행이동(또는 항등변환)이라는 것을 증명하여라.

17.24. $l_3 = S_{l_1}(l_2)$라 하자. 이때 $S_{l_3} = S_{l_1} \circ S_{l_2} \circ S_{l_1}$을 증명하여라.

17.25. 내접원이 삼각형 ABC의 변들과 A_1, B_1, C_1에서 접하고, 점 A_2, B_2, C_2는 접점들과 삼각형의 대응하는 각들의 이등분선에 대해 대칭이다.

이때 $A_2B_2 \| AB$이고 직선 AA_2, BB_2, CC_2는 한 점에서 만난다는 것을 증명하여라.

17.26. 두 직선이 각 γ를 이루며 교차한다. 메뚜기가 한 직선에서 다른 직선으로 뛰며, 각각의 뜀의 길이는 1m이다. 그리고 메뚜기는 거꾸로 뛰지는 않는다. 뜀의 수열이 주기적일 필요충분조건은 γ/π가 유리수라는 것을 증명하여라.

17.27. (a) n각형의 변들이 주어진 n개의 직선과 평행하다. 이때 n각형을 주어진 원에 내접시켜라.

(b) 원의 중심 O를 지나는 n개의 직선을 그었다. 꼭짓점이 이 직선들에 속하며 원에 외접하는 n각형을 작도하여라.

17.28. n개의 직선이 주어졌다. 이들 직선이 (a) n각형의 변들에 수직이등분선이 되도록; (b) n각형의 꼭짓점의 각의 내각 또는 외각의 이등분선이 되도록, n각형을 작도하여라.

17.29. n각형의 변들 중 하나가 주어진 점을 지나며 나머지 변들은 주어진 직선들에 평행하도록, n각형을 주어진 원에 내접시켜라.

제 5 절 축대칭과 대칭의 성질

17.30. 점 A는 반지름이 1cm인 원의 중심으로부터 50cm만큼 떨어져 있다. 이 점을 원과 교차하는 임의의 직선에 대해 대칭적으로 반사시킬 수 있다. 이때 다음을 증명하여라.

(a) 25번의 반사에 의해 점 A를 주어진 원의 내부로 넣을 수 있다.

(b) 24번의 반사에 의해서는 이것을 할 수 없다.

17.31. 중심이 O인 원을 합동인 호들로 분할하는 점 $A_1, \dots, A_n$이 주어졌고, 점 X가 주어졌다. 이때 직선 $OA_1, \dots, OA_n$에 대해 점 X와 대칭인 점들은 정다각형을 만든다는 것을 증명하여라.

17.32. 평면 도형이 정확히 두 개의 대칭축을 가지면, 이들 축은 직교한다는 것을 증명하여라.

17.33. 다각형이 몇 개(두개보다 많은)의 대칭축을 가지면, 이들 모두는 한 점에서 만난다는 것을 증명하여라.

17.34. 다각형이 짝수개의 대칭축을 가지면, 이 다각형은 대칭의 중심을 가진다는 것을 증명하여라.

제 6 절 샤슬레의 정리

점들 사이의 거리를 보존하는, 즉 점 A, B의 상을 A', B'에 대해 $A'B' = AB$를 만족시키는 변환을 이동이라 부른다. 한 직선에 있지 않은 세 점을 부동점으로 가지는 평면의 이동에서는 나머지 모든 점들도 부동점이 된다.

17.35. 평면의 임의의 이동은 직선들에 대한 세 개보다 많지 않은 대칭의 합성이라는 것을 증명하여라.

직선들에 대한 짝수 개의 대칭의 합성인 이동을 제1종 이동 또는 평면의 방향을 보존하는 이동이라고 부른다. 직선들에 대한 홀수 개의 대칭의 합성인 이동을 제2종 이동 또는 평면의 방향을 바꾸는 이동이라고 부른다.

직선들에 대한 짝수 개의 대칭의 합성을 직선들에 대한 홀수 개의 대칭의 합성의 형태로 나타낼 수 없다는 것은 증명하지 않을 것이다.

17.36. 임의의 제1종 이동은 회전이거나 평행이동이라는 것을 증명하여라.

어떤 직선 l에 대한 대칭과 l에 평행한 벡터(영벡터일 수도 있음)만큼의 평행이동의 합성을 미끄러짐 대칭이라 부른다.

17.37. 임의의 제2종 이동은 미끄러짐 대칭이라는 것을 증명하여라.

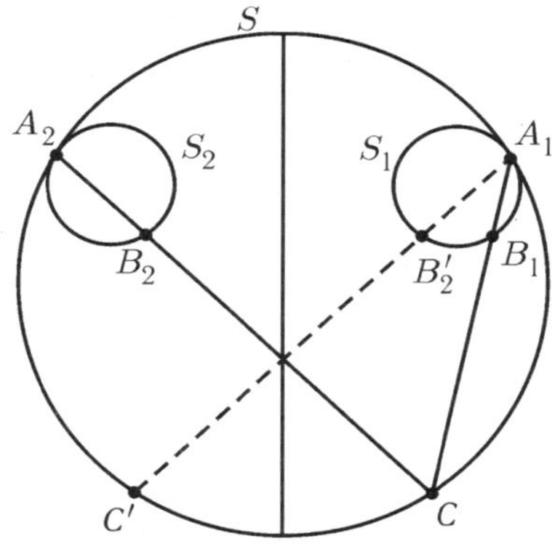

그림 17.1

힌트 및 증명

17.1. 직선 AB에 대해 점 C, D와 대칭인 점을 C', D'이라 하자. $\angle C'MD = 90°$이므로 $CM^2 + MD^2 = C'M^2 + MD^2 = C'D^2$이다. $\angle C'CD = 45°$이므로 현 $C'D$는 일정한 길이를 가진다.

17.2. 원 S의 지름(S_1과 S_2의 대칭축인)을 작도하자. 이 지름에 대해 점 C, B_2와 대칭인 점을 C', B_2'이라 하자(그림 17.1).

원 S_1과 S는 중심이 A_1에 있는 중심닮음이며, 이 중심닮음변환에 의해 직선 B_1B_2'은 CC'으로 보내진다. 그러므로 이들 직선은 평행하다. $B_2B_2' \| CC'$이다. 그러므로 점 B_1, B_2', B_2는 한 직선에 속하며, 이 직선은 직선 CC'과 평행하다.

17.3. 직선 AB에 대해 A_1B_1과 대칭인 직선이 변 CA, CB(또는 연장선들)와 A_2, B_2에서 만난다고 하자. $\angle A_1AM = \angle B_2BM$, $\angle A_1MA = \angle B_2MB$이므로, $\triangle A_1AM \sim \triangle B_2BM$, $A_1A : A_1M = B_2B : B_2M$이다. 그리고 MB는 삼각형 B_1MB_2의 각의 이등분선이므로, $B_2B : B_2M = B_1B : B_1M$이다.

17.4. 사각형 $ABCD$가 작도되었다고 가정하자. 편의상 $AD > AB$라고 하자. 대각선 AC에 대해 점 B와 대칭인 점을 B'이라 하자. 점 B'은 변 AD에 속하며, $B'D = AD - AB$이다. 삼각형 $B'CD$에서 모든 변들의 길이 $B'D = AD - AB$, $B'C = BC$가 알려졌다. 삼각형 $B'CD$를 작도하고, 변 $B'D$의 연장선에 B'쪽으로 점 A를 작도한다. 이제 남은 작도는 자명하다.

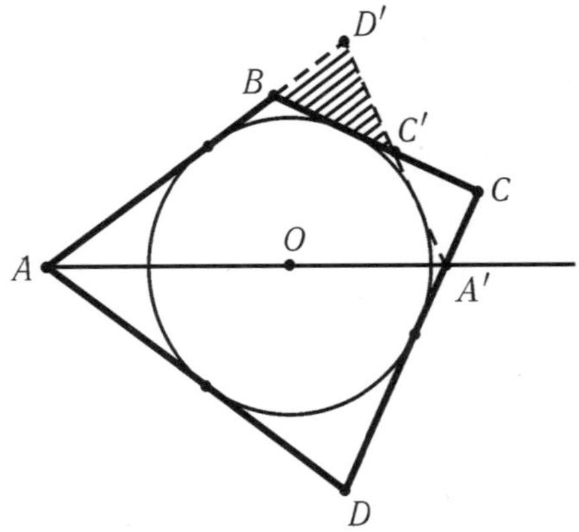

그림 17.2

17.5. 사각형 $ABCD$가 작도되었다고 가정하자. 편의상 $AD > AB$라고 하자. O를 내접원의 중심, D'과 D가 직선 AO에 대해 대칭이며, A'을 직선 AO와 DC의 교점, C'을 직선 BC와 $A'D'$의 교점이라 하자(그림 17.2).

삼각형 $BC'D'$에서 변 BD'과 이 변에 인접한 각 $\angle D'BC' = 180° - \angle B$, $\angle BD'C' = \angle D$가 알려졌다. 삼각형 $BC'D'$을 이들 요소를 이용하여 작도하자. $AD' = AD$이므로, 점 A를 작도할 수 있다. 그런 다음, 각 ABC'과 $BD'C'$의 이등분선의 교점인 O를 작도하자. 점 O의 위치를 알면, 점 D와 내접원을 작도할 수 있다. 직선 BC'과 점 D에서 그은 접선의 교점이 C이다.

17.6. 삼각형 ABC가 작도되었다고 가정하자. 변 AB의 수직이등분선에 대해 C와 대칭인 점을 C'이라 하자. 삼각형 ACC'에서 $AC = b$, $AC' = a$, $\angle CAC' = \angle A - \angle B$가 알려졌다. 그러므로 이 삼각형을 작도할 수 있다. 점 B는 선분 CC'의 수직이등분선에 대해 점 A와 대칭인 점이다.

17.7. 삼각형 ABC가 작도되었다고 가정하자. 변 AB의 수직이등분선에 대해 C와 대칭인 점을 C'이라 하고, 직선 CC'에 대해 B와 대칭인 점을 B'이라 하자. 편의상 $AC < BC$라 하자. 그러면 $\angle ACB' = \angle ACC' + \angle C'CB = 180° - \angle A + \angle C'CB = 180° - (\angle A - \angle B)$, 즉 각 ACB'이 알려졌다.

삼각형 ABB'에서 $AB = c$, $BB' = 2h_c$, $\angle ABB' = 90°$이므로, 이 삼각형을 작도할 수 있다. 점 C는 선분 BB'의 수직이등분선과 호(선분 AB'과 각 $180° - (\angle A - \angle B)$를 이루는)의 교점이다.

17.8. (a) 삼각형 ABC가 작도되었다고 가정하자. C'을 각 C의 이등분선에 대해 점 A와 대칭이라 하자. 그러면 $\angle BC'A = 180° - \angle AC'C = 180° - (180° - \angle C)/2 = 90° + \angle C/2$, $BC' = a - b$이다.

삼각형 ABC에서 $AB = c$, $BC' = a - b$, $\angle C' = 90° + \angle C/2$가 알려졌다. $\angle C' > 90°$이므로, 삼각형 ABC'을 이들 요소에 따라 유일하게 작도할 수 있다. 점 C는 선분 AC'의 수직이등분선과 직선 BC'의 교점이다.

(b) 문제 (a)와 유사한 방법으로 풀 수 있다. 점 C'으로 삼각형 ABC의 각 C의 외각의 이등분선에 대해 점 A와 대칭인 점을 잡아야 한다. $\angle AC'B = \angle C/2 < 90°$이므로, 문제는 두 개의 해를 가진다.

17.9. S는 반지름이 a이고 중심이 B인 원이며, S'은 반지름이 AX이고 중심이 X인 원이다. 그리고 A'은 직선 l에 대해 A와 대칭인 점이다. 그러면 원 S'은 원 S와 접하고, 점 A'은 원 S'에 속한다. 이제 주어진 점 A, A'을 지나며 주어진 원 S와 접하는 원 S'을 작도하고, 이 원의 중심 X를 구하면 된다(문제 8.56(b)를 참고).

17.10. 직선 ON에 대한 점 A의 사영이 점 B의 사영보다 점 O에 더 가깝게 놓여있다고 하자. 이등변삼각형 XYZ가 작도되었다고 가정하자.

직선 OM에 대해 점 A와 대칭인 점 A'을 생각하자. 점 X로부터 직선 ON에 수선 XH를 긋자(그림 17.3). $\angle A'XB = \angle A'XO + \angle OXA + \angle YXH + \angle HXZ = 2\angle OXY + 2\angle YXH = 2\angle OXH = 180° - 2\angle MON$이므로, 각 $A'XB$는 알려졌다. 점 X는 직선 OM과 현(선분 $A'B$과 각 $180° - 2\angle MON$을 이루는)의 교점이다. 이때 직선 ON에 대한 점 X의 사영은 점 A와 B의 사영들 사이에 놓여 있어야 한다.

역으로 $\angle A'XB = 180° - \angle MON$이고, 직선 ON에 대한 점 X의 사영이 점 A, B의 사영들 사이에 놓여있으면, 삼각형 XYZ는 이등변삼각형이다.

17.11. 점 X가 작도되었다고 가정하자. B'은 직선 MN에 대해 B와 대칭인 점이고, 반지름이 AB'이며 중심이 B'인 원이 직선 MN과 A'에서 만난다고 하자. 그러면 반직선 $B'X$는 각 $AB'A'$의 이등분선이다. 결국 X는 직선 $B'O$와 MN의 교점이다. 이때 O는 선분 AA'의 중점이다.

17.12. 점 A_1을 지나며 직선 l_1과 직교하는 직선 BC를 작도하자. 구하는 삼각형 ABC의 꼭짓점 A는 직선 l_2, l_3에 대해 BC와 대칭인 직선들의 교점이다.

17.13. A'을 각 C의 이등분선에 대해 A와 대칭인 점이라 하자. 그러면 C는 직선 $A'B$와

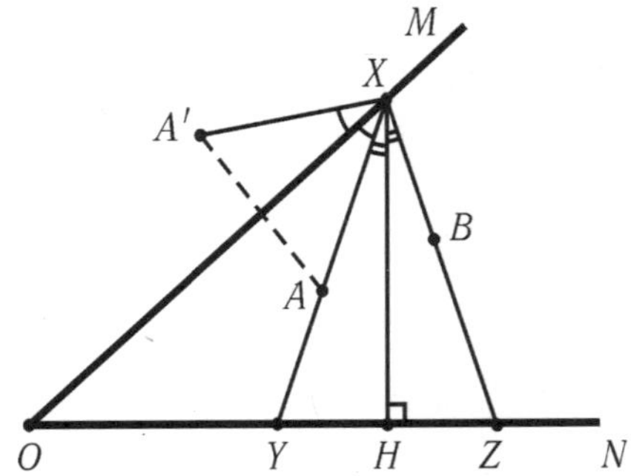

그림 17.3

각 C의 이등분선을 포함하는 직선의 교점이다.

17.14. A_2, A_3는 직선 l_2, l_3에 대해 점 A와 대칭인 점들이라 하자. 그러면 점 A_2, A_3는 직선 BC에 놓여있다. 그러므로 점 B, C는 직선 A_2A_3와 l_2, l_3의 교점이다.

17.15. 삼각형 ABC가 작도되었다고 가정하자. N은 AC의 중점이고, M은 BC의 중점이며, 각 A의 이등분선은 주어진 직선 l에 속한다. 직선 l에 대해 점 N과 대칭인 점 N'을 작도하자. 직선 BA는 점 N'을 지나며 직선 MN과 평행하다. 이와 같이 우리는 꼭짓점 A와 직선 BA를 찾을 수 있다. 직선 AN을 그으면, 직선 AC를 얻을 수 있다. 이제 끝점이 각 BAC의 변들에 놓인 선분과 이 선분의 중점 M을 작도하면 된다(문제 16.15의 풀이 참고).

17.16. 점 A', B'은 직선 CM에 대해 A, B와 대칭이라고 하자. 그러면 $AM + MB = A'M + MB > A'B = A'C + CB = AC + CB$이다.

17.17. 점 B', C', M'은 꼭짓점 A의 외각의 이등분선에 대해 B, C, M과 대칭이라고 하자. 그러면 $AM + AM' \geq MM' = (BB' + CC')/2 = (b+c)\sin(90° - (\alpha/2)) = (b+c)\cos(\alpha/2)$이다.

17.18. 점 B'은 각 ACB의 이등분선에 대해 B와 대칭이라고 하자. 그러면 $B'A_1 = BB_1$, 즉 $B'A_1 < AA_1$을 확인해야 한다. 이를 위해 $\angle AB'A_1 > \angle AB'B > 90°$를 생각하면 된다.

17.19. D'은 선분 AC의 수직이등분선에 대해 점 D와 대칭인 점이라 하자. 그러면 $S_{ABCD} = S_{ABCD'} = S_{BAD'} + S_{BCD'} \leq AB \cdot AD'/2 + BC \cdot CD'/2 = (AB \cdot$

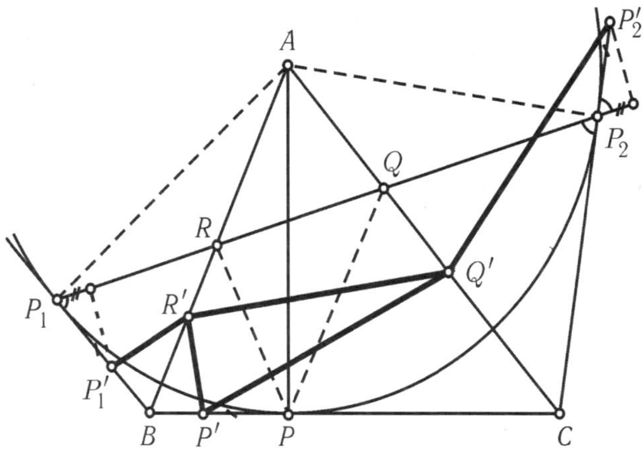

그림 17.4

$CD + BC \cdot AD)/2$이다.

17.20. A'은 직선 l에 대해 점 A과 대칭이라고 하자. X는 직선 l의 점이라 하자. 그러면 $AX + XB = A'X + XB \geq A'B$이며, 등호는 X가 선분 $A'B$에 속하는 경우에 성립한다. 그러므로 구하는 점은 직선 l과 선분 $A'B$의 교점이다.

17.21. PQR을 삼각형 ABC의 수선의 발에 의해 만들어진 삼각형이라 하고, $P'Q'R'$은 삼각형 ABC에 내접하는 임의의 다른 삼각형이라 하자. 이제 P_1, P_2는 직선 AB, AC에 대해 점 P와 대칭인 점들이며, P_1', P_2'은 점 P'과 대칭인 점들이라 하자(그림 17.4). 점 Q, R은 선분 P_1P_2에 속하므로(문제 1.58을 참고), 삼각형 PQR의 둘레는 선분 P_1P_2의 길이와 같다. 그리고 삼각형 $P'Q'R'$의 둘레는 꺾인선 $P_1'R'Q'P_2'$의 길이와 같다. 즉 이것은 선분 $P_1'P_2'$의 길이보다 작지 않다. 이제 $(P_1'P_2')^2 = P_1P_2^2 + 4d^2$을 생각하면 된다. 이때 d는 점 P_1'에서 직선 P_1P_2까지의 거리이다.

17.22. X는 임의의 점이며, $X_1 = S_{l_1}(X)$, $X_2 = S_{l_2}(X_1)$이라 하자.
(a) 직선 l_1에서 임의의 점 O를 잡고, 원점이 O이며 가로축이 l_1의 방향인 좌표계를 생각하자. 직선 l_2는 이 좌표계에서 방정식 $y = a$에 의해 주어진다. y, y_1, y_2는 점 X, X_1, X_2의 세로좌표라 하자. $y_1 = -y$, $y_2 = (a - y_1) + a = y + 2a$이다. 점 X, X_1, X_2는 같은 가로좌표를 가지므로, $X_2 = T_{2\boldsymbol{a}}(X)$이다. 여기서 $T_{\boldsymbol{a}}$는 l_1을 l_2로 보내는 평행이동이며, $\boldsymbol{a} \perp l_1$이다.

(b) 원점이 O이고 가로축이 l_1의 방향인 좌표계를 생각하자. 이 좌표계에서 l_1에서 l_2까지의 회전각은 α이며, 가로축에서 반직선 OX, OX_1, OX_2까지의 회전각이 φ, φ_1, φ_2이라 하자. $\varphi_1 = -\varphi$, $\varphi_2 = (\alpha - \varphi_1) + \alpha = \varphi + 2\alpha$이다. $OX = OX_1 = OX_2$이므로, $X_2 = R_O^{2\alpha}(X)$이다. 여기서 R_O^{α}는 l_1을 l_2로 보내는 회전이다.

17.23. $T \circ T$를 세 변환의 합성의 꼴로 나타내자.

$$T \circ T = (S_a \circ S_b \circ S_c) \circ (S_a \circ S_b \circ S_c) = (S_a \circ S_b) \circ (S_c \circ S_a) \circ (S_b \circ S_c).$$

이때 $S_a \circ S_b$, $S_c \circ S_a$, $S_b \circ S_c$는 각 $2\angle(b,a)$, $2\angle(a,c)$, $2\angle(c,b)$만큼의 회전이다. 회전각들의 합은 $2(\angle(b,a) + \angle(a,c) + \angle(c,b)) = 2\angle(b,b) = 0°$이며, 이 값은 $2 \cdot 180° = 360°$안에서 정확하다. 결국 회전들의 이 합성은 평행이동이다(문제 18.35를 참고).

17.24. 만약 X, Y가 직선 l_3에 대해 대칭이면, 점 $S_{l_1}(X)$, $S_{l_1}(Y)$는 직선 l_2에 대해 대칭이다. 즉 $S_{l_1}(X) = S_{l_2} \circ S_{l_1}(Y)$이다. 그러므로 $S_{l_1} \circ S_{l_3} = S_{l_2} \circ S_{l_1}$, $S_{l_3} = S_{l_1} \circ S_{l_2} \circ S_{l_1}$이다.

17.25. O를 내접원의 중심이라 하고, a, b를 직선 OA, OB라 하자. 그러면 $S_a \circ S_b(C_1) = S_a(A_1) = A_2$, $S_b \circ S_a(C_1) = S_b(B_1) = B_2$이다. 점 A_2, B_2는 C_1을 O를 중심으로 마주보는 각들만큼 회전시켜 얻어지므로, $A_2B_2 \| AB$이다. 같은 방법으로, 삼각형 ABC, $A_2B_2C_2$의 변들이 평행하다는 것을 보일 수 있다. 즉 이들 삼각형은 중심닮음이다. 직선 AA_2, BB_2, CC_2는 삼각형 ABC를 $A_2B_2C_2$로 보내는 중심닮음변환의 중심을 지난다. 이 중심닮음변환에서 삼각형 ABC의 외접원은 내접원으로 보내진다는 것, 즉 중심닮음변환의 중심은 이들 원의 중심을 연결한 직선에 속한다는 것을 생각하면 된다.

17.26. 각각의 뜀의 벡터에 대해 메뚜기의 두 위치를 얻으며, 이 위치들에 대해 뜀은 이 벡터에 의해 주어진다. 그러므로 뜀의 수열이 주기적일 필요충분조건은 유한개의 서로 다른 뜀의 벡터들을 가지는 것이다.

$\boldsymbol{a}_1$을 직선 l_2에서 직선 l_1으로의 뜀의 벡터라 하고, $\boldsymbol{a}_2, \boldsymbol{a}_3, \boldsymbol{a}_4, \ldots$를 그 다음의 뜀들의 벡터라 하자. 그러면 $\boldsymbol{a}_2 = S_{l_2}(\boldsymbol{a}_1)$, $\boldsymbol{a}_3 = S_{l_1}(\boldsymbol{a}_2)$, $\boldsymbol{a}_4 = S_{l_2}(\boldsymbol{a}_3), \ldots$이다. 합성 $S_{l_1} \circ S_{l_2}$는 각 2γ(또는 $2\pi - 2\gamma$)만큼의 회전이므로, 벡터 $\boldsymbol{a}_3$, $\boldsymbol{a}_5$, $\boldsymbol{a}_7, \ldots$는 벡터 $\boldsymbol{a}_1$을 2γ, 4γ, $6\gamma, \ldots$만큼(또는 $2(\pi - \gamma)$, $4(\pi - \gamma)$, $6(\pi - \gamma), \ldots$만큼) 회전시켜 얻어진다. 그러므로 모임 $\boldsymbol{a}_1$, $\boldsymbol{a}_3$, $\boldsymbol{a}_5, \ldots$이 유한개의 서로 다른 벡터들을

포함할 필요충분조건은 γ/π가 유리수인 것이다. 모임 $\boldsymbol{a}_2$, $\boldsymbol{a}_4$, $\boldsymbol{a}_6, \ldots$에 대해서도 유사한 방법으로 생각할 수 있다.

17.27. (a) 다각형 $A_1A_2\ldots A_n$이 작도되었다고 가정하자. 원의 중심 O를 지나는, 현 A_1A_2, $A_2A_3, \ldots$, A_nA_1에 대한 수직이등분선 l_1, $l_2, \ldots, l_n$을 긋자. 그러면 직선 $l_1, \ldots, l_n$은 점 O를 지나며 주어진 직선들과 직교하므로, 이들 직선은 알려졌다. 그리고 $A_2 = S_{l_1}(A_1)$, $A_3 = S_{l_2}(A_2), \ldots$, $A_1 = S_{l_n}(A_n)$, 즉 점 A_1은 대칭들의 합성 $S_{l_n} \circ \ldots \circ S_{l_1}$의 부동점이다. 홀수인 n에 대해 원에는 정확히 두 개의 부동점이 있고, 짝수인 n에 대해 부동점은 없거나 또는 모든 점이 부동점이다.
(b) 구하는 다각형 $A_1\ldots A_n$이 작도되었다고 가정하자. 외접다각형과 원의 접점으로 만들어진 다각형 $B_1\ldots B_n$을 생각하자. 다각형 $B_1\ldots B_n$의 변은 주어진 직선들에 수직이다. 즉 이 변들은 주어진 방향을 가지므로, 다각형을 작도할 수 있다(문제 (a)를 참고). 점 $B_1, \ldots, B_n$에서 원에 대한 접선을 그으면 된다.

17.28. 주어진 직선 $l_1, \ldots, l_n$에 대한 순차적인 대칭의 합성을 생각하자. 문제 (a)에서는 구하는 n각형의 꼭짓점 A_1으로 이 합성의 부동점을 잡아야 하며, 문제 (b)에서는 직선 A_1A_n으로 부동직선을 잡아야 한다.

17.29. 주어진 직선들에 수직이며 원의 중심을 지나는 직선 $l_1, \ldots, l_{n-1}$에 대한 순차적인 대칭에서 구하는 다각형의 꼭짓점 A_1은 꼭짓점 A_n으로 보내진다. 만약 n이 홀수이면, 이들 대칭의 합성은 알려진 각만큼의 회전이다. 그러므로 점 M을 지나는 알려진 길이만큼의 현 A_1A_n을 작도해야 한다. 만약 n이 짝수이면, 살펴본 합성은 어떤 직선에 대한 대칭이므로, 점 M으로부터 이 직선에 수선을 그어야 한다.

17.30. O는 주어진 원의 중심이고, D_R은 반지름이 R이고 중심이 O인 원이다. 이제 D_1을 지나는 직선들에 대한 대칭에서 점 D_R의 상의 집합이 원 D_{R+2}라는 것을 증명해야 한다. 실제로 살펴본 대칭에서 점 O의 상들은 원 D_2를 채우며, 반지름이 R이고 중심이 D_2에 있는 원들은 원 D_{R+2}를 채운다. 그러므로 n번의 반사에 의해 점 D_1으로부터 D_{2n+1}의 임의의 점을 얻을 수 있으며, 오직 이 점들만 얻을 수 있다. 이제 n번의 반사에 의해 점 A를 D_R의 내부에 넣을 필요충분조건은 n번의 반사에 의해 D_R의 어떤 점을 A로 보낼 수 있다는 것임을 생각하면 된다.

17.31. 직선 $OA_1, \ldots, OA_n$에 대한 대칭을 $S_1, \ldots, S_n$이라고 하자. $k = 1, \ldots, n$일 때에

$X_k = S_k(X)$라고 하자. 점 O에 대한 어떤 회전에 의해 점들의 체계 $X_1, \ldots, X_n$이 자신으로 보내진다는 것을 증명해야 한다. $S_{k+1} \circ S_k(X_k) = S_{k+1} \circ S_k \circ S_k(X) = X_{k+1}$이다. 변환 $S_{k+1} \circ S_k$는 점 O가 중심인 각 $4\pi/n$만큼의 회전이다(문제 17.22(b)를 참고).

참고. 짝수인 n에 대해 $n/2$각형을 얻게 된다.

17.32. 직선 l_1, l_2는 평면 도형의 대칭축이라 하자. 이것은 점 X가 도형에 속하면, 점 $S_{l_1}(X)$, $S_{l_2}(X)$도 도형에 속한다는 것을 의미한다. 직선 $l_3 = S_{l_1}(l_2)$를 생각하자. 문제 17.24에 의해, $S_{l_3}(X) = S_{l_!} \circ S_{l_2} \circ S_{l_1}(X)$이므로 l_3도 대칭축이다.
만약 도형이 정확히 두 개의 대칭축을 가지면, $l_3 = l_1$ 또는 $l_3 = l_2$이다. 그리고 $l_3 \neq l_1$이므로 $l_3 = l_2$, 즉 직선 l_2는 직선 l_1과 직교한다.

17.33. 다각형이 한 점에서 교차하지 않는 세 개의 대칭축을 가진다고, 즉 이들이 삼각형을 만든다고 가정하자. X는 이 삼각형의 어떤 내부점 M으로부터 가장 멀리 떨어진 다각형의 점이라고 하자. 점 X와 M은 살펴본 것들 중 한 대칭축 l의 같은쪽에 놓여있다. 만약 X'을 직선 l에 대해 점 X와 대칭인 점이라 하면, $MX' > MX$이며 X'은 점 M으로부터 X보다 더 멀리 떨어져있다. 이로부터 모순이 유도되며, 다각형의 모든 대칭축은 한 점에서 교차한다.

17.34. 모든 대칭축이 한 점 O를 지난다(문제 17.33을 참고). 만약 l_1, l_2가 대칭축이면, $l_3 = S_{l_1}(l_2)$도 대칭축이다(문제 17.24를 참고). 다각형의 대칭축 중의 하나 l을 잡자. 나머지 대칭축들은 l에 대해 대칭인 직선들의 쌍으로 분할된다. 만약 l에 직교하며 점 O를 지나는 직선 l_1이 대칭축이 아니면, 대칭축의 개수는 홀수이다. 그러므로 직선 l_1은 대칭축이다. 그리고 $S_{l_1} \circ S_l = R_O^{180^\circ}$는 중심대칭, 즉 O는 대칭의 중심이다.

17.35. F는 점 A를 A'으로 보내는 이동이며, 점 A, A'은 일치하지 않는다고 하자. 그리고 S는 선분 AA'의 수직이등분선 l에 대한 대칭이라 하자. 그러면 $S \circ F(A) = A$, 즉 A는 변환 $S \circ F$의 부동점이다. 만약 X가 변환 F의 부동점이면, $AX = A'X$, 즉 점 X는 직선 l에 속한다. 이것은 X가 변환 $S \circ F$의 부동점이라는 것을 의미한다. 이와 같이, 점 A와 변환 F의 모든 부동점은 변환 $S \circ F$의 부동점이다. 한 직선에 속하지 않는 점 A, B, C를 잡고, 주어진 이동 G에 대한 이들의 상을 생각하자. 점 A, B, C가 부동점인, 즉 항등변환 E인 변환 $S_3 \circ S_2 \circ S_1 \circ G$를 구성하는 변환 S_1, S_2, S_3(직선들에 대한 대칭 또는 항등변환인)을 만들 수 있다. 등식 $S_3 \circ S_2 \circ S_1 \circ G = E$에 왼쪽으로부터 순서대로 S_3, S_2, S_1을 곱하고

$S_i \circ S_i = E$임을 감안하면, $G = S_1 \circ S_2 \circ S_3$을 얻을 수 있다.

17.36. 문제 17.35에 의해, 임의의 제1종 이동은 직선에 대한 두 대칭의 합성이다. 이제 문제 17.22의 결과를 이용하면 된다.

17.37. 문제 17.35에 의해, 임의의 제2종 이동은 $S_3 \circ S_2 \circ S_1$인 꼴로 나타낼 수 있다(여기서 S_1, S_2, S_3는 직선 l_1, l_2, l_3에 대한 대칭이다). 우선 직선 l_2와 l_3가 평행하지 않다고 가정하자. 그러면 직선 l_2와 l_3의 교점을 중심으로 이들 직선을 임의의 각만큼 회전시켜도 합성 $S_3 \circ S_2$는 변화되지 않는다(문제 17.22(b)를 참고). 그러므로 $l_2 \perp l_1$이라고 할 수 있다. 이제 직선 l_1과 l_2의 교점에 대해 이들 직선을 회전시켜, l_2가 l_3와 평행하도록 하면 된다.

이제 $l_2 \| l_3$라고 가정하자. 만약 직선 l_1이 이들 직선과 평행하지 않으면, 직선 l_1과 l_2를 이들의 교점을 중심으로 회전시켜, 직선 l_2와 l_3가 평행하지 않도록 만들 수 있다. 만약 $l_1 \| l_2$이면, 직선 l_1과 l_2를 평행하게 이동시켜 l_2가 l_3와 포개지도록 할 수 있다.

제 18 장

회전

바탕 지식들

1. 회전을 엄밀하게 정의하지는 않을 것이다. 문제해결을 위해서는 회전에 대해 다음과 같은 생각을 가지면 충분하다: 점 X를 (a) $OX' = OX$이며, (b) 벡터 $\overrightarrow{OX}$에서 벡터 $\overrightarrow{OX'}$으로 회전각이 φ인 점 X'으로 보내는 평면의 변환을 중심이 O인 회전(또는 점 O에 대한 회전)이라고 부른다.

2. 이 장에서는 변환과 합성에 대해 다음과 같은 표기를 이용할 것이다:
   $T_{\boldsymbol{a}}$는 벡터 $\boldsymbol{a}$만큼의 평행이동;
   S_O는 점 O에 대한 대칭;
   S_l은 직선 l에 대한 대칭;
   R_O^φ는 중심이 O인 φ만큼의 회전;
   $F \circ G$는 변환 F와 G의 합성이며, $(F \circ G)(X) = F(G(X))$이다.

3. 회전을 이용하여 해결하는 문제들을 두 부류로 나눌 수 있다: 회전의 합성의 성질을 이용하지 않는 문제들과 이 성질을 이용하는 문제들. 회전의 합성의 성질을 이용하는 문제들의 해결을 위해, 문제 18.35의 결과인 $R_B^\beta \circ R_A^\alpha = R_C^\gamma$를 알아야 한다. 여기서 $\gamma = \alpha + \beta$이며 $\angle BAC = \alpha/2$, $\angle ABC = \beta/2$이다.

도입 문제들

1. 회전에 의해 원은 원으로 보내진다는 것을 증명하여라.

2. 볼록n각형이 정다각형일 필요충분조건은 어떤 점에 대한 $360°/n$만큼의 회전에 의해 다각형이 자신으로 보내지는 것임을 증명하여라.

3. 삼각형 ABC가 정삼각형일 필요충분조건은 점 A에 대한 $60°$만큼의 회전에 의해 꼭짓점 B가 C로 보내지는 것임을 증명하여라.

4. 정다각형의 변들의 중점은 정다각형을 만든다는 것을 증명하여라.

5. 정사각형의 중심을 지나는 직교하는 두 직선을 그었다. 이때 이들 직선과 정사각형의 변들의 교점은 정사각형을 만든다는 것을 증명하여라.

제 1 절 90°만큼의 회전

18.1. 정사각형 $ABCD$의 변 BC, CD에 점 M, K를 잡아, $\angle BAM = \angle MAK$가 성립하도록 하였다. 이때 $BM + KD = AK$를 증명하여라.

18.2. 삼각형 ABC에 중선 CM과 높이 CH를 그었다. 임의의 점 P를 지나며 CA, CM, CB에 직교하는 직선들은 직선 CH와 점 A_1, M_1, B_1에서 만난다. 이때 $A_1M_1 = B_1M_1$을 증명하여라.

18.3. 두 정사각형 $BCDA$와 $BKMN$이 공통의 꼭짓점 B를 가진다. 이때 삼각형 ABK의 중선 BE와 삼각형 CBN의 높이 BF는 한 직선에 놓여있다는 것을 증명하여라(두 삼각형의 꼭짓점들은 시계방향으로 적는다).

18.4. 정사각형 $A_1A_2A_3A_4$의 내부점 P를 잡았다. 꼭짓점 A_1으로부터 A_2P에 수선을 긋고, A_2로부터 A_3P에, A_3으로부터 A_4P에, A_4로부터 A_1P에 수선을 그었다. 이때 네 수선(또는 연장선)은 한 점에서 만난다는 것을 증명하여라.

18.5. 정사각형 $ABCD$의 변 CB, CD에 점 M, K를 잡아, 삼각형 CMK의 둘레가 정사각형 변의 두 배와 같도록 하였다. 이때 각 MAK의 크기를 구하여라.

18.6. 평면에 세 정사각형(같은 방향의) $ABCD$, $AB_1C_1D_1$, $A_2B_2CD_2$가 주어졌다. 첫 번째 정사각형은 다른 두 정사각형과 공통의 꼭짓점 A, C를 가진다. 이때 삼각형 BB_1B_2의 중선 BM은 선분 D_1D_2와 직교한다는 것을 증명하여라.

18.7. 삼각형 ABC가 주어졌다. 삼각형의 변 AB, BC에 바깥쪽으로 정사각형 $ABMN$, $BCPQ$를 작도하였다. 이때 이들 정사각형의 중심과 선분 MQ, AC의 중점은 정사각형을 이룬다는 것을 증명하여라.

18.8. 정사각형의 둘레에 평행사변형이 외접하고 있다. 이때 평행사변형의 꼭짓점들로부터 정사각형의 변에 그은 수선들은 정사각형을 이룬다는 것을 증명하여라.

제 2 절 60°만큼의 회전

18.9. 삼각형 ABC의 변들에 바깥쪽으로 정삼각형 A_1BC, AB_1C, ABC_1을 작도하였다. 이때 $AA_1 = BB_1 = CC_1$을 증명하여라.

18.10. 선분 AE에 같은쪽으로 정삼각형 ABC, CDE를 작도하였고, M과 P는 선분 AD, BE의 중점이다. 이때 삼각형 CPM이 정삼각형이라는 것을 증명하여라.

18.11. 꼭짓점들이 주어진 평행한 세 직선에 놓이도록, 정삼각형 ABC를 작도하여라.

18.12. 꼭짓점 P는 고정된 점이고 꼭짓점 K는 주어진 정사각형에 놓여있다. 모든 가능한 정삼각형 PKM을 생각하자. 이때 꼭짓점 M의 기하학적 위치를 구하여라.

18.13. 평행사변형 $ABCD$의 변 BC, CD에 바깥쪽으로 정삼각형 BCP, CDQ를 작도하였다. 이때 삼각형 APQ가 정삼각형이라는 것을 증명하여라.

18.14. 점 M은 정삼각형 ABC의 외접원의 호 AB에 놓여있다. 이때 $MC = MA + MB$를 증명하여라.

18.15. $MA^2 = MB^2 + MC^2$을 만족시키는 정삼각형 ABC의 내부에 놓인 점 M의 기하학적 위치를 구하여라.

18.16. 육각형 $ABCDEF$는 정육각형이고, K와 M은 선분 BD, EF의 중점이다. 이때 삼각형 AMK는 정삼각형이라는 것을 증명하여라.

18.17. M과 N은 정육각형 $ABCDEF$의 변 CD, DE의 중점이고, P는 선분 AM, BN의 교점이다.
(a) 직선 AM과 BN사이의 각의 크기를 구하여라.
(b) $S_{ABP} = S_{MDNP}$를 증명하여라.

18.18. 정삼각형 ABC의 변 AB, BC에 점 M, N을 잡아, $MN \| AC$가 되도록 하였고, E는 선분 AN의 중점, D는 삼각형 BMN의 중심이다. 이때 삼각형 CDE의 각들의 크기를 구하여라.

18.19. 삼각형 ABC의 변들에 바깥쪽으로 정삼각형 ABC_1, AB_1C, A_1BC를 작도하였다. P, Q는 선분 A_1B_1, A_1C_1의 중점이다. 이때 삼각형 APQ가 정삼각형이라는 것을 증명하여라.

18.20. 삼각형 ABC의 변 AB, AC에 바깥쪽으로 정삼각형 ABC', $AB'C$를 작도하였다. 점 M은 변 BC를 비 $BM : MC = 3 : 1$로 나누며, K와 L은 변 AC', $B'C$의 중점이다. 이때 삼각형 KLM의 각들은 $30°$, $60°$, $90°$라는 것을 증명하여라.

18.21. 정삼각형 ABC, CDE, EHK(꼭짓점들을 시계 반대방향의 순서로 쓰자)가 평면에 $\overrightarrow{AD} = \overrightarrow{DK}$를 만족시키며 놓여있다. 이때 삼각형 BHD가 정삼각형이라는 것을 증명하여라.

18.22. (a) 예각삼각형의 내부에서 꼭짓점들까지의 거리의 합이 최소가 되는 점을 구하여라.

(b) 모든 각이 $120°$보다 작은 삼각형 ABC의 내부에 점 O를 잡아, 이 점과 변들이 $120°$를 이루도록 하였다. 이때 점 O에서 꼭짓점들까지의 거리의 합은 $(a^2+b^2+c^2)/2+2\sqrt{3}S$라는 것을 증명하여라.

18.23. 점 X와 정삼각형 ABC가 주어졌다. 이때 선분 XA, XB, XC로 삼각형을 만들 수 있으며 이 삼각형이 퇴화될 필요충분조건은 점 X가 삼각형 ABC의 외접원에 놓여있는 것임을 증명하여라(Pompeiu의 정리).

18.24. 육각형 $ABCDEF$가 반지름이 R인 원에 내접하며, $AB=CD=EF=R$이다. 이때 변 BC, DE, FA의 중점들이 정삼각형을 이룬다는 것을 증명하여라.

18.25. 중심대칭인 볼록육각형 $ABCDEF$의 변들에 바깥쪽으로 정삼각형들을 작도하였다. 이때 인접하는 삼각형의 꼭짓점들을 연결한 선분의 중점들은 정육각형을 이룬다는 것을 증명하여라.

제 3 절 임의의 각만큼의 회전

18.26. 점 A, B와 원 S가 주어졌다. 이때 원 S에 $AC\|BD$이며 호 CD가 주어진 크기 α를 가지는 점 C, D를 작도하여라.

18.27. 중심이 O인 회전은 직선 l_1을 l_2로 보내고, 직선 l_1에 놓인 점 A_1을 A_2로 보낸다. 이때 직선 l_1과 l_2의 교점은 삼각형 A_1OA_2의 외접원에 놓여있다는 것을 증명하여라.

18.28. 평면에 똑같은 문자 Γ가 두 개 놓여있다. 이 문자들의 짧은 막대기들의 끝점에 A, A'을 표시하자. 그리고 긴 막대기들을 점 $A_1,\dots,A_{n-1}$; $A'_1,\dots,A'_{n-1}$로(분할점들에 긴 선분의 끝점으로부터 첨자의 번호를 붙인다) n등분하자. 그리고 직선 AA_i와 $A'A'_i$은 점 X_i에서 만난다. 이때 점 $X_1,\dots,X_{n-1}$은 볼록다각형을 만든다는 것을 증명하여라.

18.29. 점 P에서 만나는 두 직선을 따라 같은 속도로 두 점이 이동한다: 한 직선을 따라서는 점 A가, 다른 직선을 따라서는 점 B가. 이들이 점 P를 동시에 지나지는 않는다. 이때 임의의 순간에 삼각형 ABP의 외접원은 P가 아닌 어떤 고정점을 지난다는 것을 증명하여라.

18.30. 삼각형 $A_1B_1C_1$은 삼각형 ABC를 외접원의 중심에 대해 각 α만큼 회전시켜 얻어진다($\alpha<180°$). 이때 변 AB와 A_1B_1, BC와 B_1C_1, CA와 C_1A_1(또는 이들의 연장선)의 교점들은 삼각형 ABC와 닮은 삼각형의 꼭짓점이라는 것을 증명하여라.

18.31. 삼각형 ABC가 주어졌다. 삼각형의 넓이와 둘레를 이등분하는 직선을 작도하여라.

18.32. 벡터 $\overrightarrow{A_iB_i}$(이때 $i = 1, \ldots, k$)에 같은 방향인 정n각형 $A_iB_iC_iD_i \ldots$을 작도하였다($n \geq 4$). 이때 k각형 $C_1 \ldots C_k$와 $D_1 \ldots D_k$가 같은 방향의 정다각형일 필요충분조건은 k각형 $A_1 \ldots A_k$와 $B_1 \ldots B_k$가 같은 방향의 정다각형이라는 것을 증명하여라.

18.33. 삼각형의 높이들의 교점을 지나는 임의의 직선과 삼각형의 변들에 대해 대칭인 세 직선은 한 점에서 만난다는 것을 증명하여라.

18.34. 반지름이 10m인 원형의 서커스 무대를 사자가 뛰어다닌다. 꺾인선을 따라 움직이며 사자는 30km를 뛰어다녔다. 이때 사자의 모든 회전각의 합은 2998라디안 보다 작지 않다는 것을 증명하여라.

제 4 절 회전의 합성

18.35. 두 회전(각들의 합이 360°의 배수가 아닌)의 합성은 회전이라는 것을 증명하여라. 이 회전의 중심은 어떤 점이며, 회전각은 무엇인가? 회전각들의 합이 360°의 배수인 경우에 대해서도 조사하여라.

18.36. 임의의 볼록사각형의 변들에 바깥쪽으로 정사각형들을 작도하였다. 이

때 마주보는 정사각형들의 중심을 연결한 선분들은 길이가 서로 같고 직교한다는 것을 증명하여라.

18.37. 평행사변형의 변들에 바깥쪽으로 정사각형들을 작도하였다. 이때 이 정사각형들의 중심은 정사각형을 이룬다는 것을 증명하여라.

18.38. 삼각형 ABC의 변들에 바깥쪽으로 중심이 P, Q, R인 정사각형을 작도하였다. 그리고 삼각형 PQR의 변들에 안쪽으로 정사각형들을 작도하였다. 이 정사각형들의 중심은 삼각형 ABC의 변들의 중점이라는 것을 증명하여라.

18.39. 볼록사각형 $ABCD$의 내부에 직각이등변삼각형 ABO_1, BCO_2, CDO_3, DAO_4를 작도하였다. 이때 $O_1 = O_3$이면, $O_2 = O_4$라는 것을 증명하여라.

18.40. (a) 임의의 삼각형의 변들에 바깥쪽으로 정삼각형들을 작도하였다. 이때 이들의 중심은 정삼각형을 이룬다는 것을 증명하여라.

(b) 유사한 명제를 안쪽에 작도한 삼각형들에 대해 증명하여라.

(c) 문제 (a)와 (b)에서 얻어진 정삼각형의 넓이의 차는 처음 삼각형의 넓이와 같다는 것을 증명하여라.

18.41. 삼각형 ABC의 변들에 바깥쪽으로 정삼각형 $A'BC$, $B'AC$를 작도하였고, 안쪽으로 $C'AB$를 작도하였다. M은 삼각형 $C'AB$의 중심이다. 이때 $A'B'M$은 이등변삼각형이며 $\angle A'MB' = 120°$라는 것을 증명하여라.

18.42. 각 α, β, γ는 $0 < \alpha, \beta, \gamma < \pi$, $\alpha + \beta + \gamma = \pi$를 만족한다. 만약 회전들의 합성 $R_C^{2\gamma} \circ R_B^{2\beta} \circ R_A^{2\alpha}$가 항등변환이면, 삼각형 ABC의 각들은 α, β, γ라는 것을 증명하여라.

18.43. 어떤 n각형의 변들에 작도된 이등변삼각형들의 꼭짓점인 n개의 점이 알려졌고, n각형의 꼭짓점에서의 각들 $\alpha_1, \ldots, \alpha_n$이 알려졌다. 이때 n각형을 작도하여라.

18.44. 임의의 삼각형 ABC의 변들에 바깥쪽으로 이등변삼각형 $A'BC$, $AB'C$, ABC'을 작도하였다. 꼭지각 A', B', C'의 크기는 α, β, γ이며, $\alpha+\beta+\gamma = 2\pi$이다. 이때 삼각형 $A'B'C'$의 각들은 $\alpha/2$, $\beta/2$, $\gamma/2$라는 것을 증명하여라.

18.45. AKL, AMN은 닮은 이등변삼각형들이며, 이들의 꼭지각 A는 α이다. 그리고 GNK, $G'LM$은 꼭지각이 $\pi - \alpha$인 닮은 이등변삼각형이다. 이때 $G = G'$이라는 것을 증명하여라(삼각형들은 유향도형이다).

18.46. 삼각형 ABC의 변 AB, BC, CA에 점 P, Q, R을 잡았다. 이때 삼각형 APR, BPQ, CQR의 외접원의 중심들은 삼각형 ABC와 닮은 삼각형을 이룬다는 것을 증명하여라.

힌트 및 증명

18.1. 정사각형 $ABCD$를 점 A를 중심으로 $90°$만큼 회전시켜, B가 D로 가도록 하자. 이 회전에서 점 M은 M'으로 보내지며, 점 K는 K'으로 보내진다. $\angle BMA = \angle DM'A$이다. $\angle MAK = \angle MAB = \angle M'AD$이므로, $\angle MAD = \angle M'AK$이다. 그러므로 $\angle M'AK = \angle MAD = \angle BMA = \angle DM'A$이며, $AK = KM' = KD + DM' = KD + BM$이다.

18.2. 점 P에 대한 $90°$만큼의 회전에서 직선 PA_1, PB_1, PM_1, CH는 CA, CB, CM, AB와 평행한 직선들로 보내진다. 결국 삼각형 PA_1B_1의 그러한 회전에서 선분 PM_1은 삼각형의 중선으로 보내진다.

18.3. 꼭짓점 K를 N으로, 꼭짓점 C를 A로 보내는 점 B에 대한 $90°$만큼의 회전을 생각하자. 이 회전에서 점 A는 어떤 점 A'으로 보내지며, E는 E'으로 보내진다. E'과 B는 삼각형 $A'NC$의 변 $A'N$, $A'C$의 중점이므로, $BE' \| NC$이다. 그리고 $\angle EBE' = 90°$이므로, $BE \perp NC$이다.

18.4. 정사각형의 중심에 대한 $90°$만큼의 회전에서 점 A_1은 A_2로, 점 A_1, A_2, A_3, A_4에서 그은 수선은 A_2P, A_3P, A_4P, A_1P로 보내진다. 그러므로 이들의 교점은 역회전에서 점 P의 상이다.

18.5. 주어진 정사각형을 점 A에 대해 $90°$만큼 회전시켜, 꼭짓점 B가 D로 보내지도록 하자. M'은 이 회전에서 점 M의 상이라 하자. 조건에 의해 $MK + MC + CK = (BM + MC) + (KD + CK)$이므로, $MK = BM + KD = DM' + KD = KM'$이다. 그리고 $AM = AM'$이므로, $\triangle AMK = \triangle AM'K$이며, $\angle MAK = \angle M'AK = \angle MAM'/2 = 45°$이다.

18.6. R을 벡터 $\overrightarrow{BC}$를 $\overrightarrow{BA}$로 보내는 $90°$만큼의 회전이라 하자. 그리고 $\overrightarrow{BC} = \boldsymbol{a}$, $\overrightarrow{CB_2} = \boldsymbol{b}$, $\overrightarrow{AB_1} = \boldsymbol{c}$라고 하자. 그러면 $\overrightarrow{BA} = R\boldsymbol{a}$, $\overrightarrow{D_2C} = R\boldsymbol{b}$, $\overrightarrow{AD_1} = R\boldsymbol{c}$이다. 그러므로 $\overrightarrow{D_2D_1} = R\boldsymbol{b} - \boldsymbol{a} + R\boldsymbol{a} + R\boldsymbol{c}$, $2\overrightarrow{BM} = \boldsymbol{a} + \boldsymbol{b} + R\boldsymbol{a} + \boldsymbol{c}$이다. 결국 $R(R\boldsymbol{a}) = -\boldsymbol{a}$이므로, $R(2\overrightarrow{BM}) = \overrightarrow{D_2D_1}$이다.

18.7. 다음 표기를 도입하자: $\boldsymbol{a} = \overrightarrow{BM}$, $\boldsymbol{b} = \overrightarrow{BC}$; $R\boldsymbol{a}$, $R\boldsymbol{b}$는 $\boldsymbol{a}$, $\boldsymbol{b}$를 $90°$만큼 회전시켜 얻어진 벡터; $R\boldsymbol{a} = \overrightarrow{BA}$, $R\boldsymbol{b} = \overrightarrow{BQ}$; O_1, O_2, O_3, O_4는 선분 AM, MQ, QC, CA의 중점. 그러면 $\overrightarrow{BO_1} = (\boldsymbol{a} + R\boldsymbol{a})/2$, $\overrightarrow{BO_2} = (\boldsymbol{a} + R\boldsymbol{b})/2$, $\overrightarrow{BO_3} = (\boldsymbol{b} + R\boldsymbol{b})/2$, $\overrightarrow{BO_4} = (\boldsymbol{b} + R\boldsymbol{a})/2$이다. 그러므로 $\overrightarrow{O_1O_2} = (R\boldsymbol{b} - R\boldsymbol{a})/2 = -\overrightarrow{O_3O_4}$, $\overrightarrow{O_2O_3} = (\boldsymbol{b} - \boldsymbol{a})/2 = -\overrightarrow{O_4O_1}$이다. 그리고 $\overrightarrow{O_1O_2} = R(\overrightarrow{O_2O_3})$이다.

18.8. 정사각형 $ABCD$의 둘레에 평행사변형 $A_1B_1C_1D_1$을 외접시키자(점 A는 변 A_1B_1에, B는 B_1C_1에 속하는 것과 같은 방법으로). 꼭짓점 A_1, B_1, C_1, D_1에서 정사각형의 변들에 수선 l_1, l_2, l_3, l_4를 긋자. 이들 직선이 정사각형을 이룬다는 것을 증명하기 위해, 정사각형 $ABCD$의 중심 O에 대한 $90°$만큼의 회전에서 직선 l_1, l_2, l_3, l_4는 서로에게로 보내진다는 것을 보이면 된다. 점 O에 대한 $90°$만큼의 회전에서 점 A_1, B_1, C_1, D_1은 점 A_2, B_2, C_2, D_2로 보내진다(그림 18.1).

$AA_2 \perp B_1B$, $BA_2 \perp B_1A$이므로, $B_1A_2 \perp AB$이다. 이것은 직선 l_1이 점 O에 대한 $90°$만큼의 회전에 의해 l_2로 보내진다는 것을 의미한다. 나머지 직선들에 대해서도 유사한 방법으로 증명된다.

18.9. 점 C에 대한 $60°$만큼의 회전에서 점 A는 B_1으로, 점 A_1은 B로 보내진다. 그러므로 선분 AA_1은 선분 B_1B로 보내진다.

18.10. 점 E를 D로 보내는, 점 C에 대한 $60°$만큼의 회전을 생각하자. 이때 점 B는 A로, 즉 선분 BE는 선분 AD로 보내진다. 그러므로 선분 BE의 중점 P는 선분 AD의 중점 M으로 보내진다. 즉 삼각형 CPM은 정삼각형이다.

18.11. 꼭짓점 A, B, C가 직선 l_1, l_2, l_3에 놓이도록 삼각형 ABC를 작도했다고 가정

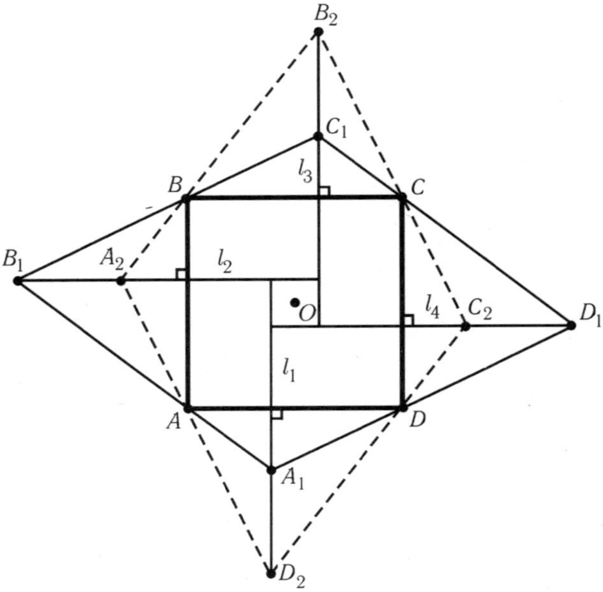

그림 18.1

하자. 점 A에 대한 60°만큼의 회전에서 점 B는 C로 보내지므로, C는 직선 l_3와 l_2의 상(A에 대한 60°만큼의 회전에서)의 교점이다.

18.12. 구하는 GLP는 주어진 정사각형을 P를 중심으로 ±60°만큼 회전시켜 얻어지는 두 정사각형으로 구성된다.

18.13. 60°만큼의 회전에서 $\overrightarrow{QC}$, $\overrightarrow{CP}$는 $\overrightarrow{QD}$, $\overrightarrow{CB} = \overrightarrow{DA}$로 보내진다. 결국 이 회전에서 벡터 $\overrightarrow{QP} = \overrightarrow{QC} + \overrightarrow{CP}$는 벡터 $\overrightarrow{QD} + \overrightarrow{DA} = \overrightarrow{QA}$로 보내진다.

18.14. M'을 점 B에 대한 60°만큼의 회전(A를 C로 보내는)에서 점 M의 상이라고 하자. 그러면 $\angle CM'B = \angle AMB = 120°$이다. 삼각형 $MM'B$는 정삼각형이므로, $\angle BM'M = 60°$이다. $\angle CM'B + \angle BM'M = 180°$이므로, 점 M'은 선분 MC에 속한다. 그러므로 $MC = MM' + M'C = MB + MA$이다.

18.15. A에 대한 60°만큼의 회전(B를 C로 보내는)에 의해 점 M은 어떤 점 M'으로, C는 D로 보내진다. 등식 $MA^2 = MB^2 + MC^2$은 등식 $M'M^2 = M'C^2 + MC^2$, 즉 $\angle MCM' = 90°$와 동치이다. 그리고 $\angle MCB + \angle MBC = \angle MCB + \angle M'CD = 120° - 90° = 30°$, 즉 $\angle BMC = 150°$이다. 구하는 GLP는 선분

BC와 $150°$를 이루며 삼각형의 내부에 놓인 호이다.

18.16. O를 육각형의 중심이라 하자. A에 대한 $60°$만큼의 회전을 생각하자(B를 O로 보내는). 이 회전에 의해 선분 OC는 선분 FE로 보내진다. 점 K는 평행사변형 $BCDO$의 대각선 BD의 중점이므로, 이 점은 대각선 CO의 중점이다. 결국 점 K는 이 회전에 의해 점 M으로 보내지며, 삼각형 AMK는 정삼각형이다.

18.17. 주어진 육각형의 중심에 대한 $60°$만큼의 회전에서(A를 B로 보내는) 선분 CD는 DE로 보내진다. 그러므로 점 M은 N으로 보내진다. 이와 같이, 이 회전에 의해 선분 AM은 BN으로 보내진다. 즉 이들 선분사이의 각은 $60°$이다. 이 회전에서 오각형 $AMDEF$는 $BNEFA$로 보내지며, 이들의 넓이는 같다. 이들 등적인 오각형으로부터 공통의 부분인 오각형 $APNEF$를 잘라내면, 등적인 삼각형 ABP와 사각형 $MDNP$가 얻어진다.

18.18. 점 C에 대한 $60°$만큼의 회전을(B를 A로 보내는) 생각하자. 이때 점 M, N, D는 M', N', D'으로 보내진다. $AMNN'$은 평행사변형이므로, 대각선 AN의 중점 E는 대칭의 중심이다. 그러므로 점 E에 대한 대칭에 의해 삼각형 BMN은 $M'AN'$으로 보내지며, 점 D는 D'으로 보내지고 E는 선분 DD'의 중점이다. 삼각형 CDD'이 정삼각형이므로, 삼각형 CDE의 각들은 $30°$, $60°$, $90°$이다.

18.19. 점 C_1을 B로 보내는 중심이 A인 회전을 생각하자. 이 회전에 의해 정삼각형 A_1BC는 삼각형 A_2FB_1으로 보내지며, 선분 A_1C_1은 선분 A_2B로 보내진다. 이제 $BA_1A_2B_1$이 평행사변형이라는 것, 즉 선분 A_2B의 중점이 선분 A_1B_1의 중점과 포개진다는 것을 생각하면 된다.

18.20. $\overrightarrow{AB} = 4\boldsymbol{a}$, $\overrightarrow{CA} = 4\boldsymbol{b}$라 하자. 그리고 R은 벡터 $\overrightarrow{AB}$를 $\overrightarrow{AC'}$으로 보내는 회전이라 하자(이때 $\overrightarrow{CA}$는 $\overrightarrow{CB'}$으로 보내진다). 그러면 $\overrightarrow{LM} = (\boldsymbol{a}+\boldsymbol{b}) - 2R\boldsymbol{b}$, $\overrightarrow{LK} = -2R\boldsymbol{b} + 4\boldsymbol{b} + 2R\boldsymbol{a}$이다. 쉽게 $\boldsymbol{b} + R^2\boldsymbol{b} = R\boldsymbol{b}$를 확인할 수 있다. 그러므로 $2R(\overrightarrow{LM}) = \overrightarrow{LK}$이며, 이로부터 문제가 해결된다.

18.21. 점 C에 대한 $60°$만큼의 회전에(시계 반대방향으로) 의해 점 A는 점 B로, 점 D는 점 E로 보내진다. 즉 벡터 $\overrightarrow{DK} = \overrightarrow{AD}$는 벡터 $\overrightarrow{BE}$로 보내진다. 점 H에 대한 $60°$만큼의 회전에(시계 반대방향으로) 의해 점 K는 E로, 벡터 $\overrightarrow{DK}$는 벡터 $\overrightarrow{BE}$로 보내지므로, 이 회전에서 점 D는 점 B로 보내지며, 삼각형 BHD는 정삼각형이다.

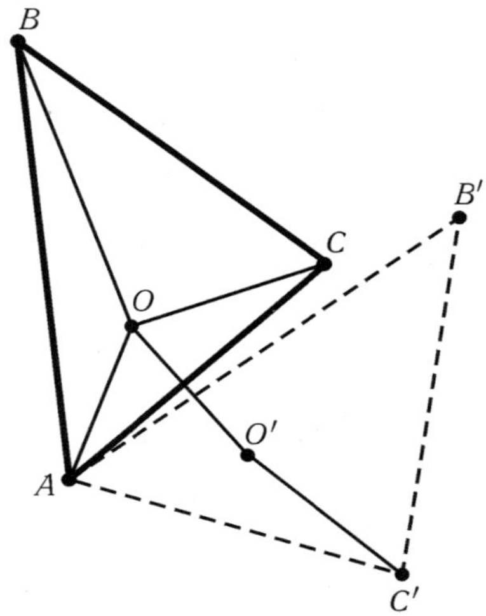

그림 18.2

18.22. (a) O를 삼각형 ABC의 내부점이라 하자. 점 A에 대한 $60°$만큼의 회전에 의해 점 B, C, O는 어떤 점 B', C', O'으로 보내진다(그림 18.2). $AO = OO'$, $OC = O'C'$이므로, $BO+AO+CO = BO+OO'+O'C'$이다. 꺾인선 $BOO'C'$의 길이가 최소일 필요충분조건은 이 꺾인선이 선분인 것, 즉 $\angle AOB = \angle AO'C' = \angle AOC = 120°$인 것이다. 구하는 점을 작도하기 위해, 문제 2.8의 결과를 이용하면 된다.

(b) 점 O로부터 꼭짓점들까지 거리의 합은 선분 BC'의(문제 (a)의 풀이에서 얻어진) 길이와 같다. 그리고 $(BC')^2 = b^2 + c^2 - 2bc\cos(\alpha + 60°) = b^2 + c^2 - bc\cos\alpha + bc\sqrt{3}\sin\alpha = (a^2 + b^2 + c^2)/2 + 2\sqrt{3}S$이다.

18.23. O를 정삼각형 ABC의 중심이라 하고, $\boldsymbol{x} = \overrightarrow{XO}$, $\boldsymbol{a} = \overrightarrow{OA}$라 하자. 그러면 $\overrightarrow{OB} = R^\alpha\boldsymbol{a}$, $\overrightarrow{OC} = R^{2\alpha}\boldsymbol{a}$이다(여기서 $\alpha = 120°$이다). 그러므로 다음이 성립한다.

$$\overrightarrow{XA} + R^\alpha(\overrightarrow{XB}) + R^{2\alpha}(\overrightarrow{XC}) = (\boldsymbol{x} + \boldsymbol{a}) + (R^\alpha\boldsymbol{x} + R^{2\alpha}\boldsymbol{a}) + (R^{2\alpha}\boldsymbol{x} + R^\alpha\boldsymbol{a}) =$$
$$= (\boldsymbol{x} + R^\alpha\boldsymbol{x} + R^{2\alpha}\boldsymbol{x}) + (\boldsymbol{a} + R^\alpha\boldsymbol{a} + R^{2\alpha}\boldsymbol{a}) = 0.$$

이것은 벡터 $\overrightarrow{XA}$, $R^\alpha(\overrightarrow{XB})$, $R^{2\alpha}(\overrightarrow{XC})$가 어떤 삼각형의 변들의 벡터라는 것을 의미한다. 삼각형의 퇴화성은 이들 벡터 중의 두 개의 공방향성과 동치이다. 만약 예를 들어, 벡터 $\overrightarrow{XA}$, $R^\alpha(\overrightarrow{XB})$가 같은 방향이면 $\angle(AX, XB) =$

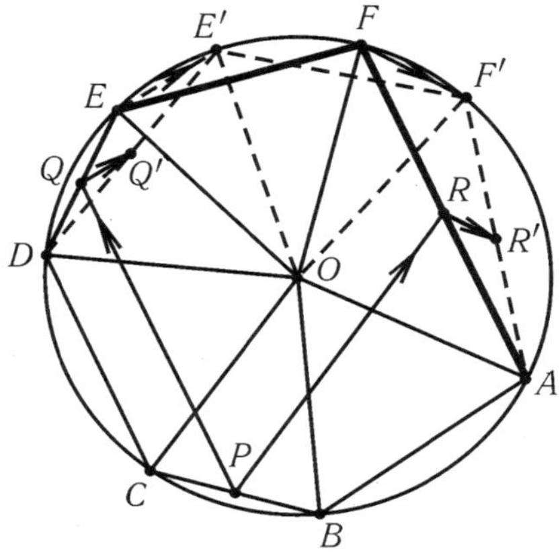

그림 18.3

$\angle(AC, CB)$이므로, 점 X는 삼각형 ABC의 외접원에 속한다 점 X가 외접원에 속하는 경우 삼각형의 퇴화성은 문제 18.14에서 증명되었다.

18.24. P, Q, R을 변 BC, DE, FA의 중점, O를 외접원의 중심이라 하자. 삼각형 PQR이 정삼각형이라고 가정하자. 이제 육각형 $ABCDE'F'$의 변 BC, DE', $F'A$의 중점이 정삼각형을 만든다는 것을 증명하자. 여기서 꼭짓점 E', F'은 점 E, F를 점 O에 대해 어떤 각만큼 회전시켜 얻어진다. 이로부터 모든 것이 증명된다. 왜냐 하면, 정육각형에서 변 BC, DE, FA의 중점은 정삼각형을 만들고 살펴본 육각형들은 정육각형으로부터 삼각형 OCD, OEF의 회전에 의해 얻어질 수 있기 때문이다.

Q', R'을 변 DE', AF'의 중점이라 하자(그림 18.3). 60°만큼의 회전에 의해 벡터 $\overrightarrow{EE'}$은 $\overrightarrow{FF'}$으로 보내진다. $\overrightarrow{QQ'} = \overrightarrow{EE'}/2$, $\overrightarrow{RR'} = \overrightarrow{FF'}/2$이므로, 벡터 $\overrightarrow{QQ'}$은 이 회전에서 $\overrightarrow{RR'}$으로 보내진다. 가정에 의해, 삼각형 PQR은 정삼각형이다. 즉 벡터 $\overrightarrow{PQ}$는 60°만큼의 회전에서 $\overrightarrow{PR}$로 보내진다. 그러므로 $\overrightarrow{PQ'} = \overrightarrow{PQ} + \overrightarrow{QQ'}$은 60°만큼의 회전에서 벡터 $\overrightarrow{PR'} = \overrightarrow{PR} + \overrightarrow{RR'}$으로 보내지며, 삼각형 $PQ'R'$은 정삼각형이다.

18.25. K, L, M, N은 변 BC, AB, AF, FE에 작도된 정삼각형들의 꼭짓점이라 하고, B_1, A_1, F_1은 선분 KL, LM, MN의 중점이라 하자(그림 18.4). 그리고 $\boldsymbol{a} = \overrightarrow{BC} = \overrightarrow{FE}$, $\boldsymbol{b} = \overrightarrow{AB}$, $\boldsymbol{c} = \overrightarrow{AF}$라 하고, R은 $\overrightarrow{BC}$를 $\overrightarrow{BK}$로 보내는 60°만큼의 회전이라 하자. 그러면 $\overrightarrow{AM} = -R^2\boldsymbol{c}$, $\overrightarrow{FN} = -R^2\boldsymbol{a}$이다. 그러므로 $2\overrightarrow{A_1B_1} = R^2\boldsymbol{c} + R\boldsymbol{a} + \boldsymbol{b}$, $2\overrightarrow{F_1A_1} = R^2\boldsymbol{a} - \boldsymbol{c} + R\boldsymbol{b}$, 즉 $\overrightarrow{F_1A_1} = R(\overrightarrow{A_1B_1})$이다.

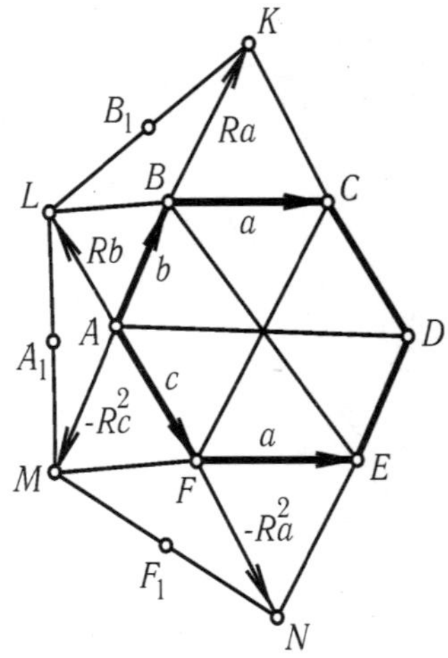

그림 18.4

18.26. 중심이 원 S의 중심인 α만큼의 회전에서(점 C를 D로 보내는) 점 A는 A'으로 보내진다. 그러면 $\angle(BD, DA') = \alpha$이다. 즉 점 D는 선분 $A'B$와 유향각 α를 이루는 점들로 이루어진 원에 속한다.

18.27. 직선 l_1, l_2의 교점을 P라 하자. 이때 $\angle(OA_1, A_1P) = \angle(OA_1, l_1) = \angle(OA_2, l_2) = \angle(OA_2, A_2P)$이다. 그러므로 점 O, A_1, A_2, P는 한 원에 속한다.

18.28. 같은 문자들 Γ를 어떤 중심 O에 대한 회전으로 합쳐놓을 수 있다(만약 이들이 평행이동에 의해 합쳐지면, $AA_i \| A'A'_i$이다). 문제 18.27에 의해, 점 X_i는 삼각형 $A'OA$의 외접원에 속한다. 그리고 한 원에 놓인 점들은 볼록다각형을 만든다.

18.29. O는 선분 $A(t_1)A(t_2)$를 선분 $B(t_1)B(t_2)$로 보내는 회전 R의 중심이라 하자(여기서 t_1, t_2는 어떤 순간이다). 그러면 이 회전은 임의의 순간 t에서 $A(t)$를 $B(t)$로 보낸다. 그러므로 문제 18.27에 의해, 점 O는 삼각형APB의 외접원에 놓여있다.

18.30. A, B는 중심이 O인 원의 점이며, A_1, B_1은 중심 O에 대한 α만큼의 회전에서 이들 점의 상이며, P, P_1은 선분 AB, A_1B_1의 중점이며, M은 직선 AB와 A_1B_1의 교점이다. 직각삼각형 POM, P_1OM은 공통의 빗변과 합동인 밑변 $PO = P_1O$를 가지므로, 이들은 합동이고 $\angle MOP = \angle MOP_1 = \alpha/2$이다. 점

M은 점 P를 $\alpha/2$만큼 회전시키고, 그 다음에 O가 중심, 계수가 $1/\cos(\alpha/2)$인 중심닮음변환 시켜서 얻어진다.

직선 AB와 A_1B_1, AC와 A_1C_1, BC와 B_1C_1의 교점은 삼각형(삼각형 ABC의 변들의 중점으로 만들어진 삼각형과 계수 $1/\cos(\alpha/2)$로 중심닮음인)의 꼭짓점들이다. 그리고 삼각형 ABC의 변들의 중점으로 만들어진 삼각형은 삼각형 ABC와 닮음이다.

18.31. 문제 5.52에 의해, 삼각형의 넓이와 둘레를 이등분하는 직선은 내접원의 중심을 지난다. 그리고 만약 직선이 내접원의 중심을 지나며 둘레를 이등분하면, 이 직선은 넓이를 이등분하게 된다. 그러므로 내접원의 중심을 지나며 둘레를 이등분하는 직선을 그어야 한다.

삼각형 ABC의 변 AB, AC에 점 M, N을 작도하여, 직선 MN이 내접원의 중심 O를 지나며 둘레를 이등분하였다고 가정하자. 반직선 AC에 점 D를 잡아, $AD = p$가 되도록 하자(이때 p는 삼각형 ABC의 둘레의 절반이다). 그러면 $AM = ND$이다. Q는 선분 AM을 DN으로 보내는 회전 R의 중심이라 하자(A를 D로, M을 N으로 보내는). 직선 AM과 CN사이의 각이 알려졌으므로, 점 Q를 작도할 수 있다: 이 점은 이등변삼각형 AQD의 꼭짓점이며, $\angle AQD = 180° - \angle A$이고, 점 B와 Q는 직선 AD에 대해 같은쪽에 놓여있다. 회전 R에 의해 선분 OM은 선분 $O'N$으로 보내진다. 우리는 점 O'을 작도할 수 있다. 직선 OM과 $O'N$사이의 각이 $\angle A$이므로, $\angle ONO' = \angle A$이다. 그러므로 점 N은 직선 AC와 호(선분 OO'과 $\angle A$를 이루는)의 교점이다. 점 N을 작도하고, 직선 ON을 작도하여 점 M을 찾을 수 있다.

만약 작도된 점 M, N이 변 AB, AC에 속하면, MN이 구하는 직선이라는 것을 쉽게 확인할 수 있다. 이 증명에서는 점 Q에 대한 $180° - \angle A$만큼의 회전에 의해 점 M이 점 N으로 보내진다는 것의 증명이 중요한 부분이다. 이 사실을 증명하기 위해, $\angle ONO' = \angle A$, 즉 이 회전에 의해 직선 OM이 직선 $O'N$으로 보내진다는 것을 이용해야 한다.

18.32. k각형 $C_1 \dots C_k$와 $D_1 \dots D_k$가 같은 방향의 정다각형이라고 가정하자. C, D는 이들 k각형의 중심이며, $\boldsymbol{c}_i = \overrightarrow{CC_i}$, $\boldsymbol{d}_i = \overrightarrow{DD_i}$라 하자. 그러면 $\overrightarrow{C_iD_i} = \overrightarrow{C_iC} + \overrightarrow{CD} + \overrightarrow{DD_i} = -\boldsymbol{c}_i + \overrightarrow{CD} + \boldsymbol{d}_i$이다. 벡터 $\overrightarrow{C_iD_i}$는 회전 R^{φ}(이때 φ는 정n각형의 꼭짓점에서의 각이다)에 의해 $\overrightarrow{C_iB_i}$로 보내진다. 그러므로 $\overrightarrow{XB_i} = \overrightarrow{XC} + \boldsymbol{c}_i + \overrightarrow{C_iB_i} = \overrightarrow{XC} + \boldsymbol{c}_i + R^{\varphi}(-\boldsymbol{c}_i + \overrightarrow{CD} + \boldsymbol{d}_i)$이다. 점 X를 $\overrightarrow{XC} + R^{\varphi}(\overrightarrow{CD}) = \overrightarrow{0}$이 되도록 잡자. 그러면 $\overrightarrow{XB_i} = \boldsymbol{c}_i + R^{\varphi}(\boldsymbol{d}_i - \boldsymbol{c}_i) = R^{i\psi}\boldsymbol{u}$이다. 여기서 $\boldsymbol{u} = \boldsymbol{c}_k + R^{\varphi}(\boldsymbol{d}_k - \boldsymbol{c}_k)$이고 R^{ψ}는 벡터 $\boldsymbol{c}_k$를 $\boldsymbol{c}_1$으로 보내는 회전이다. 결국 $B_1 \dots B_k$는

중심이 X인 정k각형이다. 같은 방법으로 $A_1 \ldots A_k$가 정k각형이라는 것을 증명할 수 있다.

역명제의 증명도 유사한 방법으로 얻어질 수 있다.

18.33. H를 삼각형 ABC의 높이들의 교점이라 하고, H_1, H_2, H_3를 변 BC, CA, AB에 대해 H와 대칭인 점이라 하자. 점H_1, H_2, H_3는 삼각형 ABC의 외접원에 놓여 있다(문제 5.10을 참고). l은 점 H를 지나는 직선이라 하자. 변 $BC(CA, AB)$에 대해 l과 대칭인 직선은 외접원과 점 $H_1(H_2, H_3)$과 어떤 점 $P_1(P_2, P_3)$에서 만난다.

H를 지나는 다른 직선 l'을 생각하자. φ는 l과 l'사이의 각이다. 직선 l에 대해 P_1, P_2, P_3을 작도했던 것과 같은 방법으로, 직선 l'에 대해 점 P_1', P_2', P_3'을 작도하자. 그러면 $\angle P_iH_iP_i' = \varphi$, 즉 호 P_iP_i'의 크기는 2φ와 같다(P_i에서 P_i'으로의 회전 방향은 l에서 l'으로의 회전방향과 반대이다). 그러므로 점 P_1', P_2', P_3'은 어떤 회전에 대한 점 P_1, P_2, P_3의 상이다. 만약 l'으로 꼭짓점 A에서 그은 높이를 잡으면, $P_1' = P_2' = P_3' = A$이며, $P_1 = P_2 = P_3$이다.

18.34. 사자가 꺾인선 $A_1A_2 \ldots A_n$을 따라 달린다고 가정하자. 다음과 같은 방법으로 사자의 이동 궤적을 곧게 펴보자. 점 A_2에 대해 서커스 무대와 궤적을 회전시켜, 점 A_3가 반직선 A_1A_2에 놓이도록 하자. 그런 다음, 점 A_3에 대해 서커스 무대와 나머지 궤적을 회전시켜, 점 A_4가 반직선 A_1A_2에 놓이도록 하는 등등. 이때 서커스 무대의 중심 O는 점 $O_1 = O, O_2, \ldots, O_{n-1}$로 보내지며, 점 $A_1, \ldots, A_n$은 같은 직선에 놓인 점들 $A_1', \ldots, A_n'$으로 보내진다(그림 18.5).

α_{i-1}을 A_i'에서 사자의 회전각이라 하자. 그러면 $\angle O_{i-1}A_i'O_i = \alpha_{i-1}$, $A_i'O_{i-1} = A_i'O_i \leq 10$이므로, $O_iO_{i-1} \leq 10\alpha_{i-1}$이다. 결국 $30\,000 = A_1'A_n' \leq A_1'O_1 + O_1O_2 + \ldots + O_{n-2}O_{n-1} + O_{n-1}A_n' \leq 10 + 10(\alpha_1 + \ldots + \alpha_{n-2}) + 10$, 즉 $\alpha_1 + \ldots + \alpha_{n-2} \geq 2998$이다.

18.35. 회전의 합성 $R_B^\beta \circ R_A^\alpha$를 생각하자. 만약 $A = B$이면 문제의 명제는 자명해지므로, $A \neq B$라고 가정하자. $l = AB$이며, 직선 a, b는 점 A, B를 지나며, $\angle(a,l) = \alpha/2$, $\angle(l,b) = \beta/2$라고 하자. 그러면 $R_B^\beta \circ R_A^\alpha = S_b \circ S_l \circ S_l \circ S_a = S_b \circ S_a$이다. 만약 $a \| b$이면, $S_a \circ S_b = T_{2\boldsymbol{u}}$이다(여기서 $T_{\boldsymbol{u}}$는 a를 b로 보내는 평행이동이며 $\boldsymbol{u} \perp a$이다). 만약 직선 a, b가 평행하지 않고 O가 이들의 교점이면, $S_a \circ S_b$는 중심이 O인 $\alpha + \beta$만큼의 회전이다. 그리고 $a \| b$일 필요충분조건은 $(\alpha/2) + (\beta/2) = k\pi$, 즉 $\alpha + \beta = 2k\pi$이다.

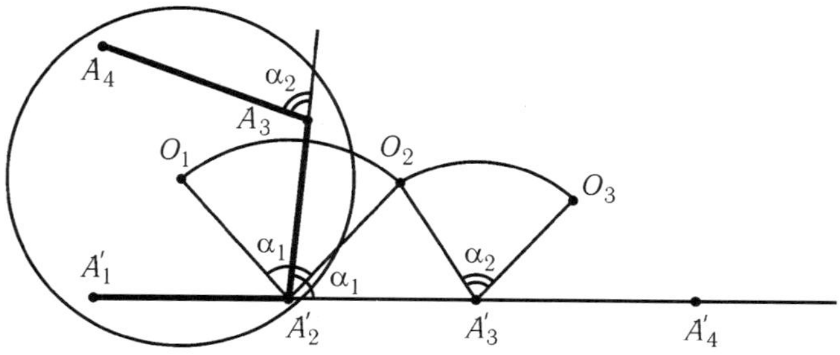

그림 18.5

18.36. P, Q, R, S는 변 AB, BC, CD, DA의 바깥쪽에 작도한 정사각형의 중심이라 하자. 변 QR, SP에 바깥쪽으로 꼭짓점이 O_1, O_2인 직각이등변삼각형을 작도하자. 그러면 $D = R_R^{90^\circ} \circ R_Q^{90^\circ}(B) = R_{O_1}^{180^\circ}(B)$, $B = R_P^{90^\circ} \circ R_S^{90^\circ}(D) = R_{O_2}^{180^\circ}(D)$, 즉 $O_1 = O_2$는 선분 BD의 중점이다.
점 $O = O_1 = O_2$에 대한 90°만큼의 회전(Q를 R로 보내는)에 의해 점 S는 P로, 즉 선분 QS는 RP로 보내진다. 즉 이들 선분은 합동이며 직교한다.

18.37. P, Q, R, S는 평행사변형 $ABCD$의 변 AB, BC, CD, DA의 바깥쪽에 작도한 정사각형의 중심이라 하자. 앞의 문제에 의해 $PR = QS$, $PR \perp QS$이다. 그리고 평행사변형 $ABCD$의 대칭의 중심은 사각형 $PQRS$의 대칭의 중심이다. $PQRS$는 합동이며 직교하는 대각선을 가지는 평행사변형이다. 즉 정사각형이다.

18.38. P, Q, R은 변 AB, BC, CA의 바깥쪽에 작도한 정사각형의 중심이라 하자. R을 중심으로 90°만큼의 회전(C를 A로 보내는)을 생각하자. P를 중심으로 90°만큼의 회전(같은 방향으로)에 의해 점 A는 B로 보내진다. 이들 회전의 합성은 180°만큼의 회전이며, 이 회전의 중심은 선분 BC의 중점이다. 다른 한편으론, 이 회전의 중심은 밑변이 PR인 직각이등변삼각형의 꼭짓점이다. 즉 PR에 작도된 정사각형의 중심이다. 이 정사각형은 삼각형 PQR의 변에 안쪽으로 작도된다.

18.39. 만약 $O_1 = O_3$이면, $R_D^{90^\circ} \circ R_C^{90^\circ} \circ R_B^{90^\circ} \circ R_A^{90^\circ} = R_{O_3}^{180^\circ} \circ R_{O_1}^{180^\circ} = E$이다. 그러므로 $E = R_A^{90^\circ} \circ E \circ R_A^{-90^\circ} = R_A^{90^\circ} \circ R_D^{90^\circ} \circ R_C^{90^\circ} \circ R_B^{90^\circ} = R_{O_4}^{180^\circ} \circ R_{O_2}^{180^\circ}$이며, $O_4 = O_2$이다(E는 항등변환이다).

18.40. (a) 좀더 일반화된 문제인 18.44의 풀이를 참고하여라($\alpha = \beta = \gamma = 120^\circ$라 놓

으면 된다). (b)의 경우도 유사하게 증명된다.

(c) Q, $R(Q_1$, $R_1)$은 변 AC, AB에 바깥쪽으로(안쪽으로) 작도된 정삼각형의 중심이라 하자. $AQ = b/\sqrt{3}$, $AR = c/\sqrt{3}$, $\angle QAR = 60^\circ + \alpha$이므로, $3QR^2 = b^2 + c^2 - 2bc\cos(\alpha + 60^\circ)$이다. 같은 방법으로 $3Q_1R_1^2 = b^2 + c^2 - 2bc\cos(\alpha - 60^\circ)$이다. 그러므로 얻어진 정삼각형의 넓이의 차는 $(QR^2 - Q_1R_1^2)\sqrt{3}/4 = bc\sin\alpha\sin 60^\circ/\sqrt{3} = S_{ABC}$이다.

18.41. 점 A'에 대한 60°만큼의 회전(B를 C로 보내는), B'에 대한 60°만큼의 회전(C를 A로 보내는), M에 대한 120°만큼의 회전(A를 B로 보내는)의 합성은 부동점 B를 가진다. 처음 두 회전은 마지막 회전 방향의 역방향으로 수행되므로, 이들 회전의 합성은 부동점을 가지는 평행이동이다. 즉 항등변환 $R_M^{-120^\circ} \circ R_{B'}^{60^\circ} \circ R_{A'}^{60^\circ} = E$이다. 그러므로 $R_{B'}^{60^\circ} \circ R_{A'}^{60^\circ} = R_M^{120^\circ}$, 즉 점 M은 회전 $R_{B'}^{60^\circ} \circ R_{A'}^{60^\circ}$의 중심이다. 결국 $\angle MA'B' = \angle MB'A' = 30^\circ$, 즉 $A'B'M$은 이등변삼각형이며, $\angle A'MB' = 120^\circ$이다.

18.42. 문제의 조건으로부터 $R_C^{-2\gamma} = R_B^{2\beta} \circ R_A^{2\alpha}$, 즉 점 C는 회전의 합성 $R_B^{2\beta} \circ R_A^{2\alpha}$의 중심이다. 이것은 $\angle BAC = \alpha$, $\angle ABC = \beta$(문제 18.35를 참고)를 의미한다. 그러므로 $\angle ACB = \pi - \alpha - \beta = \gamma$이다.

18.43. 주어진 점을 $M_1, \ldots, M_n$이라 하자. 삼각형 $A_1M_1A_2$, $A_2M_2A_3, \ldots, A_nM_nA_1$이 이등변삼각형이며 $\angle A_iM_iA_{i+1} = \alpha_i$이고 다각형의 변들이 이 이등변삼각형들의 밑변이 되도록, 다각형 $A_1A_2\ldots A_n$을 작도하였다고 가정하자. $R_{M_n}^{\alpha_n} \circ \ldots \circ R_{M_1}^{\alpha_1}(A_1) = A_1$이다. 만약 $\alpha_1 + \ldots + \alpha_n \neq k \cdot 360^\circ$이면, 점 A_1은 회전 $R_{M_n}^{\alpha_n} \circ \ldots \circ R_{M_1}^{\alpha_1}$의 중심이다. 다각형의 나머지 꼭짓점들의 작도는 자명한 방법에 의해 수행된다. 만약 $\alpha_1 + \ldots + \alpha_n = k \cdot 360^\circ$이면, 문제가 정의되지 않는다: 임의의 점 A_1이 요구된 성질을 가지는 다각형을 결정하거나 또는 문제가 해를 가지지 않는다.

18.44. $R_{C'}^{\gamma} \circ R_{B'}^{\beta} \circ R_{A'}^{\alpha}(B) = R_{C'}^{\gamma} \circ R_{B'}^{\beta}(C) = R_{C'}^{\gamma}(A) = B$이므로, B는 회전의 합성 $R_{C'}^{\gamma} \circ R_{B'}^{\beta} \circ R_{A'}^{\alpha}$의 부동점이다. $\alpha + \beta + \gamma = 2\pi$이므로, 이 합성은 부동점을 가지는 평행이동이다. 즉 항등변환이다. 이제 문제 18.42의 결과를 이용하면 된다.

18.45. $R_{G'}^{\pi-\alpha} \circ R_A^{\alpha}(N) = L$, $R_G^{\pi-\alpha} \circ R_A^{\alpha}(L) = N$이므로, 변환 $R_{G'}^{\pi-\alpha} \circ R_A^{\alpha}$, $R_G^{\pi-\alpha} \circ R_A^{\alpha}$는 선분 LN에 대한 중심대칭이다. 즉 $R_{G'}^{\pi-\alpha} \circ R_A^{\alpha} = R_G^{\pi-\alpha} \circ R_A^{\alpha}$이다. 결국 $R_{G'}^{\pi-\alpha} = R_G^{\pi-\alpha}$, $G' = G$이다.

18.46. A_1, B_1, C_1을 삼각형 APR, BPQ, CQR의 외접원의 중심이라 하자. 중심이 A_1, B_1, C_1인 2α, 2β, 2γ만큼의 순차적인 회전에 의해 점 R이 처음에는 P로, 그 다음에는 Q로, 그 다음에는 자신으로 돌아온다. $2\alpha+2\beta+2\gamma=360°$이므로, 이들 회전의 합성은 항등변환이다. 결국 삼각형 $A_1B_1C_1$의 각들은 α, β, γ이다(문제 18.42를 참고).

제 19 장

중심닮음변환과 회전중심닮음변환

바탕 지식들

1. 점 X를 $\overrightarrow{OX'} = k\overrightarrow{OX}$를 만족시키는 점 X'으로 보내는 평면의 변환을 중심닮음변환이라 부른다(점 O와 수 k는 정해진 것이다). 이때 점 O를 중심닮음변환의 중심, 수 k를 중심닮음변환의 계수라 부른다.
   중심이 O이고 계수가 k인 중심닮음변환을 H_O^k로 나타낸다.

2. 만약 중심닮음변환에 의해 한 도형이 다른 도형으로 보내지면, 이들 두 도형을 중심닮음도형이라 부른다.

3. 공통의 중심을 가지는 중심닮음변환과 회전의 합성을 회전중심닮음변환이라 부른다. $R_O^\varphi \circ H_O^k = H_O^k \circ R_O^\varphi$이므로 합성의 순서는 중요하지 않다.
   $R_O^{180^\circ} \circ H_O^k = H_O^{-k}$이므로 회전중심닮음변환의 계수를 양수로 가정할 수 있다.

4. 계수가 k_1, k_2인($k_1k_2 \neq 1$) 두 중심닮음변환의 합성은 계수가 k_1k_2인 중심닮음변환이며, 얻어진 중심닮음변환의 중심은 두 중심닮음변환의 중

심을 연결하는 직선에 속한다(문제 19.24를 참고).

5. 선분 AB를 선분 CD로 보내는 회전중심닮음변환의 중심은 삼각형 ACP, BDP의 외접원의 교점이다. 여기서 P는 직선 AB와 CD의 교점이다(문제 19.42를 참고).

도입 문제들

1. 중심닮음변환에 의해 원은 원으로 보내진다는 것을 증명하여라.

2. 두 원이 점 K에서 접한다. 점 K를 지나는 직선은 이 원들과 점 A, B에서 만난다. 이때 점 A, B를 지나는 두 원에 대한 접선은 평행하다는 것을 증명하여라.

3. 두 원이 점 K에서 접한다. 점 K를 지나 첫 번째 원과 점 A, B에서 만나며, 두 번째 원과 점 C, D에서 만나는 두 직선을 작도하였다. 이때 $AB \| CD$를 증명하여라.

4. 정사각형의 변들의 중점에 대해 임의의 점과 대칭인 점들은 정사각형을 이룬다는 것을 증명하여라.

5. 평면에 점 A, B와 직선 l이 주어졌다. 이때 점 C가 직선 l을 따라 이동하면, 삼각형 ABC의 중선들의 교점은 어떤 궤적을 따라 이동하는가?

제 1 절 중심닮음인 다각형들

19.1. 사각형이 대각선에 의해 네 개의 삼각형으로 분할되었다. 이때 이들의 중선들의 교점은 평행사변형을 이룬다는 것을 증명하여라.

19.2. 사다리꼴 $ABCD$의 옆변 AB, CD의 연장선이 점 K에서 만나며, 대각선들은 점 L에서 만난다. M, N을 밑변 BC, AD의 중점이라 하면, 점 K, L, M, N은 한 직선에 속한다는 것을 증명하여라.

19.3. 사다리꼴에서 대각선들의 교점이 옆변을 지나는 직선들로부터 같은 거리만큼 떨어져 있다. 이때 사다리꼴이 등변사다리꼴이라는 것을 증명하여라.

19.4. 삼각형 ABC의 중선 AA_1, BB_1, CC_1이 점 M에서 만나며, P는 임의의 점이다. 직선 l_a는 점 A를 지나며 직선 PA_1과 평행하다. 같은 방법으로 직선 l_b, l_c를 정의하자. 이때 다음을 증명하여라.

(a) 직선 l_a, l_b, l_c는 한 점 Q에서 만난다;

(b) 점 M은 선분 PQ에 속하며, $PM : MQ = 1 : 2$이다.

19.5. 원 S는 이등변삼각형 ABC의 합동인 변 AB, BC와 점 P, K에서 만나며, 삼각형 ABC의 외접원과 접한다. 이때 선분 PK의 중점은 삼각형 ABC의 내심이라는 것을 증명하여라.

19.6. 볼록다각형이 다음 성질을 가진다: 만약 모든 변을 바깥쪽으로 1만큼 이동시키면, 얻어진 직선들은 처음 다각형과 닮음인 다각형을 만든다. 이때 이 다각형은 외접다각형이라는 것을 증명하여라.

19.7. R, r은 삼각형의 외접원, 내접원의 반지름이다. 이때 $R \geq 2r$이며 등식은 정삼각형인 경우에 성립한다는 것을 증명하여라.

19.8. M을 n각형 $A_1 \ldots A_n$의 무게중심이라 하고, $M_1, \ldots, M_n$을 n각형으로부터 $A_1, \ldots, A_n$을 각각 버려 얻어지는 $(n-1)$각형의 무게중심이라 하자. 이때 다각형 $A_1 \ldots A_n$과 $M_1 \ldots M_n$은 중심닮음이라는 것을 증명하여라.

19.9. 임의의 볼록다각형 Φ는 교차하지 않으며 Φ와 닮음인(계수가 1/2인) 두 다각형 Φ_1, Φ_2를 포함한다는 것을 증명하여라.

참고. 문제 5.97을 보시오.

제 2 절 중심닮음인 원들

19.10. 원주에 A, B를 고정시키고, 점 C는 원을 따라 이동한다. 이때 삼각형

ABC의 중선들의 교점의 기하학적 위치를 구하여라.

19.11. (a) 삼각형 ABC의 내접원이 변 AC와 점 D에서 접하고, DM은 이 내접원의 지름이다. 직선 BM은 변 AC와 점 K에서 만난다. 이때 $AK = DC$를 증명하여라.

(b) 원주에 직교하는 지름 AB, CD를 작도하였다. 원의 외부에 놓인 점 M으로부터 직선 AB와는 점 E, H에서 만나는 접선들을 그었고, 직선 AB와 점 F, K에서 만나는 직선 MC, MD를 그었다. 이때 $EF = KH$를 증명하여라.

19.12. O는 삼각형 ABC의 내심이고, D는 내접원과 변 AC의 접점이며, B_1은 변 AC의 중점이다. 이때 직선 B_1O가 선분 BD를 이등분한다는 것을 증명하여라.

19.13. 원 α, β, γ는 같은 반지름을 가지며, 삼각형 ABC의 각 A, B, C의 변들과 각각 접한다. 원 δ는 원 α, β, γ와 모두 외접한다. 이때 원 δ의 중심은 삼각형 ABC의 내심과 외심을 지나는 직선에 속한다는 것을 증명하여라.

19.14. 삼각형 ABC가 주어졌다. 반지름이 ρ인 네 원을 작도했는데, 이들 중 한 원은 다른 세 원과 접하고, 이들 세 원 각각은 삼각형의 두 변에 접한다. 삼각형의 내접원과 내접원의 반지름을 r, R이라 할 때, ρ를 구하여라.

19.15. 삼각형 ABC에서 각각의 각에 원을 내접시켰다. 이들 원은 삼각형의 외접원과 점 A_1, B_1, C_1에서 접한다. 이때 직선 AA_1, BB_1, CC_1이 한 점에서 만난다는 것을 증명하여라.

제 3 절　작도와 점들의 기하학적 위치

19.16. 각 ABC와 내부점 M이 주어졌다. 이때 각의 변들과 접하며 점 M을 지나는 원을 작도하여라.

19.17. 합동인 두 원을 삼각형에 내접시키려 한다. 각각의 원은 삼각형의 두 변과 접하며, 나머지 원과도 접해야 한다. 그러한 두 원을 작도하여라.

19.18. 예각삼각형 ABC가 주어졌다. 변 AB, BC에 (a) $AX = XY = YC$; (b) $BX = XY = YC$가 성립하도록 점 X, Y를 작도하여라.

19.19. 변 AB, AC, 각의 이등분선 AD가 주어진 삼각형 ABC를 작도하여라.

19.20. 문제 16.18을 중심닮음변환을 이용하여 풀어라.

19.21. 주어진 삼각형 ABC의 변 BC에 한 점을 작도하려 한다. 이 점에서 변 AB, AC에 내린 수선의 발을 연결한 직선이 BC와 평행해야 한다. 그러한 점을 작도하여라.

19.22. 직각삼각형 ABC에서 직각인 꼭짓점 A는 고정시키고, 꼭짓점 B, C는 점 A에서 외접하는 고정된 두 원 S_1, S_2를 따라 각각 미끄러진다. 이때 삼각형 ABC의 높이 AD의 발 D의 기하학적 위치를 구하여라.

참고. 문제 7.26–7.29, 8.15, 8.16, 8.70을 보시오.

제 4 절 중심닮음변환의 합성

19.23. 변환 f는 다음 성질을 가진다: 만약 A', B'이 점 A, B의 상이면, 상수 k에 대해 $\overrightarrow{A'B'} = k\overrightarrow{AB}$이다. 다음을 증명하여라.
(a) $k = 1$이면, 변환 f는 평행이동이다;
(b) $k \neq 1$이면, 변환 f는 중심닮음변환이다.

19.24. 계수가 k_1, $k_2(k_1k_2 \neq 1)$인 중심닮음변환의 합성은 계수가 k_1k_2인 중심닮음변환이고, 이 변환의 중심은 두 중심닮음변환의 중심을 연결한 직선에 속한다는 것을 증명하여라. $k_1k_2 = 1$인 경우에 대해서도 조사하여라.

19.25. 원들의 쌍 S_1과 S_2, S_2와 S_3, S_3과 S_1에 대한 공통외접선이 A, B, C에서

각각 만난다. 이때 점 A, B, C가 한 직선에 속한다는 것을 증명하여라.

19.26. 사다리꼴 $ABCD$, $APQD$는 공통의 밑변 AD를 가지며, 이들 사다리꼴의 모든 밑변의 길이는 서로 다르다. 다음 직선들의 쌍의 교점이 한 직선에 속한다는 것을 증명하여라.
(a) AB와 CD, AP와 DQ, BP와 CQ;
(b) AB와 CD, AQ와 DP, BQ와 CP.

제 5 절 회전중심닮음변환

19.27. 원 S_1과 S_2는 점 A, B에서 교차한다. 점 A를 지나는 직선 p, q는 원 S_1과 P_1, Q_1에서 만나며 원 S_2와는 점 P_2, Q_2에서 만난다. 이때 직선 P_1Q_1, P_2Q_2사이의 각이 원 S_1, S_2사이의 각과 같다는 것을 증명하여라.

19.28. 원 S_1과 S_2는 점 A, B에서 교차한다. 원 S_1을 S_2로 보내는 중심이 A인 회전중심닮음변환 P에 의해 S_1의 점 M_1은 M_2로 보내진다. 이때 직선 M_1M_2는 점 B를 지난다는 것을 증명하여라.

19.29. 원들 $S_1, \ldots, S_n$이 점 O를 지난다. 귀뚜라미가 S_i의 점 X_i에서 S_{i+1}의 점 X_{i+1}로 뛰었는데, 직선 X_iX_{i+1}은 S_i와 S_{i+1}의 교점(O가 아닌)을 지난다. n번 뛴 다음(S_1에서 S_2로, S_2에서 S_3, ..., S_n에서 S_1으로) 귀뚜라미는 처음 위치로 돌아왔다는 것을 증명하여라.

19.30. 두 원이 점 A, B에서 만나며, 현 AM, AN은 이들 원과 접한다. 삼각형 MAN에 보조선을 작도하여 평행사변형 $MANC$를 얻었으며, 선분 BN, MC는 점 P, Q에 의해 같은 비로 분할되었다. 이때 $\angle APQ = \angle ANC$를 증명하여라.

19.31. 동심원이 아닌 원 S_1, S_2가 주어졌다. S_1을 S_2로 보내는 회전각이 $90°$인 회전중심닮음변환이 정확히 두 개 존재한다는 것을 증명하여라.

19.32. 정사각형 $ABCD$가 주어졌다. 점 P, Q는 변 AB, BC에 속하며, $BP =$

BQ이다. B에서 선분 PC에 그은 수선의 발을 H라 하자. 이때 $\angle DHQ = 90^\circ$라는 것을 증명하여라.

19.33. 삼각형 ABC의 변들에 바깥쪽으로 닮음인 삼각형 $\triangle A_1BC \sim \triangle B_1CA \sim \triangle C_1AB$를 작도하였다. 이때 삼각형 ABC와 $A_1B_1C_1$의 중선들의 교점이 일치한다는 것을 증명하여라.

19.34. 정삼각형 ABC와 $A_1B_1C_1$의 변 BC, B_1C_1의 중점이 일치한다(두 삼각형의 꼭짓점을 시계방향으로 읽는다). 이때 직선 AA_1과 BB_1사이의 각의 크기, 선분 AA_1과 BB_1의 길이의 비를 구하여라.

19.35. 회전중심닮음변환에 의해 삼각형 ABC는 삼각형 $A_1B_1C_1$으로 보내지며, O는 임의의 점이다. A_2는 평행사변형 OAA_1A_2의 꼭짓점이며, 점 B_2, C_2도 유사한 방법으로 정의하자. 이때 $\triangle A_2B_2C_2 \sim \triangle ABC$를 증명하여라.

19.36. 직사각형 모양의 지도에 같은 지역을 나타내는 그러나 축적이 작은 지도를 놓았다. 그리고 바늘로 두 지도에 구멍을 뚫었다. 이때 구멍이 같은 곳을 나타내도록, 지도에 구멍을 낼 수 있다는 것을 증명하여라.

19.37. 중심이 A_1, A_2인 회전중심닮음변환 P_1, P_2는 같은 회전각을 가지며, 이들의 계수의 곱은 1이다. 이때 합성 $P_2 \circ P_1$은 회전이며, 이 회전의 중심은 회전각이 $2\angle(\overrightarrow{MA_1}, \overrightarrow{MN})$인 회전($A_1$을 A_2로 보내는)의 중심과 일치한다는 것을 증명하여라. 여기서 M은 임의의 점이고, $N = P_1(M)$이다.

19.38. 삼각형 MAB와 MCD는 닮았지만, 반대의 방향성을 가진다. 점 A를 C로 보내는 각 $2\angle(\overrightarrow{AB}, \overrightarrow{BM})$만큼의 회전의 중심을 O_1이라 하고, B를 D로 보내는 $2\angle(\overrightarrow{AB}, \overrightarrow{AM})$만큼의 회전의 중심을 O_2라 하자. 이때 $O_1 = O_2$를 증명하여라.

19.39. 지름이 AB인 반원이 주어졌다. 반원의 각 점 X에 대해, $XY = kXB$인 점 Y를 반직선 XA에 잡았다. 이때 점 Y의 GLP를 구하여라.

19.40. 삼각형 ABC의 변 AB에 점 P가 주어졌다. 삼각형 ABC에 주어진 삼각형 LMN과 닮음인 삼각형 PXY를 내접시켜라.

19.41. $\angle B + \angle D$, $a = AB$, $b = BC$, $c = CD$, $d = DA$가 주어진 사각형 $ABCD$를 작도하여라.

참고. 문제 5.133을 보시오.

제 6 절 회전중심닮음변환의 중심

19.42. (a) 직선 AB와 A_1B_1의 교점을 P라 하자. 이때 점 A, B, A_1, B_1, P 중에서 겹쳐지는 것이 없다면, 삼각형 PAA_1, PBB_1의 외접원들의 공통점은 회전중심닮음변환(A를 A_1으로, B를 B_1으로 보내는)의 중심이며, 그러한 회전중심닮음변환은 유일하다는 것을 증명하여라.

(b) 선분 AB를 선분 BC로 보내는 회전중심닮음변환의 중심은 점 A를 지나 직선 BC와 B에서 접하는 원과 점 C를 지나 직선 AB와 B에서 접하는 원의 교점이라는 것을 증명하여라.

19.43. 점 A, B가 교차하는 두 직선을 따라 일정한 그러나 서로 같지 않은 속도로 이동하고 있다. 이때 임의의 순간에 $AP : BP = k$인 점 P가 존재한다는 것을 증명하여라. 여기서 k는 속도의 비이다.

19.44. 직선 l_1을 l_2로 보내며, l_1에 속하는 점 A_1을 A_2로 보내는 회전중심닮음변환을 생각하자. 계수가 고정된 값 $k \neq 1$인 그러한 회전중심닮음변환의 중심 O를 작도하여라.

19.45. 선분 AB를 선분 A_1B_1으로 보내는 회전중심닮음변환의 중심은 선분 AA_1을 선분 BB_1으로 보내는 회전중심닮음변환의 중심과 일치한다는 것을 증명하여라.

19.46. 교차하는 네 개의 직선이 네 개의 삼각형을 만들었다. 이때 이 삼각형들의 외접원은 한 개의 공통점을 가진다는 것을 증명하여라.

19.47. 마름모가 아닌 평행사변형 $ABCD$가 주어졌다. 대각선 AC, DB에 대해 직선 AB, CD와 대칭인 직선들이 점 Q에서 만난다. O를 평행사변형의 중심이라 하면, Q는 선분 AO를 선분 OD로 보내는 회전중심닮음변환의 중심임을 증명하여라.

19.48. 공통의 꼭짓점을 가지는 두 정오각형이 주어졌다. 각각의 오각형의 꼭짓점들에 1부터 5까지 번호를 시계방향으로 붙였으며, 공통의 꼭짓점에는 1을 적는다. 그리고 같은 번호가 붙여진 꼭짓점들을 직선으로 연결하였다. 이때 얻어진 네 개의 직선들은 한 점에서 만난다는 것을 증명하여라.

19.49. 삼각형 ABC의 변 BC, CA, AB에 $\triangle ABC \sim \triangle A_1B_1C_1$이 되도록 A_1, B_1, C_1을 잡았다. 선분들의 쌍 BB_1과 CC_1, CC_1과 AA_1, AA_1과 BB_1은 A_2, B_2, C_2에서 만난다. 이때 삼각형 ABC_2, BCA_2, CAB_2, $A_1B_1C_2$, $B_1C_1A_2$, $C_1A_1B_2$의 외접원은 한 점에서 만난다는 것을 증명하여라.

제 7 절　세 도형의 닮음원

F_1, F_2, F_3를 닮음인 세 도형이라 하자. F_2를 F_3로 보내는 회전중심닮음변환의 중심을 O_1이라 하고, O_2, O_3도 유사한 방법으로 정의하자. 만약 O_1, O_2, O_3가 한 직선에 속하지 않으면, 삼각형 $O_1O_2O_3$를 도형 F_1, F_2, F_3의 닮음삼각형이라 부른다. 그리고 닮음삼각형의 외접원을 이들 도형의 닮음원이라 부른다. 점 O_1, O_2, O_3가 일치하는 경우에 닮음원은 닮음의 중심으로 퇴화되며, 이들 점이 일치하지 않고 한 직선에 속하면 닮음원은 닮음축으로 퇴화된다. 여기서 살펴보는 문제들에서는 도형들의 닮음원은 퇴화되지 않는다고 가정하자.

19.50. 직선 A_2B_2와 A_3B_3, A_3B_3와 A_1B_1, A_1B_1와 A_2B_2는 점 P_1, P_2, P_3에서 만난다.
(a) 삼각형 $A_1A_2P_3$, $A_1A_3P_2$, $A_2A_3P_1$의 외접원은 선분 A_1B_1, A_2B_2, A_3B_3의 닮음원에 놓인 한 점에서 만난다는 것을 증명하여라.

(b) 선분 A_2B_2를 A_3B_3로 보내는 회전중심닮음변환의 중심을 O_1이라 하고, O_2, O_3도 유사한 방법으로 정의하자. 직선 P_1O_1, P_2O_2, P_3O_3는 선분 A_1B_1, A_2B_2, A_3B_3의 닮음원에 놓인 한 점에서 만난다는 것을 증명하여라.

도형 F_1을 F_2로 보내는 회전중심닮음변환에 의해 점 A_1이 A_2로 보내지면, 점 A_1와 A_2를 닮음인 도형 F_1, F_2의 대응하는 점이라고 부른다. 유사한 방법으로 대응하는 직선들과 대응하는 선분들을 정의할 수 있다.

19.51. A_1B_1, A_2B_2, A_3B_3, 그리고 A_1C_1, A_2C_2, A_3C_3은 닮은 도형 F_1, F_2, F_3의 대응하는 선분들이라 하자. 이때 직선 A_1B_1, A_2B_2, A_3B_3에 의해 만들어진 삼각형은 직선 A_1C_1, A_2C_2, A_3C_3에 의해 만들어진 삼각형과 닮음이며, 이 삼각형들 중의 하나를 나머지 삼각형으로 보내는 회전중심닮음변환의 중심은 도형 F_1, F_2, F_3의 닮음원에 속한다는 것을 증명하여라.

19.52. l_1, l_2, l_3는 닮은 도형 F_1, F_2, F_3의 대응하는 직선들이라 하자(점 W에서 만나는).

(a) 점 W는 도형 F_1, F_2, F_3의 닮음원에 속한다는 것을 증명하여라.

(b) 직선 l_1, l_2, l_3와 닮음원의 교점이 J_1, J_2, J_3이다(W가 아닌). 이때 이 점들은 도형 F_1, F_2, F_3에만 종속되며 직선 l_1, l_2, l_3의 선택에는 종속되지 않는다는 것을 증명하여라.

점 J_1, J_2, J_3를 도형 F_1, F_2, F_3의 상수점이라 부르며, 삼각형 $J_1J_2J_3$를 상수삼각형이라 부른다.

19.53. 닮음인 세 도형의 상수삼각형은 이들의 대응하는 직선들에 의해 만들어진 삼각형과 닮음이며, 이들 삼각형은 반대의 방향성을 가진다는 것을 증명하여라.

19.54. 닮음인 세 도형의 상수점들은 이들의 대응하는 점들이라는 것을 증명하여라.

선분 AB, 선분 BC, 선분 CA의(또는 이 선분들에 작도된 임의의 세 닮은 삼각형의 닮음원) 닮음원을 삼각형 ABC의 닮음원이라 부른다. 살펴본 세 도형의 상수점들을 삼각형의 상수점들이라 부른다.

19.55. 삼각형 ABC의 닮음원은 지름이 KO인 원이라는 것을 증명하여라. 여기서 K는 레무안의 점이며 O는 외심이다.

19.56. O를 삼각형 ABC의 외심, K를 레무안의 점, P와 Q를 브로카르의 점, φ를 브로카르의 각이라 하자. 이때 점 P와 Q는 지름이 KO인 원에 속하며, $OP = OQ$, $\angle POQ = 2\varphi$라는 것을 증명하여라.

삼각형의 상수점들을 꼭짓점으로 하는 삼각형은 종종 브로카르의 삼각형이라고 불리며, 이 삼각형의 외접원(즉 삼각형의 닮음원)을 브로카르의 원이라고 부른다. 그리고 이 원의 지름 KO를 브로카르의 지름이라 한다.

19.57. 레무안의 점을 지나 삼각형 ABC의 변들에 평행한 직선들과 브로카르의 원의 교점들은 브로카르의 삼각형 $A_1B_1C_1$의 꼭짓점이라는 것을 증명하여라.

19.58. (a) 삼각형 ABC의 꼭짓점을 지나 브로카르의 삼각형 $A_1B_1C_1$의 변들에 평행한 직선(점 A를 지나는 B_1C_1에 평행한 직선 등)은 한 점 S에서 만나며(슈타이너의 점), 이 점은 삼각형 ABC의 외접원에 속한다는 것을 증명하여라.

(b) 슈타이너의 점의 심슨 직선은 브로카르의 지름에 평행하다는 것을 증명하여라.

힌트 및 증명

19.1. 중심이 사각형의 대각선들의 교점이며 계수가 3/2인 중심닮음변환에서 살펴본 삼각형들의 중선들의 교점은 사각형의 변들의 중점으로 보내진다. 이제 문제 1.2의 결과를 이용하면 된다.

19.2. 중심이 K이고 $\triangle KBC$를 $\triangle KAD$로 보내는 중심닮음변환에서 점 M은 N으로 보내지므로, 점 K는 직선 MN에 놓인다. 중심이 L이고 $\triangle LBC$를 $\triangle LDA$로

보내는 중심닮음변환에서 점 M은 N으로 보내진다. 그러므로 점 L은 직선 MN에 놓인다.

19.3. 옆변 AB, CD의 연장선이 점 K에서 만나며, 사다리꼴의 대각선들이 점 L에서 만난다고 하자. 앞의 문제에 의해, 직선 KL은 선분 AD의 중점을 지나며, 문제의 조건에 의해 이 직선은 각 AKD를 이등분한다. 그러므로 삼각형 AKD는 이등변삼각형이며(문체 16.1을 참고), 사다리꼴 $ABCD$는 등변사다리꼴이다.

19.4. 중심이 M이고 계수가 -2인 중심닮음변환에서 직선 PA_1, PB_1, PC_1은 직선 l_a, l_b, l_c로 보내진다. 이 중심닮음변환에서 구하는 점 Q는 점 P의 상이다.

19.5. 중심이 B이고 선분 AC를 삼각형 ABC의 외접원에 접하는 선분 $A'C'$으로 보내는 중심닮음변환 H_B^k를 생각하자. 선분 PK, $A'C'$의 중점을 O_1, D라 하고, 원 S의 중심을 O라 하자.
원 S는 삼각형 $A'BC'$의 내접원이므로, 중심닮음변환 H_B^k에서 점 O_1이 O로 보내진다는 것을 증명하면 된다. 이를 위해 $BO_1 : BO = BA : BA'$을 확인하면 된다. 이 등식은 PO_1, DA가 닮음인 직각삼각형 BPO, BDA'의 높이라는 것으로부터 유도된다.

19.6. k는 다각형들의 닮음 계수이며, $k < 1$이라고 하자. 처음 다각형의 변들을 안쪽으로 $k, k^2, k^3, \ldots$만큼 차례로 이동시키면, 처음 다각형과 계수 k, k^2, $k^3, \ldots$로 닮음인 볼록다각형들 체계를 얻게 된다. 이들 다각형의 유일한 공통점은 처음 다각형의 내접원의 중심이다.

19.7. A_1, B_1, C_1을 변 BC, AC, AB의 중점이라 하자. 중심이 중선들의 교점이며 계수가 $-1/2$인 중심닮음변환에서 삼각형 ABC의 외접원 S는 삼각형 $A_1B_1C_1$의 외접원 S_1으로 보내진다. 원 S_1은 삼각형 ABC의 모든 변과 만나므로, 삼각형 ABC의 변들과 평행한 변을 가지는 삼각형 $A'B'C'$을 작도할 수 있다. 이 삼각형에서 S_1은 내접원이 될 것이다(그림 19.1). r, r'은 삼각형 ABC, $A'B'C'$의 내접원의 반지름이며, R, R_1은 원 S, S_1의 반지름이라 하자. $r \le r' = R_1 = R/2$이다. 등호는 삼각형 $A'B'C'$과 ABC가 포개지는 경우, 즉 S_1이 삼각형 ABC의 내접원인 경우에 성립한다. 이 경우에 $AB_1 = AC_1$이므로, $AB = AC$이다. 유사한 방법으로 $AB = BC$를 알 수 있다.

19.8. $\overrightarrow{MM_i} = (\overrightarrow{MA_1} + \ldots + \overrightarrow{MA_n} - \overrightarrow{MA_i})/(n-1) = -\overrightarrow{MA_i}/(n-1)$이므로, 중심이 M이고 계수가 $-1/(n-1)$인 중심닮음변환에서 점 A_i는 점 M_i로 보내진다.

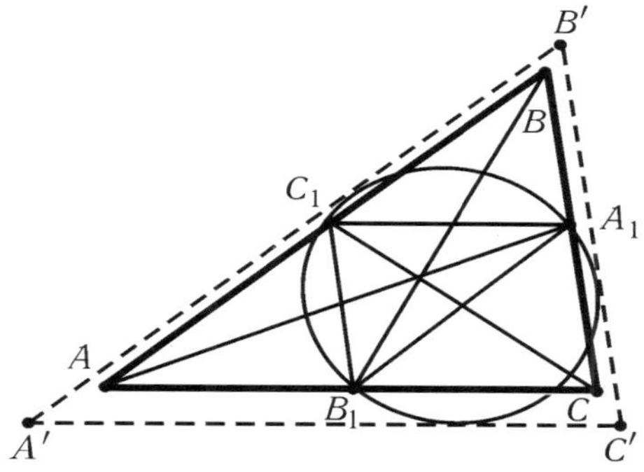

그림 19.1

19.9. A, B는 다각형 Φ의 점들 중에서 가장 멀리 떨어진 점들이라 하자. 그러면 $\Phi_1 = H_A^{1/2}(\Phi)$, $\Phi_2 = H_B^{1/2}(\Phi)$가 구하는 도형이다. 실제로 Φ_1, Φ_2는 만나지 않는다. 왜냐 하면, 이들은 선분 AB의 수직이등분선에 대해 다른쪽에 놓여있다. 그리고 Φ가 볼록도형이므로, Φ_i는 Φ에 포함된다.

19.10. M을 삼각형 ABC의 중선들의 교점이라 하고, O를 선분 AB의 중점이라 하자. $3\overrightarrow{OM} = \overrightarrow{OC}$이므로, 점들 M은 중심이 O이고 계수가 $1/3$인 중심닮음변환에 의해 처음 원으로부터 얻어지는 원을 채운다.

19.11. (a) 중심이 B이고 내접원을 변 AC에 접하는 방접원으로 보내는 중심닮음변환에서 점 M은 어떤 점 M'으로 보내진다. 점 M'은 직선 AC와 직교하는 지름의 끝점이므로, M'은 내접원과 변 AC의 접점이다. 즉 직선 BM과 변 AC의 교점이다. 그러므로 $K = M'$이며, 점 K는 방접원과 변 AC의 접점이다. 이제 $AK = (a + b - c)/2 = CD$를 쉽게 계산할 수 있다. 여기서 a, b, c는 삼각형 ABC의 변들의 길이이다.

(b) 중심이 M이고 직선 EH를 주어진 원에 접하는 직선으로 보내는 중심닮음변환을 생각하자. 이 중심닮음변환에서 점 E, F, K, H는 점 E', F', K', H'으로 보내진다. 문제 (a)에 의해, $E'F' = K'H'$이므로, $EF = KH$이다.

19.12. 문제 19.11(a)의 풀이를 이용하자. $AK = DC$이므로 $B_1K = B_1D$이며, B_1O는 삼각형 MKD의 중간선이다.

19.13. O_α, O_β, O_γ, O_δ를 원 α, β, γ, δ의 중심이라 하고, O_1, O_2를 삼각형 ABC의 내접원과 외접원의 중심이라 하자. 중심이 O_1인 중심닮음변환에서 삼각형

$O_\alpha O_\beta O_\gamma$는 삼각형 ABC로 보내진다. 이 중심닮음변환에서 점 O_2는 삼각형 $O_\alpha O_\beta O_\gamma$의 외접원의 중심(점 O_δ와 일치하는)으로 보내진다. 그러므로 점 O_1, O_2, O_δ는 한 직선에 속한다.

19.14. A_1, B_1, C_1은 삼각형의 변들과 접하는 주어진 원들의 중심이며, O는 이들 원과 접하는 원의 중심이며, O_1, O_2는 삼각형 ABC의 내접원, 외접원의 중심이라 하자. 직선 AA_1, BB_1, CC_1은 삼각형 ABC의 각의 이등분선이므로, 이들은 점 O_1에서 만난다. 결국 중심이 O_1이고 계수가 점 O_1에서 삼각형 ABC, $A_1B_1C_1$의 변들까지 거리의 비, 즉 $(r-\rho)/r$인 중심닮음변환에서 삼각형 $A_1B_1C_1$은 삼각형 ABC로 보내진다. 이 중심닮음변환에서 삼각형 ABC의 외접원은 삼각형 $A_1B_1C_1$의 외접원으로 보내진다. $OA_1 = OB_1 = OC_1 = 2\rho$이므로, 삼각형 $A_1B_1C_1$의 외접원의 반지름은 2ρ이다. 결국 $R(r-\rho)/r = 2\rho$이며 $\rho = rR/(2r+R)$이다.

19.15. X는 삼각형 ABC의 내접원을 외접원으로 보내는 중심닮음변환(계수가 양수인)의 중심이라 하자. 직선 AX는 내접원과 점 A', A''에서 만나며, 이 점들 중의 하나(편의상 A''라 하자)는 이 중심닮음변환에 의해 점 A로 보내지며, 다른 점은 외접원에 속하는 점 A_2로 보내진다.

중심이 A이고 A'을 A_2로 보내는 중심닮음변환을 생각하자. 이 중심닮음변환에서 내접원의 중심은 선분 OA_2에 놓인 점으로 보내진다. 이것은 내접원이 외접원과 A_2에서 접하는 원으로 보내진다는 것을 의미한다. 결국 $A_2 = A_1$이다. 그러므로 직선 AA_1, BB_1, CC_1은 점 X를 지난다.

19.16. 각 ABC의 이등분선에 임의의 점 O를 잡고, 중심이 O이고 각의 변들과 접하는 원 S를 작도하자. 직선 BM은 원 S와 점 M_1, M_2에서 만난다. 문제는 두 개의 해를 가진다: 중심이 B이고 M_1을 M으로 보내는 중심닮음변환에서, 그리고 중심이 B이고 M_2을 M으로 보내는 중심닮음변환에서 원 S는 점 M을 지나며 각의 변들과 접하는 원으로 보내진다.

19.17. 두 원은 삼각형의 변들 중의 하나와 접한다. 변 AB와 접하는 원들을 어떻게 작도하는지를 살펴보자. 직선 AB와 평행한 직선 c'을 잡자. 같은 반지름을 가지는 원 S_1', S_2'을 작도하자. 이 원들은 서로 접하며, 직선 c'과도 접한다. 직선 BC, AC에 평행하며 이 원들에 접하는 직선 a', b'을 작도하자. 직선 a', b', c'에 의해 만들어진 삼각형 $A'B'C'$의 변들은 삼각형 ABC의 변들과 평행하다. 그러므로 삼각형 $A'B'C'$을 삼각형 ABC로 보내는 중심닮음변환이 존재한다. 구

하는 원들은 이 중심닮음변환에 대한 원 S_1', S_2'의 상이다.

19.18. (a) 삼각형 ABC의 변 AB, BC에 길이가 a인 선분 AX_1, CY_1을 놓자. 점 Y_1을 지나며 변 AC에 평행한 직선 l을 긋자. Y_2는 직선 l과 반지름이 a이고 중심이 X_1인 원(삼각형의 내부에 놓인)의 교점이다. 그러면 구하는 점 Y는 직선 AY_2와 변 BC의 교점이며, X는 반직선 AB에서 $AX = CY$를 만족시키는 점이다.

(b) 변 AB에 임의의 점 $X_1 \neq B$를 잡자. 반지름이 BX_1이고 중심이 X_1인 원은 반직선 BC와 점 B, Y_1에서 만난다. 직선 BC에 $Y_1C_1 = BX_1$인 점 C_1을 작도하고, 점 Y_1은 B와 C_1사이에 놓여있다. 중심이 B이고 점 C_1을 C로 보내는 중심닮음변환에서 점 X_1, Y_1은 구하는 점 X, Y로 보내진다.

19.19. 선분 AD를 잡고, 중심이 A이고 반지름이 각각 AB, AC인 원 S_1, S_2를 작도하자. 꼭짓점 B는 중심이 D이고 계수가 $-DB/DC = -AB/AC$인 중심닮음변환에 의한 S_2의 상과 S_1의 교점이다.

19.20. 큰 원 S_2에 임의의 점 X를 잡자. S_2'은 중심이 X이고 계수가 1/3인 중심닮음변환에 의한 S_2의 상이라 하자. 그리고 Y는 원 S_2'과 S_1의 교점이다. 그러면 XY가 구하는 직선이다.

19.21. 점 B, C로부터 직선 AB, AC에 대한 수선을 작도하고, P는 이들의 교점이라 하자. 그러면 직선 AP와 BC의 교점이 구하는 점이다.

19.22. 원 S_1과 S_2에 공통외접선 l_1, l_2를 작도하자. 직선 l_1, l_2는 점 K에서 만나며, 이 점은 원 S_1을 S_2로 보내는 중심닮음변환 H의 중심이다. $A_1 = H(A)$라 하자. 점 A와 K는 원들의 중심을 연결한 직선에 속하므로, AA_1은 원 S_2의 지름이며 $\angle ACA_1 = 90°$, $A_1C \| AB$이다. 결국 선분 AB는 중심닮음변환 H에서 A_1C으로 보내진다. 그러므로 직선 BC는 점 K를 지나며, $\angle ADK = 90°$이다. 점 D는 지름이 AK인 원에 속한다. 점 D는 직선 l_1, l_2에 의해 만들어진 각의 내부에 놓여있다. 이와 같이, 점 D의 기하학적 위치는 직선 l_1, l_2에 의해 잘려진 원 S의 호이다.

19.23. 문제의 조건으로부터 사상 f는 전단사함수이다.

(a) 사상 f에서 점 A는 A'으로 보내지며, B는 B'으로 보내진다고 하자. 그러면 $\overrightarrow{BB'} = \overrightarrow{BA} + \overrightarrow{AA'} + \overrightarrow{A'B'} = -\overrightarrow{AB} + \overrightarrow{AA'} + \overrightarrow{AB} = \overrightarrow{AA'}$이며, 변환 f는 평행

이동이다.

(b) 한 직선에 놓이지 않은 세 점 A, B, C를 생각하자. A', B', C'은 사상 f에 의한 이 점들의 상이라 하자. 직선 AB, BC, CA는 직선 $A'B'$, $B'C'$, $C'A'$과 일치할 수 없다. 왜냐 하면 그러한 경우에는 $A = A'$, $B = B'$, $C = C'$이 된다. $AB \neq A'B'$이라 하자. 직선 AA', BB'은 평행하지 않다. 왜냐 하면 그렇지 않으면, 사각형 $ABB'A'$이 평행사변형이 되고 $\overrightarrow{AB} = \overrightarrow{A'B'}$이 된다. O를 직선 AA'과 BB'의 교점이라 하자. 삼각형 AOB, $A'OB'$은 계수가 k인 닮음이므로, $\overrightarrow{OA'} = k\overrightarrow{OA}$이며, O는 변환 f의 부동점이다. 결국 임의의 점 X에 대해 $\overrightarrow{Of(X)} = \overrightarrow{f(O)f(X)} = k\overrightarrow{OX}$이다. 이것은 변환 f는 계수가 k이고 중심이 O인 중심닮음변환이라는 것을 의미한다.

19.24. H_1, H_2는 중심이 O_1, O_2이고 계수가 k_1, k_2인 중심닮음변환이며, $H = H_2 \circ H_1$이라 하자. $A' = H_1(A)$, $B' = H_1(B)$, $A'' = H_2(A')$, $B'' = H_2(B')$이라 하자. 그러면 $\overrightarrow{A'B'} = k_1\overrightarrow{AB}$, $\overrightarrow{A''B''} = k_2\overrightarrow{A'B'}$이며, $\overrightarrow{A''B''} = k_1k_2\overrightarrow{AB}$이다. 이로부터 앞 문제에 의해, $k_1k_2 \neq 1$일 때에 변환 H는 계수가 k_1k_2인 중심닮음변환이며, $k_1k_2 = 1$일 때는 평행이동이라는 것을 알 수 있다.

이제 변환 H의 부동점이 중심닮음변환 H_1, H_2의 중심을 연결하는 직선에 속한다는 것을 확인하면 된다. $\overrightarrow{O_1A'} = k_1\overrightarrow{O_1A}$, $\overrightarrow{O_2A''} = k_2\overrightarrow{O_2A'}$이므로, $\overrightarrow{O_2A''} = k_2(\overrightarrow{O_2O_1} + \overrightarrow{O_1A'}) = k_2(\overrightarrow{O_2O_1} + k_1\overrightarrow{O_1A}) = k_2\overrightarrow{O_2O_1} + k_1k_2\overrightarrow{O_1O_2} + k_1k_2\overrightarrow{O_2A}$이다. 부동점 X에 대해 방정식 $\overrightarrow{O_2X} = (k_1k_2 - k_2)\overrightarrow{O_1O_2} + k_1k_2\overrightarrow{O_2X}$를 얻을 수 있으므로, $\overrightarrow{O_2X} = \lambda\overrightarrow{O_1O_2}$이다. 이때 $\lambda = (k_1k_2 - k_2)/(1 - k_1k_2)$이다.

19.25. 점 A는 S_1을 S_2로 보내는 중심닮음변환의 중심이며, 점 B는 S_2를 S_3으로 보내는 중심닮음변환의 중심이다. 이들 중심닮음변환의 합성은 S_1을 S_3으로 보내며, 이 합성의 중심은 직선 AB에 속한다. 다른 한편으론, 점 C가 S_1을 S_3으로 보내는 중심닮음변환의 중심이다. 실제로 외접선들의 교점에 계수가 양수인 중심닮음변환이 대응되며, 계수가 양수인 중심닮음변환들의 합성은 계수가 양수인 중심닮음변환이다.

19.26. (a) K, L, M은 직선 AB와 CD, AP와 DQ, BP와 CQ의 교점이다. 이 점들은 계수가 양수이며 선분 BC를 AD로, AD를 PQ로, BC를 PQ로 보내는 중심닮음변환 H_K, H_L, H_M의 중심이다. $H_L \circ H_K = H_M$이다. 그러므로 점 K, L, M은 한 직선에 속한다.

(b) K, L, M은 직선 AB와 CD, AQ와 DP, BQ와 CP의 교점이다. 이 점들은 BC를 AD로, AD를 QP로, BC를 QP로 보내는 중심닮음변환 H_K, H_L, H_M의

중심이다(이때 첫 번째 변환의 계수는 양수이고 나머지 두 변환의 계수는 음수이다). $H_L \circ H_K = H_M$이므로, 점 K, L, M은 한 직선에 속한다.

19.27. $\angle(P_1A, AB) = \angle(P_2A, AB)$이므로, 호 BP_1, BP_2의 유향각의 크기는 같다. 그러므로 중심이 B이고 S_1을 S_2로 보내는 회전중심닮음변환에서 P_1은 P_2로 보내지며, 직선 P_1Q_1은 직선 P_2Q_2로 보내진다.

19.28. 호 AM_1, AM_2의 유향각의 크기가 같으므로 $\angle(M_1B, BA) = \angle(M_2B, BA)$이며, 점 M_1, M_2, B는 한 직선에 속한다.

19.29. P_i는 중심이 O이고 원 S_i를 S_{i+1}로 보내는 회전중심닮음변환이라 하자. 그러면 $X_{i+1} = P_i(X_i)$이다(문제 19.28을 참고). 이제 합성 $P_n \circ \ldots \circ P_2 \circ P_1$은 중심이 O이고 S_1을 S_1으로 보내는, 즉 항등변환이라는 것을 생각하면 된다.

19.30. $\angle AMB = \angle NAB$, $\angle BAM = \angle BNA$이므로, $\triangle AMB \sim \triangle NAB$이며 $AN : AB = MA : MB = CN : MB$이다. 그리고 $\angle ABM = 180° - \angle MAN = \angle ANC$이다. 결국 $\triangle AMB \sim \triangle ACN$이며, 중심이 A이고 M을 B로 보내는 회전중심닮음변환은 C를 N으로 보낸다. 즉 이 회전중심닮음변환은 Q를 P로 보낸다.

19.31. O_1, O_2는 주어진 원들의 중심이고, r_1, r_2는 이들의 반지름이라 하자. S_1을 S_2로 보내는 회전중심닮음변환의 계수 k는 r_1/r_2이며, 중심 O는 지름이 O_1O_2인 원에 놓여있다. 그리고 $OO_1 : OO_2 = k = r_1/r_2$이다. 이제 지름이 O_1O_2인 원과 $OO_1 : OO_2 = k$인 O의 GLP는 정확히 두 개의 공통점을 가진다는 것을 생각하면 된다. $k = 1$인 경우에는 자명하며, $k \neq 1$인 경우에 점 O의 GLP는 문제 7.14에 제시되어 있다: 이 GLP는 원이며 직선 O_1O_2와의 교점 중의 하나는 선분 O_1O_2의 내부에, 나머지 하나는 외부에 놓여있다.

19.32. 삼각형 BHC를 삼각형 PHB로 보내는 변환, 즉 점 H에 대한 $90°$만큼의 회전과 중심이 H이고 계수가 $BP : CB$인 중심닮음변환의 합성을 생각하자. 이 변환에서 정사각형의 꼭짓점들은 정사각형의 꼭짓점들로 보내지며, 점 C, B는 점 B, P로 보내지므로, 점 D는 점 Q로 보내진다. 그리고 $\angle DHQ = 90°$이다.

19.33. P는 벡터 $\overrightarrow{CB}$를 $\overrightarrow{CA_1}$으로 보내는 회전중심닮음변환이라 하자. 그러면 $\overrightarrow{AA_1} + \overrightarrow{BB_1} + \overrightarrow{CC_1} = \overrightarrow{AC} + P(\overrightarrow{CB}) + \overrightarrow{CB} + P(\overrightarrow{BA}) + \overrightarrow{BA} + P(\overrightarrow{AC}) = \overrightarrow{0}$이다. 만약 M을 삼각형 ABC의 무게중심이라 하면, $\overrightarrow{MA_1} + \overrightarrow{MB_1} + \overrightarrow{MC_1} = (\overrightarrow{MA} + \overrightarrow{MB} +$

$\overrightarrow{MC}) + (\overrightarrow{AA_1} + \overrightarrow{BB_1} + \overrightarrow{CC_1}) = \overrightarrow{0}$이다.

19.34. M은 변 BC와 B_1C_1의 공통점이라 하고, $\boldsymbol{x} = \overrightarrow{MB}$, $\boldsymbol{y} = \overrightarrow{MB_1}$이라 하자. 그리고 P는 중심이 M이고 회전각이 $90°$, 계수가 $\sqrt{3}$인 회전중심닮음변환(B를 A로 보내고 B_1을 A_1으로 보내는)이라 하자. 그러면 $\overrightarrow{BB_1} = \boldsymbol{y} - \boldsymbol{x}$, $\overrightarrow{AA_1} = P(\boldsymbol{y}) - P(\boldsymbol{x}) = P(\overrightarrow{BB_1})$이다. 그러므로 벡터 $\overrightarrow{AA_1}$과 $\overrightarrow{BB_1}$사이의 각은 $90°$이고 $AA_1 : BB_1 = \sqrt{3}$이다.

19.35. P는 삼각형 ABC를 삼각형 $A_1B_1C_1$으로 보내는 회전중심닮음변환이라 하자. 그러면 $\overrightarrow{A_2B_2} = \overrightarrow{A_2O} + \overrightarrow{OB_2} = \overrightarrow{A_1A} + \overrightarrow{BB_1} = \overrightarrow{BA} + \overrightarrow{A_1B_1} = -\overrightarrow{AB} + P(\overrightarrow{AB})$이다. 비슷한 방법으로 변환 $f(\boldsymbol{a}) = -\boldsymbol{a} + P(\boldsymbol{a})$에 의해 삼각형 ABC의 변들의 벡터들을 삼각형 $A_2B_2C_2$의 변들의 벡터들로 보내자.

19.36. 처음 지도는 직사각형 K_0이고, 작아진 지도는 직사각형 K_1(K_0에 포함되는)이다. 직사각형 K_0를 K_1으로 보내는 회전중심닮음변환 f를 생각하자. $K_{i+1} = f(K_i)$라 하자. K_i들의 열은 축소된 다각형들의 열이며, 모든 직사각형 K_i에 속하는 유일한 점 X가 존재한다. 이제 X가 구하는 점이라는 것, 즉 $f(X) = X$를 증명하자. 실제로 점 X는 K_i에 속하므로, 점 $f(X)$는 K_{i+1}에 속한다. 즉 점 $f(X)$는 모든 직사각형 K_i에 속한다. 모든 직사각형에 속하는 오직 하나의 점이 있으므로, $f(X) = X$이다.

19.37. 회전중심닮음변환 P_1, P_2의 계수들의 곱은 1이며, 이들의 합성은 회전이다(문제 17.36을 참고). O는 회전 $P_2 \circ P_1$의 중심이라 하고, $R = P_1(O)$라 하자. $P_2 \circ P_1(O) = O$이므로, $P_2(R) = O$이다. 결국 조건에 의해 $A_1O : A_1R = A_2O : A_2R$, $\angle OA_1R = \angle OA_2R$이며, $\triangle OA_1R \sim \triangle OA_2R$이다. OR은 이들 닮은 삼각형의 공통변이며, $\triangle OA_1R = \triangle OA_2R$이다. $OA_1 = OA_2$, $\angle(\overrightarrow{OA_1}, \overrightarrow{OA_2}) = 2\angle(\overrightarrow{OA_1}, \overrightarrow{OR}) = 2\angle(\overrightarrow{MA_1}, \overrightarrow{MN})$이 된다. 이로부터 O는 A_1을 A_2로 보내는 각 $2\angle(\overrightarrow{MA_1}, \overrightarrow{MN})$만큼의 회전의 중심이라는 것을 알 수 있다.

19.38. P_1은 중심이 B이고 A를 M으로 보내는 회전중심닮음변환이며, P_2는 중심이 D이고 M을 C로 보내는 회전중심닮음변환이라 하자. 이들 회전중심닮음변환의 계수의 곱은 $(BM : BA) \cdot (DC : DM) = 1$이므로, 이들의 합성 $P_2 \circ P_1$은 A를 C로 보내는 각 $\angle(\overrightarrow{AB}, \overrightarrow{BM}) + \angle(\overrightarrow{DM}, \overrightarrow{DC}) = 2\angle(\overrightarrow{AB}, \overrightarrow{BM})$만큼의 회전이다.
다른 한편으로, 회전 $P_2 \circ P_1$의 중심은 B를 D로 보내는 각 $2\angle(\overrightarrow{AB}, \overrightarrow{AM})$만큼의 회전의 중심과 일치한다.

19.39. $\tan XBY = k$, $BY : BX = \sqrt{k^2+1}$, 즉 Y가 중심이 B이고 회전각이 $\arctan k$, 계수가 $\sqrt{k^2+1}$인 회전중심닮음에 의해 X로부터 얻어진다는 것을 쉽게 확인할 수 있다. 구하는 GLP는 이 회전중심닮음변환에 의한 주어진 반원의 상이다.

19.40. 삼각형 PXY가 작도되었으며, 점 X, Y는 변 AC, CB에 속한다고 가정하자. X를 Y로 보내는 변환, 즉 중심이 P이고 회전각이 $\varphi = \angle XPY = \angle MLN$, 계수가 $k = PY : PX = LN \cdot LM$인 회전중심닮음변환이 알려졌다. 구하는 점 Y는 이 변환에 의한 선분 AC의 상과 선분 BC의 교점이다.

19.41. 사각형 $ABCD$가 작도되었다고 가정하자. 중심이 A이고 B를 D로 보내는 회전중심닮음변환을 생각하자. C'은 이 변환에 의한 점 C의 상이라고 하자. 그러면 $\angle CDC' = \angle B + \angle D$, $DC' = (BC \cdot AD)/AB = bd/a$이다.
삼각형 CDC'은 CD, DC', $\angle CDC'$에 의해 작도될 수 있다. 점 A는 반지름이 d이고 중심이 D인 원과 $C'X : CX = d : a$인 점 X의 기하학적 위치(이 GLP는 원이다. 문제 7.14를 참고)의 교점이다. 이 다음의 작도는 자명하자.

19.42. (a) 만약 O가 선분 AB를 A_1B_1로 보내는 회전중심닮음변환의 중심이면, 다음이 성립한다.

$$\angle(PA, AO) = \angle(PA_1, A_1O),\ \angle(PB, BO) = \angle(PB_1, B_1O). \tag{1}$$

즉 점 O는 삼각형 PAA_1과 PBB_1의 외접원의 교점이다. 이들 원이 유일한 공통점 P를 가지는 경우에는 자명하다: 중심이 P인 중심닮음변환에 의해 선분 AB는 선분 A_1B_1으로 보내진다. 만약 P, O가 이들 원의 두 교점이라 하면, 등식 (1)로부터 $\triangle OAB \sim \triangle OA_1B_1$이며, O는 선분 AB를 A_1B_1으로 보내는 중심닮음변환의 중심이다.
(b) 점 O가 선분 AB를 BC로 보내는 회전중심닮음변환의 중심일 필요충분조건은 $\angle(BA, AO) = \angle(CB, BO)$, $\angle(AB, BO) = \angle(BC, CO)$라는 것을 생각하면 된다.

19.43. A_1, B_1은 한 순간에 점들의 위치이며, A_2, B_2는 다른 순간에 점들의 위치라 하자. 그러면 점 P로 선분 A_1A_2를 B_1B_2로 보내는 회전중심닮음변환의 중심을 잡을 수 있다.

19.44. P는 직선 l_1과 l_2의 교점이라 하자. 문제 19.42에 의해, 점 O는 삼각형 A_1A_2P의 외접원 S_1에 놓여있다. 다른 한편으론, $OA_2 : OA_1 = k$이다. $XA_2 : XA_1 = k$인

점 X의 기하학적 위치는 원 S_2이다(문제 7.14). 점 O는 원 S_1과 S_2의 교점이다(그러한 점은 두 개이다).

19.45. O는 선분 AB를 A_1B_1으로 보내는 회전중심닮음변환의 중심이라 하자. 그러면 $\triangle ABO \sim \triangle A_1B_1O$이며, $\angle AOB = \angle A_1OB_1$, $AO : BO = A_1O : B_1O$이다. 결국 $\angle AOA_1 = \angle BOB_1$, $AO : A_1O = BO : B_1O$이며, $\triangle AA_1O \sim \triangle BB_1O$이다. 그러므로 점 O는 선분 AA_1을 BB_1으로 보내는 회전중심닮음변환의 중심이다.

19.46. 직선 AB, DE는 점 C에서 만나며, 직선 BD, AE는 점 F에서 만난다고 하자. 선분 AB를 ED로 보내는 회전중심닮음변환의 중심은 삼각형 AEC와 BDC의 외접원의 교점이다(점 C가 아닌, 문제 19.42를 참고). 그리고 AE를 BD로 보내는 회전중심닮음변환의 중심은 삼각형 ABF와 EDF의 외접원의 교점이다. 문제 19.45에 의해, 이들 회전중심닮음변환의 중심은 일치하며, 모든 네 외접원은 하나의 공통점을 가진다.

19.47. 평행사변형 $ABCD$의 중심 O가 다음 직선들의 쌍으로부터 같은 거리만큼 떨어졌다: AQ와 AB, AB와 CD, CD와 DQ. 그러므로 QO는 각 AQD의 이등분선이다. $\alpha = \angle BAO$, $\beta = \angle CDO$, $\varphi = \angle AQO = \angle DQO$라 하자. 그러면 $\alpha + \beta = \angle AOD = 360° - \alpha - \beta - 2\varphi$이며, $\alpha + \beta + \varphi = 180°$이다. 그리고 $\triangle QAO = \triangle QOD$이다.

19.48. 좀더 일반적인 문제를 풀도록 해 보자. 원 S에 점 O를 잡고, H는 중심이 O인 회전중심닮음변환의 중심이라 하자. 이제 모든 직선 XX'(이때 X는 원 S의 점이고 $X' = H(X)$이다)이 한 점에서 만난다는 것을 증명하자.
P는 직선 X_1X_1'과 X_2X_2'의 교점이라 하자. 문제 19.42에 의해, 점 O, P, X_1, X_2는 한 원에 놓여있으며, 점 O, P, X_1', X_2'도 한 원에 놓여있다. 결국 P는 원 S와 $H(S)$의 교점이며, 모든 직선 XX'은 원 S와 $H(S)$의 교점(O가 아닌)을 지난다.

19.49. O는 삼각형 $A_1B_1C_1$을 ABC로 보내는 회전중심닮음변환의 중심이라 하자. 예를 들어, 삼각형 ABC_2와 $A_1B_1C_2$의 외접원이 점 O를 지난다는 것을 증명하자. 살펴본 중심닮음변환에서 선분 AB는 A_1B_1으로 보내지므로, 점 O는 선분 AA_1을 BB_1으로 보내는 회전중심닮음변환의 중심과 일치한다(문제 19.45를 참고). 문제 19.42에 의해, 중심닮음변환의 중심은 삼각형 ABC_2와 $A_1B_1C_2$의 외접원의 두 번째 교점(또는 이들의 접점)이다.

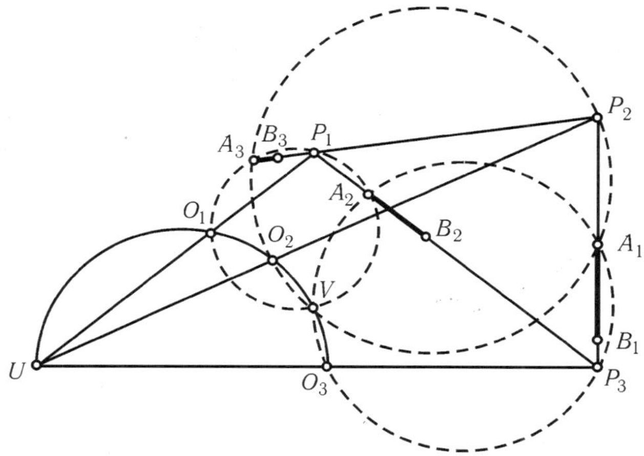

그림 19.2

19.50. A_1, A_2, A_3는 직선 P_2P_3, P_3P_1, P_1P_2에 놓여있다(그림 19.2). 그러므로 삼각형 $A_1A_2P_3$, $A_1A_3P_2$, $A_2A_3P_1$의 외접원은 공통점 V를 가지며(문제 2.18(a)를 참고), 점 O_3, O_2, O_1은 이들 원에 속한다(문제 19.42를 참고). 유사하게 삼각형 $B_1B_2P_3$, $B_1B_3P_2$, $B_2B_3P_1$의 외접원은 공통점 V'을 가진다. U를 직선 P_2O_2와 P_3O_3의 교점이라 하자. 이제 점 V가 삼각형 O_2O_3U의 외접원에 속한다는 것을 증명하자. $\angle(O_2V, VO_3) = \angle(VO_2, O_2P_2) + \angle(O_2P_2, P_3O_3) + \angle(P_3O_3, O_3V) = \angle(VA_1, A_1P_2) + \angle(O_2U, UO_3) + \angle(P_3A_1, A_1V) = \angle(O_2U, UO_3)$이다. 유사한 방법으로, 점 V'이 삼각형 O_2O_3U의 외접원에 속한다는 것을 보일 수 있다. 특히 점 O_2, O_3, V, V'은 한 원에 속한다. 그리고 점 O_1, O_2, V, V'도 한 원에 속하므로, 점 V, V'은 삼각형 $O_1O_2O_3$의 외접원에 속한다. 점 U도 이 원에 속한다. 유사한 방법으로, 직선 P_1O_1, P_2O_2가 닮음원에 놓인 점에서 만난다는 것을 증명할 수 있다. 직선 P_2O_2는 닮음원과 점 U, O_2에서 만나므로, 직선 P_1O_1은 점 U를 지난다.

19.51. P_1은 직선 A_2B_2와 A_3B_3의 교점이고 P_1'은 직선 A_2C_2와 A_3C_3의 교점이며, P_2, P_3, P_2', P_3'도 유사한 방법으로 정의하자. F_1을 F_2로 보내는 회전중심닮음변환에서 직선 A_1B_1, A_1C_1은 A_2B_2, A_2C_2로 보내지고, $\angle(A_1B_1, A_2B_2) = \angle(A_1C_1, A_2C_2)$이다. 유사한 방법으로 $\triangle P_1P_2P_3 \sim \triangle P_1'P_2'P_3'$을 보일 수 있다. 선분 P_2P_3를 $P_2'P_3'$으로 보내는 회전중심닮음변환의 중심은 삼각형 $A_1P_3P_3'$의 외접원에 놓여있다(문제 19.42를 참고). $\angle(P_3A_1, A_1P_3') = \angle(A_1B_1, A_1C_1) = \angle(A_2B_2, A_2C_2) = \angle(P_3A_2, A_2P_3')$이므로, 삼각형 $A_1P_3P_3'$의 외접원은 삼각형

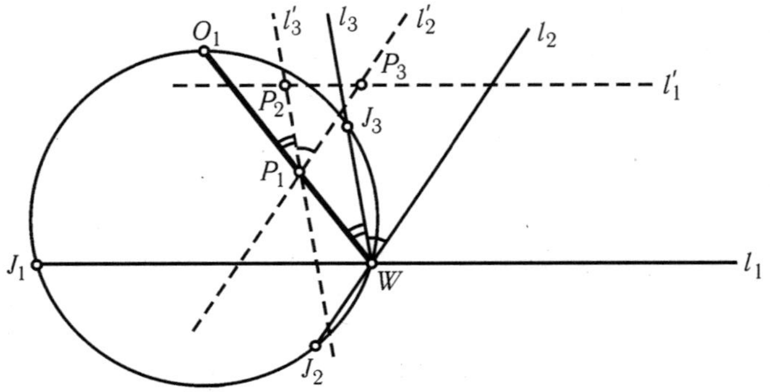

그림 19.3

$A_1A_2P_3$의 외접원과 일치한다. 유사한 방법으로, 살펴본 회전중심닮음변환의 중심은 삼각형 $A_1A_2P_3$, $A_1A_3P_2$, $A_2A_3P_1$의 외접원의 교점이라는 것을 보일 수 있다. 이 교점은 도형 F_1, F_2, F_3의 닮음원에 속한다(문제 19.50(a)를 참고).

19.52. (a) l_1', l_2', l_3'은 도형 F_1, F_2, F_3의 대응하는 직선들이며, $l_i' \| l_i$라 하자. 그리고 이들 직선이 삼각형 $P_1P_2P_3$를 만든다고 하자. 중심이 O_3이고 F_1을 F_2로 보내는 회전중심닮음변환에서 직선 l_1, l_1'은 l_2, l_2'으로 보내지므로, 중심이 O_3이고 직선 l_1을 l_1'으로 보내는 중심닮음변환에서 직선 l_2는 l_2'으로 보내진다. 결국 직선 P_3O_3은 점 W를 지난다. 유사하게 직선 P_1O_1, P_2O_2는 점 W를 지나며, 점 W는 도형 F_1, F_2, F_3의 닮음원에 놓여있다(문제 19.50(b)를 참고).
(b) 점 O_1에서 직선 l_2', l_3'까지 거리의 비는 F_2를 F_3로 보내는 회전중심닮음변환의 계수와 같고, 삼각형 $P_1P_2P_3$의 각 P_1은 회전중심닮음변환의 회전각과 같다. 그러므로 $\angle(O_1P_1, P_1P_2)$는 도형 F_2, F_3에만 종속된다. 그리고 $\angle(O_1W, WJ_3) = \angle(O_1P_1, P_1P_2)$이므로, 호 O_1J_3는 고정되며(그림 19.3), 점 J_3도 고정된다. 유사한 방법으로, 점 J_1, J_2가 고정된다는 것을 증명할 수 있다.

19.53. 문제 19.52의 표기 방법을 이용하자. 그러면 $\angle(J_1J_2, J_2J_3) = \angle(J_1W, WJ_3) = \angle(P_3P_2, P_2P_1)$이다. 삼각형들의 다른 각에 대해서도 유사하다.

19.54. 예를 들어, 중심이 O_1이고 F_2를 F_3로 보내는 회전중심닮음변환에서 점 J_2는 J_3로 보내진다는 것을 증명하자. 실제로 $\angle(J_2O_1, O_1J_3) = \angle(J_2W, WJ_3)$이다. 그리고 직선 J_2W와 J_3W는 도형 F_2와 F_3의 대응하는 직선들이므로, 이들로부터 점 O_1까지 거리의 비는 닮음비 k_1, 즉 $O_1J_2/O_1J_3 = k_1$과 같다.

19.55. O_a는 점 B를 지나 직선 AC와 점 A에서 접하는 원과 점 C를 지나 직선 AB와 점 A에서 접하는 원의 교점이라 하자. 문제 19.42(b)에 의해, 점 O_a는 선분 BA를 AC로 보내는 회전중심닮음변환의 중심이다. 유사한 방법으로 점 O_b, O_c를 정의하고, 문제 19.50(b)의 결과를 이용하면, 직선 AO_a, BO_b, CO_c는 닮음원 S에 속하는 점에서 만난다. 다른 한편으론, 이들 직선은 레무안의 점 K에서 만난다(문제 5.142를 참고).

삼각형의 변들에 대한 수직이등분선은 살펴본 닮은 도형들의 대응하는 직선들이다. 이들은 점 O에서 만나므로, 점 O는 닮음원 S에 놓여있다(문제 19.52(a)를 참고). 그리고 이들 직선은 원 S와 삼각형 ABC의 상수점 A_1, B_1, C_1에서 만난다(문제 19.52(b)를 참고). 다른 한편으론, 점 K를 지나며 BC, CA, AB에 평행한 직선들은 살펴본 도형들의 대응하는 직선들이므로(문제 5.146의 풀이를 참고), 이들은 원 S와 점 A_1, B_1, C_1에서 만난다. 결국 $OA_1 \perp A_1K$이며, OK는 원 S의 지름이다.

19.56. 만약 P가 삼각형 ABC의 첫 번째 브로카르의 점이면, CP, AP, BP는 선분 BC, CA, AB에 작도된 닮은 도형들에 대한 대응하는 직선들이다. 그러므로 점 P는 닮음원 S에 놓여있다(문제 19.52(a)를 참고). 유사하게 점 Q도 원 S에 놓이게 된다. 그리고 직선 CP, AP, BP는 원 S와 삼각형 ABC의 상수점 A_1, B_1, C_1에서 만난다(문제 19.52(b)를 참고). $KA_1 \| BC$이므로(문제 19.55의 풀이 참고), $\angle(PA_1, A_1K) = \angle(PC, CB) = \varphi$이며, $\widehat{PK} = 2\varphi$이다. 유사하게 $\widehat{KQ} = 2\varphi$이다. 그러므로 $PQ \perp KO$이며 $OP = OQ$, $\angle(POQ) = (\widehat{PQ})/2 = 2\varphi$이다.

19.57. 레무안의 점은 삼선좌표 $(a : b : c)$를 가지므로, 레무안의 점을 지나며 삼각형의 변들에 평행한 직선들은 삼각형 ABC의 변들에 작도된 도형들의 대응하는 직선들이다. 이때 도형들의 닮음계수는 변들의 비와 같다.

19.58. (a) 두 주장은 문제 5.105(a)로부터 직접 유도된다. 실제로 레무안의 점 K는 삼각형 $A_1B_1C_1$의 외접원에 놓여있다. $KA_1 \| BC$이다.
(b) 이것은 문제 5.105(b)로부터 유도된다.

찾아보기

프라소로프(Prasolov V.V.) | 모스크바 국립대학교에서 수학을 전공하였으며, 현재 Independent University of Moscow의 교수로 재직하고 있다. 10여권의 책을 러시아어로 저술하였으며, 이들 중 〈Elements of Homology Theory〉 〈Elements of Combinatorial and Differential Topology〉 〈Geometry〉 〈Essays on Numbers and Figures〉 〈Elliptic Functions and Elliptic Integrals〉 〈Knots, Links, Braids and 3-Manifolds〉 〈Intuitive Topology〉 〈Problems and Theorems in Linear Algebra〉를 American Mathematical Society에서 영어로 번역하여 출판하였다.

한인기 | 한국교원대학교와 모스크바국립사범대학교에서 수학교육학을 전공하였다. 현재 경상대학교에서 부교수로 재직하며 수학교육학을 강의하고 있다. 수학교수법, 수학영재교육, 수학사와 수학교육에 관련된 교수학적 문제들을 전문적으로 연구하면서 다수의 논문을 발표하였다. 주요 저서 및 역서로는 〈수학에 흠뻑 빠질 수 있을까〉 〈평면기하학의 탐구문제들 1권〉 〈뇌를 자극하는 수학 공부〉 〈문제해결의 이론과 실제〉 〈유추를 통한 수학탐구〉 〈수학교육학의 기초와 실제〉 〈대수·기초해석·조합의 탐구문제들(상·하)〉 〈교사를 위한 수학사〉 등이 있다.

수학교사 및 영재학생을 위한

평면기하학의 탐구문제들 제2권

1판 1쇄 발행 2011년 3월 28일

1판 2쇄 발행 2017년 12월 27일

지은이 | 프라소로프 V. V.

옮긴이 | 한인기

펴낸이 | 황승기

마케팅 | 송선경

표지디자인 | 권수진

펴낸곳 | 도서출판 승산

등록날짜 | 1998년 4월 2일

주소 | 서울특별시 강남구 테헤란로34길 17 혜성빌딩 402호

전화번호 | 02-568-6111

팩시밀리 | 02-568-6118

이메일 | books@seungsan.com

ISBN 978-89-6139-039-2 93410

ㅁ도서출판 승산은 좋은 책을 만들기 위해 언제나 독자의 소리에 귀를 기울이고 있습니다.

ㅁ이 도서의 국립중앙도서관 출판시도서목록(CIP)은 e-CIP 홈페이지(http://www.nl.go.kr/ecip)와 국가자료공동목록시스템(http://www.nl.go.kr/kolisnet)에서 이용하실 수 있습니다.

(CIP제어번호: CIP2011001065)